JN436843

진화 고생물학

진화 고생물학

(원서명: 古生物學)

초판 1쇄 발행 2012년 12월 30일
초판 5쇄 발행 2023년 2월 20일

지은이 하야미 이타루(速水格)
옮긴이 양승영

펴낸곳 서울대학교출판문화원
주소 08826 서울 관악구 관악로 1
도서주문 02-889-4424, 02-880-7995
홈페이지 www.snupress.com
페이스북 @snupress1947
인스타그램 @snupress
이메일 snubook@snu.ac.kr
출판등록 제15-3호

ISBN 978-89-521-1373-3 93450

이 책은 저작권법에 의해서 보호를 받는 저작물이므로
무단 전재와 복제를 금합니다.

KOSEIBUTSUGAKU
Copyright ⓒ 2009 Itaru Hayami
Korean translation rights arranged with University of Tokyo Press
through Japan UNI Agency, Inc., Tokyo

E V O L U T I O N P A L E O N T O L O G Y

진화 고생물학

하야미 이타루 지음 · 양승영 옮김

서울대학교출판문화원

머리말

이 책에서는 고생물학의 몇 개 분야에 대하여 그동안 발전해 온 개요와 기본적인 생각과 연구하는 방법을 소개한다. 고생물학은 생명의 역사를 다루는 자연사과학(自然史科學)의 한 분야이다. 1960년대 후반부터 1970년대에 걸쳐 급속한 변혁기를 지나면서 그 연구의 방법과 대상이 크게 확대되었다. 이 시대에 분자생물학과 판구조론(板構造論)이 탄생됨으로써 주변과학의 이론과 기술에 혁명적인 발전이 있었으며, 그 영향이 전통적인 연구 분야에도 광범위하게 미쳤다. 고생물학은 자료 면에서 제약이 큰 학문이다. 그러나 새로운 아이디어와 연구 과제가 많이 생겨났다. 최근 아이디어 면에서는 약간 고갈된 기미가 있으나 기술이 눈부시게 발전함으로써 새로운 지식이 많이 알려지고 있다. 필자의 세대는 이 변혁의 과도기를 경험하고 다른 연구자와 더불어 학문의 근대화에 약간의 공헌을 하면서도 자신이 '고생물(古生物)'이 되는 운명에 처하게 되었다.

일본의 실정에 맞는 고생물학 교과서를 쓰고 싶었던 것은 약 15년 전부터라고 생각된다. 당시 입문서나 번역서 이외에 고생물학의 변혁기 이후의 발전을 다룬 교과서가 없었다. 그 후 아사쿠라 서점(朝倉書店)에서 출판된 『古生物의 科學』(전 5권)에는 많은 전문가가 분담하여 고생물학의 전 분야에 걸쳐 최신의 지식들을 다루었다. 필자는 집필하기 시작한 교과서 원고를 여기에 유용하여 일부는 이미 시대에 뒤진 것도 없지 않아 단독으로 교과서를 만들 것을 거의 포기했었다. 그런데 동경대학출판회 편집부(東京大學出版會 編輯部)의 코묘(光明義文) 씨의 권유가 있어 재도전하게 되었다.

그러나 발전 속도가 빠른 기술 면(技術面)에서 필자는 젊은 연구자에게 적수가 되지 않는다. 이론 면(理論面)도 이해하기 어려워지고 있다. 남아 있는 자질(資質)은 경험뿐이라고 할 수 있다. 그래서 이 반세기 사이에 얻어진 작은 경험에 근거하여 고생물학이 어떠한 학문인가 다시 생각하게 되었다. 필자는 고생물학 가운데 여러 분야를 헤매 왔다고 생각한다. 어느 하나를 깊게 파고들지 못하고 어중간한 상태에 그쳤다. 기재(記載), 분류(分類)를 비롯하여 형태해석(形態解析), 기능형태(機能形態), 계통진화(系統進化), 생물지리학(生物地理學), 정보(情報) 고생물학 등 20세기 후반에 새로워진 고생물학을 약간씩 경험하였다. 또한 고생물학을 둘러싼 자연사과학의 현대적 의미에 대해서도 약간 고찰하였다. 계속 원고를 쓰고 나서 목차를 정리해 보니 순서는 어떻든 그 내용이 필자 개인의 고생물학에 대한 흥미의 편력(遍歷)이라는 사실을 알게 되었다. 그러한 의미에서는 매우 자기류의 편파적인 고생물학이라고 할 수 있다. 따라서 이 책에서 다뤘어야 할 군집고생태학, 고식물학, 미고생물학, 화석층서학 등 고생물학에 있어서 중요한 분야는 설명하지 못했다. 특히 연구사나 근황을 자세히 알지 못하는 이들 분야에 대해서 갑자기 공부하여 체재를 갖추기보다는 생략하는 편이 낫다고 생각했기 때문이다. 그리고 고생물학의 원리와 방법을 이해하기 위해서는 생명사(生命史)와 지구사(地球史)에 관한 기초지식이 필요하다. 다행히 동경대학출판회에는 『지구생물학 — 지구와 생명의 진화』(池谷仙之, 北里洋, 2004)라는 훌륭한 저서가 있어 이 분야의 새로운 지식을 얻을 수 있다고 생각된다.

그 외에도 독자 여러분에게 사전 양해를 구할 것이 있다. 새로운 연구에 접촉할 기회가 적어져 소개하는 연구나 생각하는 방법에 상당히 세월이 지난 것이 많다. 특히 제일선에서 연구하는 분들에게는 구문(舊聞)에 속하는 것들이 많지 않을까 생각한다. 오해나 요점에서 벗어난 기술이나 논의도 있을지 모르니 비판적으로 읽어주기를 바란다. 또한 사례(事例) 연구나 경험담이 신생대-현대의 연체동물인 이매패류에 치우쳐 있다고 하는 비판은 달게 받겠다. 이것은 필자의 전문 영역이라는 것도 있지만 이 분류군의 연구만을 자세히 해설하려는 것이 아니고 보편적인 연구 방법을 추구하는 데 참고가 될 화제를 제공할 수 있다고 생각했기 때문이다. 경험담에서는 주로 새로운 연구나 아이디어의 발단이 된 내 주변의 일들을 취급하였다.

2009년 7월

하야미 이타루(速水格)

옮긴이의 머리말

고생물학(paleontology)에서는 화석을 통해 과거 지질시대의 생물인 고생물을 연구한다. 화석은 고생물 중 극히 일부의 형태만이 지층 속에 보존된 것이다. 그러므로 고생물학은 어쩔 수 없이 극히 일부만이 보존된 화석을 통해 과거의 생물을 연구함으로써 자료의 한계를 겪게 되어 있다. 자료의 한계를 극복하기 위해 고생물학에서는 미미한 화석의 형태를 근거로 다양한 방증을 적극적으로 찾아 해석한다. 고생물학은 원래 층서학적 도구라는 응용 면이 강조되어 지질학의 한 분과로서 중요한 일익을 담당해 왔다.

국내 고생물학은 다른 나라에 비해 늦게 출발하였다. 광복 이전에는 주로 일본인 고생물학자가 한반도의 화석을 연구하였다. 광복 이후 거의 20여 년이 지나 1960년대 중반이 되어 겨우 고생물학 논문이 출현하기 시작하였고 1984년에 한국고생물학회가 창립되었다.

뒤늦게 출발한 국내 고생물학은 층서학적 도구로서의 역할만을 담당하기에도 벅찬 형편이다. 이 때문에 아직도 광복 이전 일본인이 세운 한반도 지질계통을 거의 바뀐 것 없이 그대로 사용하고 있다. 이를 위해 제1세대 고생물학자들은 응용 면을 고려해 유공충과 코노돈트 및 기타 미화석을 연구하였다. 그러나 미화석은 야외 노두에서 육안 관찰이 어렵고 이를 관찰하기 위해서는 여러 실험실 과정을 거치고 광학적인 도구를 통해야만 한다. 이 때문에 학부에서 지질학을 공부한 지질학자들은 야외에서 화석에 대한 관심을 갖기 어려웠으며 야외조사에서 화석을 방기하는 일이 많았다. 고생물학이 지질학의 분과로서의 역할을 제대로 하려면 오랜 시간 착실하게 화석을 기재하고 분류한 결과가 축적되어야 한다. 그러나 일천한 우리 학계로서는 지질학의 한 분과로서의 역할도 매우 미진한 형편이다.

최근 세계적인 고생물학 추세는 수백 년간 축적된 전통적인 화석의 기재와 분류라는 전통적인 분야를 넘어 화석의 생물학적 측면을 강조하는 순수 고생물학[또는 생물학적 고생물학(paleobiology)]적 연구가 주류를 이루고 있다. 특히 생물진화의 개념이 학계에 만연함에 따라 생물진화의 물적 증거로서 화석의 중요성이 인식되고 있다.

우리 국내 고생물학계는 뒤처진 화석의 기재와 분류 등 전통 고생물학을 추진함은 물론 세계적으로 대세를 이루고 있는 순수 고생물학을 함께 다루어야 하는 책무를 갖고 있다. 이는 우리 학계를 업그레이드시키는 데 불가결한 과제이다.

여기에 일본의 하야미 이타루(速水格) 교수의 『고생물학(古生物學)』(2009)을 번역하여 국내 학계에 소개한다. 하야미 교수는 일찍이 생물계측학(biometrics)을 고생물학에 적용하는 데 앞장서 왔으며, 선진 서유럽과 미국 등지의 순수 고생물학을 일본에 도입하는 데 힘써 온 일본 고생물학계의 대표적인 학자이다. 그는 전통 고생물학인 화석의 기재와 분류는 물론 기능형태, 계통진화, 생물지리학, 정보 고생물학 등에 관한 수많은 논문을 발표하여 학계에 신선한 충격을 주어 왔다. 그는 동경대학에서 정년퇴임 한 후 그가 직접 논문으로 다룬 내용을 중심으로 고생물학의 기초로서 중요한 변이와 성장, 기능형태와 생활양식, 정보 고생물학 등 최근 국제 학계의 연구 동향을 소개하고 있다.

국내에 하야미의 『고생물학』을 소개하는 것은 우리 고생물학의 발전 방향을 고려할 때 하나의 중요한 지표가 되기를 바라는 마음에서이다.

본 역서를 출간하는 데 원저자인 하야미 교수의 적극적인 도움이 있었음을 밝히고 이에 충심으로 감사한다. 전체 원고를 검토해 주시고 어려운 일본어 번역에 도움을 주신 서울대학교 정창희 명예교수님께 감사의 말씀을 전한다. 생물학 분야의 학술 용어 번역에는 대구가톨릭대학교 박상옥 명예교수님과 강원대학교 권오길 명예교수님의 도움이 있었으며, 이에 심심한 사의를 표한다. 일본의 인명과 지명, 지층명 등의 번역에 친절하게 도움을 주신 규슈대학(九州大學) 마츠쿠마(松隈明彦) 교수께도 감사의 뜻을 표한다. 그리고 이를 출간하는 데 선뜻 응해주신 서울대학교출판문화원장 김종서 교수님과 본 원고를 꼼꼼히 읽고 훌륭한 지적을 해주신 김선래, 전수형 님께 감사한다.

2012년 12월

옮긴이 양승영(梁承榮)

차례

Evolution Paleontology

일러두기

• 각주와 ( )안의 설명은 모두 저자의 것이다.

• 국문과 일문의 단행본에는 『 』를, 논문에는 「 」를 사용했다.
영문 단행본에는 『 』를, 논문에는 " "를 사용했다.
단, 참고문헌은 원서를 따랐다.

• 외국 인명이나 지명, 작품명은 국립국어원의 '외래어 표기법'을 따라 표기했다.

• 찾아보기는 원서에 따르지 않고 옮긴이가 작성했다.

자연사과학과 고생물학

최근 효고현(兵庫縣)에서 대형 공룡화석이 발견되어 TV나 신문에서 크게 보도되었다. 공룡에 한하지 않고 대형동물의 새로운 종을 발견하면 많은 사람의 관심을 끈다. 그들에 관한 연구 결과도 세계적으로 큰 화제가 되기도 한다. 아마추어인 동호인이나 어린이가 첫 발견자나 연구자가 되어 과학에 공헌하는 일이 결코 적지 않다. 자연의 사물을 탐구하거나 연구하려는 마음은 대개 자연발생적으로 생긴다. 사람들의 마음속에 탐구의 싹이 터 시대를 넘어 계속되어 옴으로써 많은 지식이 축적되어 왔다. 이러한 연구 결과는 사회에 도움이 되기도 하지만 처음부터 그것을 목적으로 하지는 않는다. 당사자는 순수한 지적 호기심에 따라 연구를 시작한다. 정치, 경제는 물론 개인의 명예, 실리나 특허와도 별로 관계가 없다. 이는 비실학적(非實學的) 과학 중에서도 필두의 분야가 아닌지 모르겠다. 그러나 아무리 사소한 것이라도 인류가 아직 알지 못했던 자연의 현상이나 기구(機構)를 알아낼 때의 감동은 무엇과도 바꿀 수 없다. 어떠한 계기로 이것이 고질병이 되어 자연 관찰이나 연구에 몰두하는 사람들이 적지 않다. 주위에서 '거의 병적'이라고 해도 전혀 마음에 두지 않는다. 필자도 상당히 그러한 면이 있기 때문에 그것을 즐기고 그에 대한 재미를 잘 안다.

자연현상이나 살아 있는 것들을 탐구하는 자연사(natural history)는 보다 옛날부터 계속되어 온 학문이다. 시류(時流)를 타는 일이 적지만 어느 시대에도 연구자는 끊이지 않고 착실하게 진척되어 왔다. 이전에는 박물학(博物學)이라고 번역하여 이미 역할이 끝난 학문이라고 생각하는 사람도 있지만 최근에는 자연사 또는 자연사과학으로서 근대적인 이론과 기술을 이용하여 발전하고 있다. 고생물학은 자연사과학의 일부이면서 동시에 그 가운데 '시간축(時間軸)을 갖는 생물학(生物學)'으로서 독자적으로 중요한 역할을 담당하고 있다. 자연사에는 그 외에 생물과학과 지구과학에 속한 많은 연구 분야가 있지만 그중 대부분은 야외작업을 수반하는 실천적 과학이며 연구의 목적이나 대상은 다르지만 생각하는 방법이나 수법은 같은 점이 많다. 여기서 우선 자연사과학에 대하여, 그리고 그 가운데 고생물학의 특징과 현대적 의의를 고찰해 본다.

1. 자연사과학이란 무엇인가

과학의 원점으로서 자연사

자연사 연구는 고대 그리스의 아리스토텔레스(Aristotle, 384~322 B. C.)나 고대 로마의 대소(大小) 플리니우스(S. Plinius and C. Plinius)의 시대에 이미 시작되었다. 즉 2천 수백 년 이상의 역사가 있다. 처음에는 진화 사상이 없었기 때문에 사물을 정적(靜的)으로 하나하나 관찰하고 기재하는 것으로 끝났다. 아리스토텔레스(Aristotle)의 『동물지(Historia animalium)』나 플리니우스(Plinius)의 『박물지(Historia naturalis)』의 이름에서 history는 역사가 아니고 '글로 기록한 것'이라는 의미였다. 따라서 자연사(natural history)를 '자연지(自然誌)'로 번역해야 한다는 의견도 있다. 여하간 19세기 중엽이 되어 라이엘(C. Lyell, 1795~1875)과 다윈(C. Darwin, 1809~1882)이 지구 표층의 변천이나 생물진화 등 동적(動的)인 현상을 거의 바르게 인식하여, 자연사는 역사, 성인이나 기구까지 연구하게 되었다. 또한 그 당시 확립된 동일과정설(uniformitarianism)은 지구나 생물의 역사 연구를 근대 과학으로 만든 기본 원리가 되었다.

어느 시대 어느 나라에서나 자연사 연구는 목전(目前)의 실리(實利)를 추구하는 것과는 무관하게 이루어졌다. 그것은 인류가 태어나 자신의 주변을 둘러싸고 있는 자연에 대한 지적 호기심에서 출발하기 때문이다. 자연사의 연구는 무엇보다도 자연발생적이며 근원적인 지적 활동이어서 역사적으로 보더라도 과학의 원점(原點)이라고 할 수 있다. 또한 관점에 따라 자연에 대한 자비로운 마음이나 인문과학적 사고와도 무관하지 않다. 자연사에 관련된 발견이나 연구 성과는 직접 인간의 생활에 도움이 되지 않더라도 인간의 정신을 풍요롭게 해준다.

자연이 크게 파괴되고 있는 오늘날 많은 어린이들도 자연의 다양성이나 기구에 강한 관심을 보인다. 이러한 흥미는 자연적이며 누구로부터도 강요된 것이 아니다. 소박한 흥미가 적극적인 행동으로 발전하면, 새로운 발견이 싹트는 꿈이 펼쳐진다. 책상에서의 공부만으로는 결코 얻을 수 없는 감동이나 기쁨을 맛볼 수 있게 된다. 어린 시절에 이러한 체험을 하는 것은 흔히 그 후의 인생에 큰 영향을 준다. 실제로 이것이 최초의 동기가 되어 과학의 길에 들어섰다고 하는 저명한 연구자가 적지 않다. 자연에 대한 흥미를 어린이가 체험하도록 하고 탐구심을 갖도록 하는 것은 단순히 자연사과학의 발전만이 아니고 최근 문제가 되고 있는 젊은이의 '의욕 감퇴'나 '기초과학 기피' 현상을 방지하는 데도 큰 효과가 있다고 생각한다.

대중과학으로서 자연사

자연사는 매우 심오한 학문이면서 인간의 일상생활 주변 현상을 다루는 과학이다. 연구 대상이 어디에나 있으며 나이나 교육받은 수준과 관계없이 누구나 탐구심만 있으면 즉시 가능하다. 물론 고가(高價)의 연구 기기나 근대적인 설비가 불필요한 것은 아니지만 이들을 이용하지 않더라도 창의적인 사고만으로도 그 나름대로 연구를 즐길 수 있다. 자연사에서는 공룡화석이나 혜성 등 전문 연구자가 아닌 일반 사람들이 새로운 것을 발견하여 자주 중요한 역할을 한다. 소년이나 아마추어가 이처럼 크게 공헌할 수 있는 과학 분야는 드물다. 이것은 자연이 매우 다양하고 복잡하여 미지의 부분과 예측 불가능한 부분이 압도적으로 많기 때문이다. 프로의 연구자가 자주 경원(敬遠)하는 비능률적 행동만 하지 않고 밝은 눈만 있으면 이러한 발견은 누구에게나 일어날 것이다. 사실 다윈도 멘델도 연구나 교육을 생업으로 한 사람은 아니다.

이러한 대중성은 자연사가 수준이 낮은 학문이라는 인상을 일부 사람에게 줄지도 모르겠다. 특히 다른 분야의 연구자로부터 '취미의 학문', '시대에 뒤진 학문', '과학성이 결여된 학문', '아마추어도 할 수 있는 학문'이라는 비판을 듣기도 한다. 확실히 자연사의 연구는 국지적이고 개별적인 대상을 기재한다. 과학 분야에서의 위치가 일견 명확하지 않으며 보편성이나 충격(impact)이 부족한 것일지도 모른다. 불완전한 데이터 때문에 고찰하여 설명하기 어려운 것도 있을 수 있다. 무리한 추론이 겹쳐지면 어느 순간 의사과학(疑似科學)의 세계로 빠질 위험이 있을 수 있다. 당사자는 매우 정직하더라도 황당무계한 이야기가 프로나 아마추어를 막론하고 많이 있을 수 있다. 이것이 자연사 연구를 낮게 평가하는 것일 수 있다.

그러나 자연사 연구의 동기가 되는 이 대중성은 어떤 점에서는 매우 중요하다. 우선 이것은 눈에 보이는 구체적인 대상을 통해 다양한 범위의 사람들에게 자연현상이나 기구를 이해하게 하며 동호인(同好人)이나 과학 연구자와의 사이에 대화를 하게 한다. 더욱이 이해하기 쉬운 형태로 사람들에게 연구의 즐거움을 증대시켜 과학 연구의 저변을 넓히는 데 크게 기여한다. 예를 들면 최근에는 어린이들 사이에 활발한 곤충 붐이 일어나고 있다. 상품이 되어 있는 갑충(甲蟲)이나 장난감을 부모가 어린이에게 사다 주는 것은 별것 아니지만 자신이 야외에 직접 나가 관찰과 채집을 하게 되면 곤충을 보는 눈이 크게 변하여 탐구욕이 싹튼다. 어른이 되면 곤충학자가 되겠다는 어린이도 생길 것이다. 현대사회는 그처럼 많은 곤충학자가 필요하지 않으므로 전문 연구자가 되는 사람은 그 가운데 일부에 지나지 않아 곤충에 관한 열도 식어버릴지 모른다. 그러나 그 사이에 얻은 감동이나 기쁨은 무엇과도 바꿀 수 없다. 이러한 감동적인 체험은 모두 과학 연구에 공통적이며 더욱더 탐구하려는 마음의 원천이 되는 것이다.

야외과학으로서 자연사

원래 자연사 연구는 기존의 이론이나 정보로부터 출발하는 것이 아니고 야외에서 관찰하고 야외에서 얻은 일차자료(표본)에 근거하여 전개된다. 미국 자연사 연구의 최초 지도자인 아가시(J. L. R. Agassiz)는 "Study nature, not books"라는 유명한 말을 남겼다. 서적이나 정보는 연구를 진행하는 데 물론 필요하지만 연구의 대상이나 목적은 어디까지나 자연 그 자체이다. 자연사는 본질적으로 야외과학이며 최근에는 그 대상이 심해저, 지구 내부나 지구 밖의 천체에까지 넓혀졌다. 경우에 따라서는 수식화(數式化)나 실험(實驗)도 중요하지만 그것은 야외에서 관찰된 과제를 해석하기 위한 수단이지 목적은 아니다. 원격 감지기(remote sensing)를 이용하는 근대적인 관측기기가 발달한 오늘날에도 땀 흘리는 야외작업을 통해 자연을 직접 관찰 분석하는 것이 기본이다. 또한 많은 대학이나 자연사계 박물관에서 실시하는 것처럼 자연사의 교육에는 경험을 쌓은 지도자가 인도하는 야외실습이 중요하다. 그러기 위한 방법도 빠트려서는 안 된다.

자연사 연구를 진행하는 데는 야외에서 얻어진 일차자료가 중요한 의미를 갖는 것은 두말할 필요가 없다. 야외의 상황은 시시각각 변하기 때문에 동일한 표본을 재차 채집할 수 있다고 하기는 어렵다. 또한 표본은 새로운 관점에서 반복해서 연구해야 하므로 아무리 사진이나 컴퓨터 기술이 발전했다 하더라도 실물 정보와 바꿀 수는 없다. 자연사의 표본이 늘어남에 따라 보관 장소의 부족이 문제가 되었을 때 "컴퓨터로 표본의 특징을 모두 입력시키면 공간을 차지하는 표본을 보존할 필요가 없다"라고 말하는 연구자가 있었다고 한다. 이는 사치스러운 마음에서 나온, 말도 안 되는 폭언이다. 옛날 채집한 표본을 다시 관찰하여 새로운 지식을 얻는 일이 적지 않기 때문이다. 표본을 정리하여 보존하는 일과 시설은 자연사 연구의 중요한 기본 구조(infrastructure)이다. 특히 생물의 다양성 연구로 새로운 종명(種名)의 근거가 된 모식 표본(type-specimen)은 다른 것으로 대신할 수 없으며, 과거에 행한 연구의 과학성을 보증하는 물적 증거이다. 과학은 재현성을 요구하는 조건이 있으며, 이러한 표본은 뒤의 연구에 제공할 수 있도록 안전하게 그리고 영구히 보존해야 한다.

종합과학으로서 자연사

자연사 연구에서는 여러 가지 자연의 현상과 대상을 취급하지만 연구 목적과 대상의 차이로 지나치게 전문화가 이루어졌다. 전문화는 각각의 분야에서 지식이 심화됨에 따라 같은 자연사에서도 다른 분야의 연구자와 교류가 어려워지는 경향이 생긴다. 더욱이 일본에서는 전후 경제발전에 따라 자연 파괴와 사람들이 자연과 멀어지는 현상이 일어났으며, 자연사의 연구와 교육은 현저히 낮은 상태에서 헤매게 되었다. 자연사 연구자는 자신의 분야에 틀어박히는 경우가 많고 '취미의 학문', '사회에 도움이 되지 않는 학문'이라는 주위의 비판에 대해 적극적으로 반론도 하지 못했다. 그런데 근년에 와서 자연사를 둘러싼 사회의 정세가 크게 변하였다. 환경문제, 자원문제, 그리고 21세기 최대의 과제인 '자연과 인류의 공생(共生)'을 생각하게 되면서 자연의 기구, 다양성, 상호작용 등을 모든 사람이 바르게 이해하는 것이 매우 중요하게 되었다. 이렇게 눈앞에 다가온 사회문제에 공헌하기 위해서는 지금까지보다 연구자가 더 넓은 시야를 갖고 근대적 수법을 적극 도입하여 전문 분야의 경계를 넘어 종합과학으로서 자연사 연구와 교육을 추진할 필요가 있다.

자연사과학은 물리학과 같은 하드 사이언스(hard science)와는 달리 어느 정도 허용 폭과 애매한 점을 포함한다. 가설이 엄밀하게 검증되는 경우가 적고, 얻은 결론도 대개 애매하다. 연구 대상인 자연이 복잡한 많은 요인에 지배된 역사의 산물이기 때문이다. 초기 조건을 설정하기 어려워 수식화(數式化)나 시뮬레이션(simulation)이 유효한 경우가 매우 제한된다. 자연계의 사물은 그것만이 단독으로 존재하는 것이 아니고 항상 주위의 무기적(無機的), 유기적(有機的) 환경과 어떠한 관계를 갖는 존재이며 더욱이 변화가 계속되기 때문이다. 또한 자연사 연구에는 정해진 수법이 적다. 개개의 과제에 대응하여 주변과학의 이론이나 기술(技術)을 임기응변식으로 취하여 학제적으로 접근한다.

자연사에는 역사 과학과 현재 과학과 동거한다. 더구나 양자가 밀접하여 떨어지기 어려운 관계가 있다는 사실이 큰 특징이다. 자연의 사물은 모두 역사의 배경을 갖고 있으므로 당연히 그 유래(由來)와 변천(變遷)을 탐구하게 된다. 이것은 직접 관찰하거나 실험으로 확인하기가 어렵기 때문에 여러 가지 방증을 모아 변천의 과정과 원인을 추론(推論)한다. 예를 들면 과거에 형성된 사물을 적절한 시간축에 배열하는 '수직사고(垂直思考)'와 현재 지구상에서 볼 수 있는 사물의 지리적 변화에 근거하는 '수평사고(水平思考)'를 함께 행한다. 이 경우 현재는 하나의 시간면이지만 같은 현재의 지구상에서도 사물의 발전 단계는 장소에 따라 다양하기 때문에 이것을 이용하여 변천의 과정이나 원인을 추론한다. 과거를 연구하는 자는 현재를 알아야 하고 현재를 연구하는 자는 과거를 알아야 한다. 이것도 자연사가 종합과학일 수밖에 없는 큰 이유이다.

정신문화로서의 자연사

최근 성급한 실리추구의 세상에서 자연에 귀의(歸依)하여 안정을 느끼려는 사람이 많아지고 있다. 많은 사람들은 사용하기 편리한 것이나 가격은 별도로 하더라도 철제나 플라스틱제보다는 목제 가구를 선호한다. 북유럽에서는 많은 가정에서 도료를 사용하지 않고 백목(白木)의 가구를 사용한다. 집에 들어가면 자연의 편안함을 느낄 수 있기 때문이다. 자연을 가까이하고 화분이나 산수(山水)를 좋아하는 것은 동서양을 막론하고 다르지 않다. 모든 것은 자연의 자비로운 마음에서 온 것으로 생각한다. 앞서 대학 일반 과목으로 자연사의 특징과 현대적인 의의에 대하여 설명한 뒤 학생들로 하여금 감상문을 제출하도록 하였다. 자연사의 중요성에 대하여 긍정적인 반응이 많았으나 그 가운데 '자연사(自然史)는 이과(理科) 분야인데도 문과계(文科系)의 느낌이 있다'라는 의견이 있었다. 그러한 이야기를 들을 때까지 특별히 의식하지 않았으나, 확실히 자연사는 자연과학의 원점일 뿐만 아니라 사람들의 감성이나 정신문화와도 연고가 없는 것이 아니다. 환원론(還元論)적 과학이 발전하는 가운데 자연사는 자연과학과 인문과학을 연결하는 위치에 있다고 생각하였다.

최근 '자연과 인류의 공생'이 큰 과제가 되었으며, 자연사과학에는 이것을 통찰하기 위한 기초를 제공하는 역할이 새로이 생겼다. 일본에서는 근대적인 자연사과학의 원리와 연구 방법은 거의 메이지유신(明治維新) 이후 유럽으로부터 도입되었으나 일본인은 '자연과 인간의 공생'에 관한 모범적인 선각자이다. 데라다(寺田寅彦)가 만년에 쓴 수필 「일본인의 자연관」에 적절히 설명하였듯이 원래 일본인은 자연을 거스르지 않고 자연과 훌륭하게 조화를 이루고 갖가지 자연물을 일상생활에 지혜롭게 취해 왔다. 이 기질은 의식주에서 미술이나 만담에 이르기까지 여러 일본문화의 특징을 이루고 있다. 일본인은 예부터 자연에 순응하고 감각적으로도 자연을 취하면서도, 자연을 과학적으로 분석하는 것은 거의 하지 않았다. 자연을 절대적인 존재로 인식하고 자연을 외경(畏敬)하는 생각을 하여 왔다. 생활이 불편해도 유럽 사람들처럼 이것을 정복하려고 하지 않았다. 그 때문에 근대 과학이 유럽에 비하여 크게 뒤처졌다.

전후 일본 사회는 유럽 문화를 좇아감에 따라 경제적으로는 크게 발전하였다. 여러 가지 문제가 있지만, 사람들의 의식주는 크게 개선되고 평균 수명도 크게 연장되었다. 그런 반면 사람들의 생활은 자연에의 의존도가 급속히 저하되었다. 독자적인 자연관은 대개 고풍(古風) 또는 취미로까지 보게 되었다. 그러나 한편 일본 문화의 아름다운 점은 세계로부터 주목을 받게 되었다. '청아(淸雅)'하고 '고담(枯淡)'이라는 용어를 영어로 번역하기 어려운 섬세한 감성도 연구대상이 되었다. 특이한 구름의 형태나 메기의 거동(擧動)이 대지진의 전조라고 믿는다든가 농업이나 어업에 종사하는 사람들 사이에 주고받는 자연현상에 관련한 여러 가지 격언이나 구전(口傳)되어 오는 것들 가운데 과학적으로 설명할 수 있는 것이 상당히 있어 보인다. 마찬가지로 세계 각 지역에는 자연의 사물이나 현상과 결부된 전승적(傳承的)인 문화가 있으며 이들을 과학적으로 연구하는 것도 자연사의 과제가 될 것이다.

2. 고생물학이란 무엇인가

고생물학의 위치

고생물학(paleontology, 영국식 영어로는 palaeontolgy)은 과거의 생물에 관한 모든 문제를 취급하는 연구 분야이다. 역사생물학(historical biology)이라고 하는 약간 뉘앙스가 다른 용어를 사용하기도 하지만 특별히 다른 것은 아니고 구별할 필요도 없어 보인다. 지구생물학(geobiology)은 고생물학보다도 다소 넓은 분야를 의미하고 지구과학과 생물과학을 연결하는 것을 강조하는 뜻으로 최근에 사용하기 시작하였다(池谷, 北里, 2004).

고생물학은 장대(長大)한 시간축을 갖는 유니크(unique)한 자연사 과학의 분야이다. 화석을 주로 연구대상으로 하지만 여러 가지 방증(傍證)으로부터 화석으로 남기 어려운 생물이나 실제로 남아 있지 않은 생물을 추론하는 것도 있다. 화석을 전혀 취급하지 않는 고생물 연구가 있다면 역(逆)으로 화석을 아무리 많이 취급해도 고생물학이라고 할 수 없는 연구도 있다. 학문은 주로 연구 목적에 따라 분류하며 취급하는 재료에 의해 결정되는 것은 아니다.

고생물학에는 화석을 단순히 관찰하고 기재하는 것만이 아니고 화석이 보이는 생명현상을 여러 시점에서 고려하여 과거 생물계(生

物界)를 그려낸다. 화석을 과거 생물의 유해와 흔적이라고 하는 올바른 해석은 예부터 있었으나, 19세기 후반 진화 사상이 보급됨에 따라 화석은 생물진화를 직접 보여주는 물적 증거로, 화석으로 과거 생물의 다양성과 변천을 해명하여 진화 연구에 중요한 수단이 되었다. 한편 화석은 그 산출에 근거하여 지질시대를 결정하고 고환경을 나타내는 지표로 흔히 이용되어 왔다. 이 때문에 자원개발이나 지구 표층의 역사를 연구하는 것이 고생물학의 주류가 되었던 시기도 있었다. 본래 생물학적인 고생물학을 순수 고생물학 또는 paleobiology라고 하여 구별하기도 한다. 최근에는 주변과학의 이론과 기술이 차츰 도입되어 고생물학의 연구 대상이 확대되고 연구의 목적과 방법도 현저히 다양화되었다.

고생물학은 자연과학 가운데 어떠한 위치에 있는가. 자연과학은 고등학교 교재에 있는 것처럼 물리, 화학, 생물, 지구과학으로 크게 나눈다. 그러나 이것은 교육상의 편의적 구분이고 적어도 연구 면에서는 어디에도 단절된 곳은 없다. 자연과학 연구에서 흥미로운 것은 거의 관련이 없는 것처럼 보이는 분야 사이에도 새로운 가교(架橋)가 생기는 것이다. 그리고 기초과학은 각각의 분야가 공학, 의학, 농학 등 응용과학과도 밀접하게 관련이 된다.

그림 1-1은 '기초적인 자연과학의 사면체'를 생각하여 생물학과 지구과학을 각각 전면의 정점에 두고 학문 상호 관계를 보여주는 것이다. 정점 사이를 연결하는 모서리에는 그림에 기입한 학문 이름으로 대표되는 연구 분야가 있다. 고생물학은 다른 몇 개의 전문 분야와 함께 생물과학과 지구과학을 연결하는 능(여기서는 지구생물학으로 하였다)에 위치한다. '고생물학은 생물과학과 지구과학 가운데 어디에 속하는가'라고 하는 것은 별로 의미가 없지만 교육체제에서의 위치는 이전부터 분명하다. 유럽에서도 일본에서도 고생물학의 연구와 교육은 거의 지

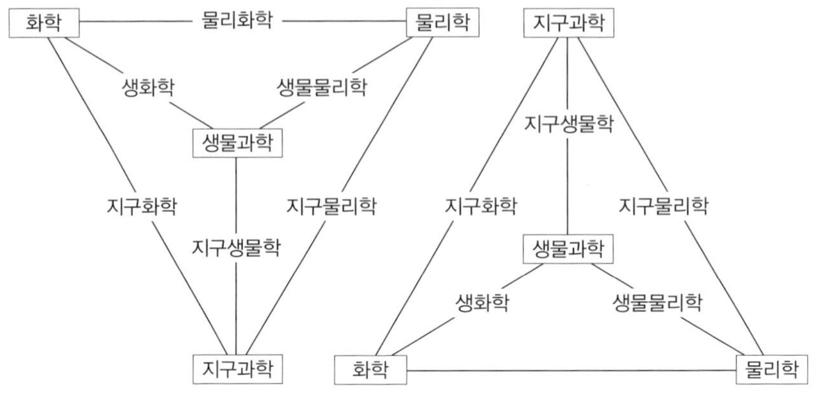

그림 1-1 기초적인 자연과학 분야의 상호 관계를 나타낸 사면체

구과학계에서 이루어져 왔기 때문이다. 이것은 일반적인 통념이 되어 있어 서점에서 고생물학의 도서는 생물학에 있지 않고 지구과학계의 서가에 꽂혀 있다.

최근 연구에서 전문 분야 사이의 경계는 없어졌으나 교육 체계상에서는 생물과학과 지구과학 사이에 높은 벽이 존재한다고 생각한다. 특히 일본 대학에서는 생물과학계와 지구과학계 사이에 교류나 연대가 별로 없다. 적어도 이제까지는 그랬다. 화석은 생물의 유해와 흔적이면서 동시에 퇴적물이기 때문에 고생물학자는 생물과학과 지구과학 양쪽의 원리와 방법을 공부할 필요가 있다. 그런데 지구과학계에 소속하는 학생이 생물과학의 학과목(특히 실험과목)을 이수하는 것은 드물다. 필자도 그랬지만 생물과학의 기초 개념이나 기술을 익히지 않고 고생물학을 연구한다. 예를 들면 고생물학 연구에서도 화석으로 남기 쉬운 생물의 조직 절편을 만들거나 해부가 가끔 필요하지만 이러한 기술을 습득한 연구자는 많지 않다. 반대로 생물과학 분야의 사람들은 대개 생물의 오랜 진화 역사에 대하여 무지하다. 또한 생물과학의 학생이 고생물학을 하려는 경우, 야외 관찰 능력이나 지질학이나 퇴적학의 기초지식, 그리고 역사과학적인 식견이 부족하다. 일부 연구자는 적극적으로 다른 연구 기관을 찾아가 필요한 기술을 습득하고 공동 연구로 이 문제를 해결하려고 하지만 이 벽을 허물지 못한다. 지구과학과 생물과학에 걸치는 연구를 할 때 이 교육상의 벽이 장애가 되기 쉽다고 생각된다.

고생물 연구의 특징

고생물학을 구체적으로 연구하는 방법은 테마에 따라 각론에서 해설하기 때문에 여기서는 고생물 연구의 일반적인 특징에 대하여 몇 가지 생각해 본다. 고생물 연구는 화석을 과거 생물의 유해와 흔적으로서 인식하고 기재하는 것으로부터 시작된다. 기재와 분류는 고생물학자의 주요 업무였다. 고생물의 연구가 현저히 다양화된 현재에도 기재와 분류학적 연구가 발표되는 전체 논문의 태반을 점한다. 방대한 고생물의 다양성에 관한 현재의 지식은 한마디로 이러한 기재와 분류 연구가 쌓여서 생긴 것이다. 과거 생물의 다양성에는 아직 미지의 부분이 압도적으로 많다. 또한 화석의 응용 연구를 포함하여 화석에 근거하여 무언가 새로운 사실을 말하려면 먼저 그 화석의 분류학적 위치를 판정하는 것이 필요하다.

채집하여 정리된 화석은 여하튼 이미 확립된 분류체계에서의 위치를 정하여 속(屬)이나 종(種)을 판정하게 된다. 형태의 유사성만으로 행하는 그림 맞추기는 초심자가 안이하고 수동적으로 취하는 방법이지만, 비슷한 분류군과 비교함으로써 새로이 얻어진 지식을 추가하여 분류체계 자체를 고찰하고 개선함으로써 본격적인 분류 연구가 발전한다. 신종, 신속도 결코 드물지 않다. 특히 오래전부터 화석을 조사하고 연구한 유럽 선진국에서 멀리 떨어진 지역에서는 기존의 분류군에 해당되지 않는 새로운 화석이 자주 발견된다. 비교의 대상이 전혀 없는 새로운 신기한 화석의 경우, 그 실태를 밝히기 위해 분류체계에 관한 넓은 지식이 필요하며, 이를 밝히는 데 시간과 노력이 필요하다. 예를 들면 1909년 왈코트(C. D. Walcott)가 발견하여 수집한 유명한 캐나다 바제스 셰일의 다양한 동물화석은 즉시 소속되는 문(門)과 강(綱)으로 추정되는 종명을 부여했으나, 보관하고 있는 표본에 근거하여 실태가 조금씩 밝혀진 것은 1960년대 후반 이후 휘팅턴(H. Whittington) 등의 연구에서였다. 일본에서 유명한 대형 해서 파충류인 후타바스즈키용(龍, Futabasuzuki)은 1968년 후쿠시마현(福島縣) 이와키 지방의 백악기 지층에서 한 고교생이 발견하여 골격을 조립까지 했으나 상세한 분류상 위치가 확정된 것은 최근의 일이다. 또한 특정 분류군에 대해서 광범위한 조사가 이루어져 후에 도움이 되도록 모노그래프를 작성하려면 더욱 오랜 연구가 필요하다.

화석에서 직접 얻을 수 있는 정보는 넓은 의미의 형태와 산출 상태뿐이다. 다만 여기서 말하는 형태라는 것은 외부의 형상 외에 내부의 세부 구조, 크기, 개체변이 등 관찰 가능한 여러 형질을 포함하며, 넓은 의미의 산출 상태(產出狀態)에는 지층 중에 화석의 보존 상태와 화석화작용에 따른 물리 화학적 변화 외에도 생물의 상호작용을 보이는 현상(現象)이나 같은 종의 지리적 시간적 분포도 포함한다. 연체부(軟體部)는 거의 보존되지 않으나 경조직(硬組織)에 있는 부착흔(付着痕) 등을 관찰하면 어느 정도 추정이 가능하다. 발생이나 행동양식도 가끔 경조직의 형태에 반영되기도 한다. 이들의 정보는 모두 기재의 대상이 된다. 물론 기재에도 해석을 포함할 수 있지만 움직일 수 없는 사실을 가능한 객관적으로 기술하는 것이 좋다. 실제로 우수한 기재와 분류의 논문은 근대적 연구 이상의 긴 생명이 있으며, 국제적으로도 널리 참조되고 있다.

이러한 화석의 속성을 현생 생물과 비교하여 생체를 복원하고 개체군이나 종수준의 고생태학이나 기능형태학이 시작되었다. 또한 기재로 축적되어 온 화석기록에 근거하여 군집 수준이나 진화 과정 등의 연구가 발전한다. 한편에서는 예로부터 화석기록을 체험적으로 이용하여 지질시대를 결정하고 고환경을 추정한다. 근년에는 축적된 방대한 화석기록을 추계(推計) 처리하여 다양성의 시대적 변천 등 여러 가지 경향을 탐구하는 '정보 고생물학(情報古生物學)'이 대두되고 있다. 방법론상에서도 변천을 보여 이전에는 경험주의적이고 귀납적 연구가 거의 주류를 이루었으나, 근년에는 가설 연역법을 도입한 연구가 상당히 많아졌다. 다른 분야와 마찬가지로 고생물학에서도 귀납과 연역은 함께 필요한 사고방식이며 양자의 균형적 연구가 바람직하다. 고생물학의 연구에는 목적이나 취급 대상에 따라 여러 가지 방법과 기술을 이용하고 있다. 그러나 기재 작업을 제외하면 광범위하게 적용할 일정한 연구 방법은 별로 많지 않다. 고생물 연구의 발전은 방법과 기술까지 포함하여 연구자의 창의와 궁리에 맡겨진다고 할 수 있다.

고생물 분야에는 개인이나 극히 소수의 사람들에 의한 공동 연구가 보통이며, 고생물학자가 대형 연구 프로젝트를 주재하고 팀을 조직하는 연구는 비교적 적었다. 그러나 최근 지구환경의 변천이나 과거에 일어났다고 추정되는 지구 규모의 사건을 밝히는 경우에는 고생물학자에게 과한 역할이 매우 크다. 이들은 고생물학의 응용 면이라고 하기보다는 지구과학의 여러 분야 연구자와 협력하여 밝혀야 할 자연사의 종합적 과제라고 할 수 있다.

고생물학의 역사

어느 학문이나 앞선 인류의 중요한 업적이나 사고의 방법이 성립해 온 과정을 아는 것은 연구를 진행하는 데 유익하다. 또한 실패로 끝난 연구나 사고의 방법을 알아두는 것도 의미가 있을 것이다. 고생물학은 기재과학으로 견실하게 발전해 왔다고 할 수 있으나, 이론 면에서는 많은 착오와 곡절이 있었다고 생각된다. 화석의 생물학적 의의를 추구하는 연구자와 지질학적 의의를 새롭게 생각하는 연구자가 출현하여, 연구의 방향이 자주 변하였다. 필자는 10년 정도 전에 다른 책에서 '고생물학의 약사(略史)'라는 제목으로 한 절(節)을 설정하여 특히 진화생물학과의 관련에 대하여 간단히 해설을 하였다(速水, 1998). 여기서는 그 해설과 일부 중복되지만 20세기 중엽까지 고생물학 연구에 새로운 사고의 방법이 어떻게 이루어졌는가에 대하여 개관(概觀)하려고 한다.

1. 여명기의 고생물학

고생물학 연구는 화석이 과거 생물의 유해라고 인식한 때부터 시작된다. 고대 그리스의 일부 철학자도 화석이 생물기원이라는 사실을 이미 인식하였다고 한다. 위대한 자연철학자 아리스토텔레스가 남긴 저술에는 화석을 논한 사실은 보이지 않는다. 그러나 그의 동물학 3부작 『동물지(動物誌)』, 『동물부분론(動物部分論)』, 『동물발생론(動物發生論)』은 약간 사변적인 다른 저작과는 다르게 구체적인 관찰 사실에 근거하여 서술적으로 기록하고 있어 자연사의 출발점으로서 가치가 있다고 하겠다. 이들은 로마 시대 이후 라틴어로 번역되고 근세까지 약 2000년간에 걸쳐 다른 것과 비교할 수 없을 정도로 동물학의 교전(敎典)이 되었다. 분류학과 해부학의 분야에서 지금까지 라틴어가 전문용어로 널리 사용되는 것은 이들 학문의 역사가 오래되었고 방법이나 체계가 오래 전승되어 왔음을 보여주는 것이다.

르네상스기에 위대한 천재 레오나르도 다빈치(Leonardo da Vinci, 1452~1519), 광물학의 창시자인 아그리콜라(Agricola, 1494~1555) 등이 명확하게 화석의 생물기원설을 표명하였다. 이들은 생물의 유해가 퇴적물로 매몰되어 석화(石化)됨으로써 화석이 만들어졌다고 설명하였다. 더욱이 덴마크 출신의 스테노(Steno, 1638~1686)는 광물의 면각 일정의 법칙과 지층 누중의 원리를 처음으로 인식한 사람으로 알려져 있지만 현생 상어의 이빨과 화석을 직접 비교함으로써 생물기원임을 실증하였다. 그러나 이러한 화석의 성인을 바르게 해석한 사람은 비교적 소수였고 오랜 자연사 연구의 역사 가운데 산발적으로 나타난 것에 불과하다. 영국의 레이(Ray, 1627~1705)는 아리스토텔레스의 분류체계를 일부 개정하고 종(種)을 생식적 격리로 정의하여 시대를 앞서 가는 생각을 하였으나, 현생 생물의 형태와 크게 다른 화석에 대해서는 생물기원임을 의심하였다. 사실 일반 사람들은 화석이 땅속의 조형력으로 생긴 것이라든가 신(神)의 조형물이라는 형상석설(形象石說)이 18세기 초까지 당당히 통하고 있었다.

자연물의 형태를 취급하는 학문에서는 표본의 도시(圖示)와 보존이 특히 중요한 의미를 갖는다. 르네상스 초기에 이미 구텐베르크(J. Gutenberg, ?1398~1468)에 의해 활자 인쇄가 시작되었으나 아직 스케치나 개념도를 삽화로써 인쇄하는 것은 불가능했다. 예를 들면 레오나르도는 많은 정교한 해부도(解剖圖)나 여러 가지 기기(機器)의 그림을 그렸으나 수기(手記)에 그치고 있다. 16세기에 들어와 겨우 판목(版木)이 활판(活版)으로 짜 넣게 됨으로써 생물과 화석을 기술하는 글에 목판(木版)의 삽화가 들어가게 되었다. 스위스 출신의 동물학자 게스너(C. Gesner, 1516~1565)는 여러 가지 동물을 기술하면서 일괄하여 fossil이라고 하는 발굴물(發掘物, 화석 외에 광물이나 석기 등도 포함)을 극명(克明)하게 기재하였다. 특히 화석을 처음으로 도시(圖示)한 것이나 표본의 보존에 노력한 것으로 게스너는 고생물학의 중요한 포석을 놓은 것으로 알려졌다(Rudwick, 1972). 게스너가 캐비닛(cabinet)이라고 부른 표본 보관고(保管庫)는 일시적인 것이었으나, 이것은 뒷사람들이 다시 연구할 수 있도록 함으로써 과학에서 필요한 재현성을 보증한 것으로 중요한 의미가 있다. 그 이후 이탈리아에서는 몇 개의 종교 시설에 화석 수집품이 모여 있어 도시(圖示)와 더불어 목록이 출판되었다.

스웨덴의 박물학자 린네(C. von Linne, 1707~1778)는 동식물의 명명법[命名法, 이명법(二名法)]과 분류계급제(分類階級制)를 확립하고 다수의 동식물을 기술하였다. 린네는 '분류학의 아버지'라고 부를 정도로 훌륭한 업적을 남겼으나 분류의 개념은 정적(靜的)이고 유형적(類型的)이었다. '생물의 종은 신에 의해 개별적으로 창조되어 영구불변하다'라고 한 사람은 린네만이 아니고 당시 극히 일반적인 생각이었다. 또한 생물의 각 종에는 원형(原型, archetype)이 존재하며, 종은 단일 또는 소수의 형질로 정의하여 식별되는 것으로 생각하였다. 그 반면 변이는 환영(幻影)이라고 생각하여 경시(輕視)했다. 이러한 유형적 개념은 앞에 생식적 격리를 갖고 종을 정의한 레이의 생각과 비교하면 보수적이었다고 할 수 있다. 또한 오랜 지질시대를 통해 생물이 서서히 변천해 왔다는 사실을 설명하고 동적(動的)인 사상을 갖고 널리 활동한 프랑스의 박물학자 뷔퐁(G. L. L. de Buffon, 1707~1778)이나 다수의 형질에 근거하여 분류한 프랑스의 식물학자 아당송(M. Adanson, 1727~1806) 등 그 시대의 연구자와 비교하더라도 약간 보수적이었음을 느끼게 한다. 그러나 린네의 유형적 분류방법은 무엇보다도 실용적이며, 기재문(記載文)이나 삽화와 대조함으로써 간단히 종명을 결정할 수 있어서 연구자 사이에 급속하게 보급되었다. 린네는 화석을 거의 다루지 않았으나 이명법과 분류계급제는 화석의 연구에도 곧 도입되었다. 당시 아직 고생물학은 독자적인 학문이 아니었고 현생 생물과 화석 어느 것이나 유형 사상에 근거하여 형태만을 근거하여 기재하고 분류하였다.

2. 고생물학의 성립

고생물학은 단순하게 화석을 수집하는 것만이 아니고 독자적인 목적을 갖는 학문으로서 발전하기 시작한 것은 18세기 말부터 19세기 초이다. 그 배경에는 고대 그리스 이후 전진과 정체를 거듭하면서 계속된 주변과학의 발전과 종교나 정치로부터 자연과학이 분리되어 자유로운 사고가 가능하게 된 연구 환경이 있다. 그 가운데서도 박물관은 자연사 연구의 거점으로서 중요한 의미를 갖게 되었다. 자연사 자료를 수장한 박물관은 이미 고대 이집트에 있다. 르네상스기에는 각지에 설치되었으나 모두 소규모였으며, 연구 기관으로서의 기능은 거의 없었다. 18세기 후반에 영국에서는 슬론 경(卿, H. Sloane, 1660~1753)을 비롯한 많은 수집가로부터 기증받은 표본에 근거하여 대영 박물관이 발족되었다. 프랑스에서는 1789년의 대혁명으로 궁전이나 왕립 시설이 개방되어 왕실의 수집물이 일반인에게 공개되었다. 또한 몇몇 시설을 개조하고 통합하여 1795년 파리에 국립자연사박물관이 탄생되었다. 이 박물관은 유능한 인재와 풍부한 표본자료를 수집하여 유럽에서는 다른 것과 비교가 안 되는 자연사 연구의 일대 거점이 되었다. 본격적인 고생물학은 이들 박물관을 중심으로 시작되어 발전하게 되었다.

파리의 자연사박물관에는 다수의 우수한 연구자들이 활약하고 있었으며, 그 가운데서도 라마르크(J. P. Lamarck, 1744~1829), 죠프로아 생틸레르(E. Geoffroy St. Hilaire, 1772~1844), 퀴비에(G. Cuvier, 1769~1832) 등의 업적은 매우 걸출하여 뒤의 연구자에게 큰 영향을 주었다. 이 세 사람은 생각하는 방식이 매우 달라 자주 서로 격렬하게 충돌하기도 하였으나 현재 생각하면 누구나 일부는 맞고 일부는 틀린 점이 공통적으로 있었다고 할 수 있다.

라마르크는 전임(前任) 왕립식물원에서 생물을 광범위하게 연구하였으나 자연사박물관에서는 무척추동물을 연구하였다. 화석을 포함하여 다수의 무척추동물을 기재하고 명명하는 것과 함께 대체로 아리스토텔레스가 남긴 동물의 분류체계를 크게 개정하였다. 현재 채용하고 있는 주요 동물의 문(門)이나 강(綱) 수준의 분류체계는 라마르크 시대에 기초가 만들어졌다. 라마르크는 『동물철학(動物哲學)』(1809)과 『무척추동물지(無脊椎動物誌)』(1815~1822)의 서론에서 생물이 진화한다고 설명하고 그 요인도 설명하려고 시도하였다. 그의 진화론은 무기물로부터 생명체가 다원적으로 자연발생하여 끊임없이 진화해 온 것이라고

표 2-1 고생물학과 관련 과학의 약사 (이 책 p. 49와 연속)

고생물학	관련 과학 분야
	Aristotle: 『動物誌』 외 (기원전 4세기) Plinius(and Plinius): 『自然誌』 (1세기)
1508 Leonardo da Vinci: 화석의 성인(기록) 1546 Agricola: 화석의 생물기원설 1565 Gesner: 『발굴물에 관하여』	
1665 Hooke: 현미경에 의한 규화목의 관찰	1686~1704 Ray: 생물학적 종의 개념 1669 Steno: 지층누중의 법칙, 화석의 성인
	1753, 58 Linne: 이명식 명명법, 분류계급제 1749~78 Buffon: 자연의 動的 사상 1795 Hutton: 『지구의 이론』 (제일설)
1812 Cuvier: 『4지동물 화석의 연구』 1815 Smith: 화석층서, 최초의 지질도 1825 Mantell: 공룡 이구아노돈 발견 1826 Cuvier: 『지구표층의 변혁』, 격변설 1834 Blainville, Waldheim: 고생물학의 학문명 1848 Bronn: 화석생물의 점진적 변화	1809 Lamarck: 『동물철학』 1815~22 Lamarck: 『무척추동물지』 1818~22 Geoffroy: 『해부철학』 1830~33 Lyell: 『지질학원리』 1834 von Baer: 생물발생 원칙 1848 Owen: 相同, 相似의 구별과 정의
1856~58 Oppel: 쥐라기 화석대 구분 1861 Owen: 시조새의 기재 1866 Hilgendorf: Steinheim의 담수패류의 계통 1869 Waagen: 『Ammonite의 계통진화』 1876~93 Zittel: 『고생물학 제요』 1879 Marsh: 馬類의 진화 계열 1895 Zittel: 『고생물학 개요』 1896 Cope: 『생물진화의 주요인』, 라마르크설	1858 Darwin, Wallace: 자연선택설 1859 Darwin: 『종의 기원』 1866 Mendel 유전법칙의 발견 1866 Haeckel: 반복발생설, 계통수 1868 Wagner: 격리설 1876 Wallace: 동물의 지리적 분포 1885 Eimer: 정향진화설 1889 Neumayr: 『동물계의 계통』 1896 Weismann: 『신다윈설』
 1907 Deperet: 진화의 16법칙 1909 Walcott: 바제스 동물군의 발견	1900 de Vries 외: 멘델법칙의 재발견 1901 de Vries: 돌연변이설 1908 Hardy, Weinberg: Hardy-Weinberg 의 법칙
1912 Abel: Palaeontologie의 제창 1913 Zittel: 고생물학 교과서 1917 Osborn: 적응방산의 개념	 1917, 42 D'Arcy Thompson: 『成長과 形』
1921 Petronievics: 진화의 24법칙 1928 Richter: 考現고생물학	1922 Oparin: 『생명의 기원』
  1933 Arkell: 쥐라계의 화석대 1935 Abel: 생흔화석의 연구 1938 Newell: 후기 고생대 이매패류의 연구	1930 Bøggild: 패각의 미세구조 1930 Fisher: 『자연선택의 유전이론』 1930 Wegener: 대륙이동설 1931 Wright: 유전적 부동의 이론 1932 Huxley: 『상대성장의 문제』 1935~53 Ekman: 『해양동물지리학』 1937~51 Dobzhansky: 『유전학과 종의 기원』

하면서 그 요인(要因)으로서 용불용설(用不用說)과 획득(獲得)형질의 유전을 들었다. 이들은 모두 현재 부정된 것이지만 후년에 자연선택설에 의문을 갖는 연구자로부터 다시 지지를 받는 시기가 있었다. 한편 라마르크는 종이 분화한다든지 멸종한다는 것은 생각하지 않았다. 그의 진화는 다윈 이후 다른 연구자들의 진화와 양식(樣式)에 있어서 상당한 차이가 있었다. 라마르크의 진화론은 동료를 포함한 주위로부터 공격을 받거나 묵살되어, 생전에는 빛을 보지 못했다. 따라서 그 당시 그의 진화론이 고생물학의 방법이나 발전에 영향을 주지는 못했다. 진화론자로서 라마르크의 평가가 높아진 것은 다윈의 생물진화가 부동(不動)의 것으로 굳어진 후에 자연선택설에 대항하는 이론으로 라마르키즘을 다시 생각하게 된 것이다.

죠프로아는 박물관에서 척추동물학 특히 포유류와 조류를 연구하였다. 죠프로아도 진화 사상을 갖고 주로 '환경에 대하여 유전질이 적응적으로 반응한다'라고 진화의 원인을 생각하였다. 이 생각은 자연선택설과 비슷한 것처럼 보이지만 환경의 영향이 개체군의 유전적변이를 통해 진화를 일으키지 않고 개체의 유전질이 환경에 직접 반응하여 변화한다고 생각한 점에서 전혀 다르다고 할 수 있다. 이것은 죠프로아이즘이라고 하지만 근년에는 넓은 의미의 라마르키즘에 포함시키고 있다. 죠프로아의 명성은 그것보다도 1818~1822년의 『해부철학(解剖哲學)』 등으로 상동(相同, homology)의 개념을 확립한 것이다. 상동은 서로 다른 생물의 부분과 부분 사이에 발생적으로 등가(等價)의 관계가 있다고 하는 것이다. 이 개념은 생물의 기본형을 추구하는 죠프로아의 사고로부터 생긴 것인데, 생물진화에 대한 인정 여부와 무관하게 서로 다른 생물의 형태를 비교하여 유연(類緣) 관계를 추구하는 데 강력한 근거가 되었다. 형태의 비교는 상동에 근거하지 않으면 의미가 없다. 비교형태학이나 분류학에서 상동의 의미와 중요성은 측정할 수 없을 정도로 매우 큰 것이다. 상동에는 여러 가지 경우가 있으며 현재에는 몇 가지 관점에서 세분하고 있어 그 의미도 단순하지 않다. 자세한 것은 구라타니(倉谷, 1999) 등 형태학 해설을 참고하기 바란다.

형상이 비슷하지만 발생적으로 다른 부분은 서로 상사(相似) 관계에 있다고 한다. 죠프로아는 상동을 아날로지(analogie)라고 하였으나 후에 시조새나 모아의 연구로 유명해진 영국의 비교해부학자(比較解剖學者) 오웬(R. Owen, 1804~1982)이, 상동에 호몰로지(homology), 상사에 아날로지(analogy)라는 단어를 제시하여 구별하였다. 더욱이 동일 개체에서 같은 모양의 구조가 반복되어 나타나는 현상을 연속상동(連續相同, serial homology)이라고 정의하였다(그림 2-1). 생물진화가 널리 인식된 후에, 서로 다른 생물 사이에 보이는 상동 기관을 공통의 조상에서 유래한 증거라고 해석되어, 상동의 생물학적 의미가 훨씬 높아졌다. 발생학에서 같은 배엽(胚葉)의 같은 부분에서 유래한 것이 상동을 판정하는 기준으로 추가되었다. 죠프로아는 모든 동물은 단일 기본형이 수식

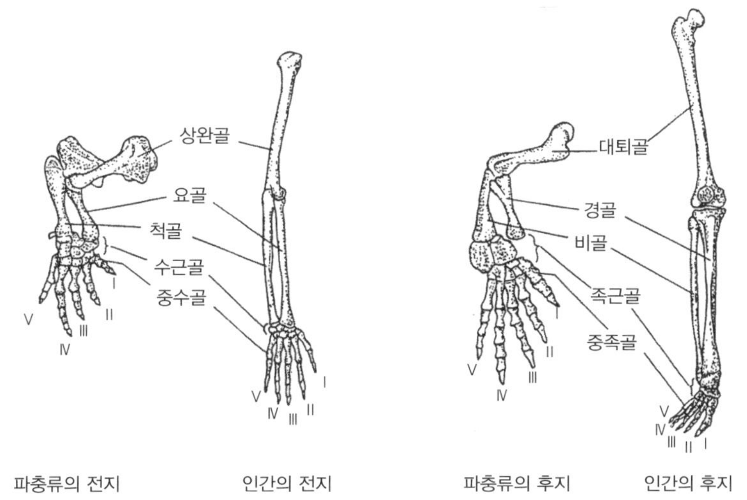

그림 2-1 상동기관의 예. 파충류와 인간의 전지(前肢)와 후지(後肢)의 형태와 기능은 크게 다르지만 각각의 골격은 서로 대응하여 상동 관계에 있다. 또한 동일 개체의 전지와 후지 사이에도 같은 구조가 반복되어 연속상동(serial homology)의 관계에 있다.

(修飾)된 것이라고 생각하여 만년에는 어류(魚類)와 두족류(頭足類) 사이의 상동 관계를 논하는 데까지 동의하였다. 그러나 이것은 분명히 지나친 확장 해석이며, 이 때문에 퀴비에의 비난을 받게 되었다. 실제로 척추동물과 연체동물은 형태는 물론 발생학적으로도 너무나 다르기 때문에 그 사이에 상동기관을 찾을 수는 없다.

퀴비에는 박물관에서 해부학을 담당하였다(그림 2-2). 형태와 기능의 관계를 중시하고 생물을 기능적으로 완성된 일종의 기계라고 하였다. 모든 종의 형태는 모두 완성되어 있어 진화할 여지가 없다고 생각하였다. 퀴비에는 본래 해박한 해부학적 지식을 이용하여 사방으로 흩어져 산출되는 척추동물의 골격 화석들을 하나씩 찾아 전신 골격을 조립하는 데 성공하였다. 『사지(四肢) 동물화석의 연구』(1812)에서는 매머드, 큰뿔사슴, 큰게으름뱅이, 팔레오테리움의 골격을 훌륭하게 복원하고, 어느 현생 동물과도 다른 대형동물이 지구상에 존재했었음을 밝혔다. 즉 퀴비에는 생물의 진화를 생각하지 못했지만 멸종은 올바로 생각하였다. 1826년에 발표한 『지구 표층의 변혁』에서는 생물이 지구상에 출현하여 극적인 사건에 의해 일소되었다가 새로운 생물이 다른 대륙으로부터 이주해 왔다고 생각하였다. 당시 유럽대륙 이외의 지역 생물상에 관한 지식이 거의 없었기 때문에 이것은 생물의 변천을 과학적으로 설명하지는 못했다. 그리고 당시 교회파(敎會派) 학자는 화석의 성인에 대해서 중세적인 '형상석설'에 대신하여 '홍수설'을 믿게 되었다. 퀴비에는 실증주의 학자로서 과학과 종교를 확실히 구별하였으나 그가 주장한 격변설(catastrophism)은 성서에 나오는 노아의 홍수설을 지지하는 것으로 곡해(曲解)한 사람들이 많았다.

고생물학(paleontology)이라는 학문명이 블랑빌(Blainville)과 본 발트하임(von Waldheim)이 1834년 처음으로 사용하였다고 되어 있으나 '명확한 과학적 목적으로 화석을 연구한다'는 것이 본격적인 고생물학이라면 이것은 퀴비에의 화석동물의 연구로 이미 시작되었다고 할 수 있다. 실제로 퀴비에의 연구는 과거 생물상의 복원이라는 독자적인 목적이 있었다. 서유럽 각국에서는 19세기 중엽 퀴비에의 강한 영향을 받은 연구자가 화석동식물을 활발하게 연구하였다.

그림 2-2 퀴비에(Georges Cuvier) 1769~1832. 비교해부학을 확립하고 많은 동물화석을 복원하였다. 실증적인 고생물학의 개조(開祖)이다.

근년 고생물학자 사이에 화석생물의 기능형태를 연구하는 것이 많아졌으나 형태와 기능의 관계는 퀴비에가 특히 주목하고 추구한 과제였으므로 기능형태학도 퀴비에가 시조라고 할 수 있다. 다만 고척추동물을 제외하면 고생물의 기능형태학은 근년까지 별로 진전이 없었다. 그 원인은 분명하지 않으나, 무척추동물 화석은 주로 지질학 분야에서 연구하였으며, 상사(相似)는 상동(相同)에 비하여 가치가 적은 것이라고 경시했기 때문이라고 생각된다. 특히 분류학에서 상사는 겉보기에 유사할 뿐 분류학에서는 배제해야 할 현상이라 생각하여 장애로 취급되었다. 그러나 서로 다른 생물의 기관 사이에 보이는 상사는 기능이 유사하여 생긴 것이다. 근년 기능형태학에서는 상사의 고찰도 중요한 근거가 되었다.

3. 화석의 기재

영국의 측량 기사였던 스미스(W. Smith, 1769~1839)가 특징적인 화석 산출에 근거해 지층을 동정하고 식별할 수 있다는 데 주목한 것은 1796

년경이었다고 한다. 그 후 면밀한 야외조사를 거듭한 스미스는 1815년 영국 남부의 지질도를 처음으로 발표한 것과 더불어 암모나이트(ammonite) 등을 사용하여 이 지역의 쥐라기층을 세분하고 대비하였다. 또한 특징적인 화석으로 지층을 동정할 수 있다는 사실을 보여주었다. 이것이 화석층서학(biostratigraphy) 및 응용 고생물학의 시작이 되었다. 이와 같은 화석층서를 명백하게 하고 지질시대를 구분하는 작업은 영국에서 유럽 대륙으로 또한 쥐라기 지층에서 다른 지질시대의 지층으로 급속하게 확대되었다. 영국에서는 고생대와 쥐라기, 독일에서는 트라이아스기와 쥐라기, 프랑스에서는 백악기와 제3기, 이탈리아에서는 신생대의 지층에 포함되는 화석이 상세하게 연구되었다. 그 결과 서로 다른 지역의 지식이 연결되고 통합되어 1840년경까지 놀라울 정도의 단기간에 캄브리아기 이후의 지층을 시대순으로 배열한 종합적인 층서 구분이 거의 완성되었으며, 각각의 시대를 특징 짓는 화석이 밝혀졌다.

지질시대의 결정에 도움이 된 시준(示準)화석은 생존 기간이 짧고 분포가 넓으며 많이 산출되는 분류군이 경험적으로 선택된다. 고생대 전기는 삼엽충, 노틸로이드(nautiloid)류, 필석류, 고생대 후기에는 암모나이트류, 방추충류, 완족류, 중생대에는 암모나이트류, 벨렘나이트류, 일부의 이매패류, 신생대에는 일부의 이매패류와 복족류, 대형 유공충류 등이 처음부터 잘 이용되었다. 화석층서학은 화석종의 정확한 동정이 전제가 되므로 지층의 연구와 함께 화석의 채집, 분류, 기재, 명명에 많은 노력이 있었다. 그러나 무척추동물 화석은 지질학에 많이 이용되는 한편 이들의 생물학적 연구는 정체되는 경향이 생겼다.

지질학과의 관계가 밀접하게 됨에 따라 무척추동물 화석의 연구 거점은 주로 지질학 연구 기관이나 조직으로 돌아갔다. 유럽 각국에서 지질, 고생물학의 학회나 지질조사소가 설립되어, 화석을 기재하고 분류하는 연구가 급속하게 이루어졌다. 19세기 전기(前期)와 중기(中期)에는 아름다운 석판 인쇄(石版印刷)로 화석을 도시(圖示)한 대형 기재서(記載書)나 모노그래프가 많이 출판되었다. 이러한 호화본(豪華本) 출판에는 얼마간 부유층의 취미 요소도 있었다고 생각된다. 이들의 모노그래프 가운데 사용된 화석의 종명(種名)은 대개 현재도 유효하지만 때로는 실재하지 않는 화석이나 엉뚱한 부분이 합성된 표본으로 그려져 있어 후의 연구자를 당혹하게 만든 경우가 있다.

독일의 고생물학자 브론(H. G. Bronn, 1800~1862)도 화석의 모노그래프를 출판하였는데 다른 화석 연구자와 달리 현생 동물의 형태나 발생에도 상당한 지식을 갖고 있어 잠재적인 진화론자였다. 그는 지질시대 화석동물이 서서히 변화하고 시대가 젊어질수록 현생종에 가까워진다는 사실을 지적하고 도르비니(A. d'Orbigny, 1800~1857) 등의 반복발생설에 반대하였다. 또한 다윈의 『종의 기원』을 한발 앞서 독일어로 번역 출판한 것을 보면 다윈의 진화론을 환영한 고생물학자의 한 사람이었음을 알 수 있다.

4. 진화론이 고생물학에 끼친 영향

다윈의 생애와 업적에 관해서는 수많은 전기나 평론이 있어 여기서는 주로 그의 학설이 고생물학에 끼친 영향에 대해서 고찰하겠다.

다윈의 진화론은 크게 보면 두 가지의 독창적인 주장이 포함되어 있다. 그 하나는 진화의 양식(樣式)으로 모든 생물은 단 하나의 조상으로부터 분화되어 왔다는 공통 기원설이다. 『종의 기원』의 초판에는 단지 하나의 삽화가 있으나 그것은 종의 분기(分岐)를 보여주는 개념도이다. 다윈은 이 그림을 사용하여 약 10쪽에 걸쳐 공통 기원설을 설명하고 있다. 그의 공통 기원설은 생물진화가 인식되면서 널리 받아들여졌다. 현재는 분자생물학으로 모든 생물이 공통의 유전 메커니즘(mechanism)이 알려졌으나 다윈 이후의 연구자가 생물의 공통 기원설을 암묵적으로 이해하고 아무도 의심하지 않은 것은 오히려 불가사의한 일이다.

독일의 헤켈(E. Haeckel, 1934~1919)은 진화론에 찬동하고 공통 기원설을 적극적으로 받아들였다. 헤켈은 방산충 등 원생생물을 연구하였으나 공통 조상으로부터 식물, 원생생물, 동물의 3계(界)가 분화되었으며, 더욱이 많은 분류군(문이나 강)으로 나누어진 양상을 1866년 나무 형태로 표현하였다. 이것이 최초의 계통수(系統樹, phylogenetic tree)로 알려졌다. 실제로는 당시 알려진 모든 생물의 분류체계를 공통 기원설로 연결하여 사변적인 그림으로 나타냈을 뿐 그 이상은 아니다. 또한 이 그림은 고차 분류군이 저차 분류군으로 분화된다는 오해를 줄 수 있다. 그러나 그 이후 연구자(특히 고생물학자)는 의중에 있는 계통을 시각적으로 표현하는 방법으로 계통수를 자주 사용하게 되었다.

다윈의 진화론에서 볼 수 있는 또 하나의 주장은 월리스(A. R. Wallace, 1823~1914)와 공동으로 제시한 자연선택설이다. 이것은 공통 기원설과는 달리 소수의 사람을 제외하면 적극적인 지지를 받지는 못했다. 자연선택설은 불리한 개체가 제거되는 것이지만 이것으로 능동적인 진화가 일어날 수는 없다고 믿는 사람도 적지 않았다. 자연선택은 집단의 유전적변이에 작용하는 것이지만 당시는 아직 유전의 메커니즘이 해명되지 않았고 다윈도 변이(變異)가 어떻게 유지(維持)되는지 그 기구를 설명할 수 없었다. 많은 고생물학자는 생물진화 그 자체는 환영하지만, 자연선택설에는 처음부터 회의적이었다. 미국의 코프(E. D. Cope, 1840~1897) 등은 다윈보다도 라마르크의 진화학설을 좋아

했고 진화의 주요 요인으로서 획득형질의 유전을 들었다[네오라마르키즘(Neolamarckism)이라고 함].

다윈 진화론은 그때까지 정적(靜的)인 분류학을 계통에 따른 분류학으로 바꿔 놓았으나 분류체계 자체에는 큰 영향을 주지 않았다. 고생물을 포함하여 상동(相同) 관계에 근거하여 구축된 분류체계는 크게 바뀌지 않았다. 상동과 진화는 훌륭하게 양립하는 개념이었다. 그러나 진화 사상은 사람들에게 화석을 보는 눈을 크게 변화시켰다. 많은 고생물학자는 화석을 연구하는 자체가 진화를 구체적으로 입증하는 길이라고 생각함으로써 화석을 연구하는 중요한 이유가 새롭게 생겼다.

독일과 오스트리아에서는 진화 사상이 정착된 직후부터 진화를 염두에 둔 고생물학 연구가 시작되었다. 힐겐도르프(F. Hilgendorf, 1838~1904), 뉴마이어(M. Neumayr, 1845~1890), 바겐(W. H. Waagen, 1841~1900) 등이 그들이다. 국지적이지만 양호한 무척추동물 화석을 취급한 계통적 연구는 진화 고생물학의 효시가 되었다. 척추동물에서도 다윈의 진화론을 옹호한 헉슬리(T. H. Huxley, 1825~1895)와 미국의 마시(O. C. Marsh, 1831~1899)는 한발 앞서 화석 포유류를 지질 시대순으로 배열하여 마류(馬類) 등의 진화 과정을 추정하였다.

그러나 보다 많은 고생물학자는 진화를 의식하면서도 착실하게 화석을 기재하는 연구를 좋아했다. 19세기 후반에는 북미나 유럽 각국의 식민지 등에서 산출되는 새로운 화석자료를 추가하여 화석생물의 다양성과 분포에 관한 지식이 급속하게 풍부해졌다. 최근에는 별로 활발하다고는 할 수 없으나 영국의 Palaeontographical Society와 독일의 전문잡지 『Palaeontographica』는 이 무렵부터 기재 고생물학의 규범이 되어, 시대, 지역, 분류군별로 많은 모노그래프류를 출판하고 있다. 독일의 지텔(K. von Zittel, 1839~1904)은 귀납주의 연구 방법으로 1876~1893년에 저술한 『고생물학제요(古生物學提要)』와 1895년의

그림 2-3 지텔 (Karl von Zittel, 1839~1904). 기재고생물학에 철저하여 전 동물화석의 분류체계를 집대성하였다.

『고생물학강요(古生物學綱要)』(그리고 사후에 출판되어 영문으로 번역됨)로 당시 기재 고생물학의 방대한 성과를 집대성하는 위업을 달성하였다(그림 2-3). 일본의 대학 창립 시에는 요코야마(橫山又次郎, 1860~1942), 진보(神保小虎, 1867~1924), 야베(矢部長克, 1878~1969) 등이 독일, 오스트리아에 유학하여 기재 고생물학의 학풍을 배워 일본에 도입하였다.

19세기 말부터 20세기 전기에 걸쳐 일부 고생물학자는 화석이 보여주는 시간적 형태 변화에 분명한 방향성이 있다고 생각하여, 경험적으로 진화의 경향에 관한 법칙화를 시도하였다. 헤켈의 반복발생설[反復發生說, 개체발생(個體發生)은 계통발생(系統發生)을 반복(反復)한다]도 법칙의 하나로 가르쳤으며, 그 외에도 코프(Cope)의 비특수화(非特殊化)의 법칙(자손은 특수화하지 않은 조상에게서 생긴다)이나 대형화(大型化)의 법칙(체구의 크기는 진화가 진행함에 따라 커진다), 돌로(L. Dollo, 1857~1931)의 진화 불가역(不可逆)의 법칙(진화는 역행하지 않는다) 등이 유명하다. 이러한 진화의 방향성이 생물의 내부에 존재하는 '힘'에 의해 생긴다는 생각이 정향진화설(定向進化說, orthogenesis theory)이다. 만일 그렇게 진화에 방향성이 있다면 진화의 법칙은 중요한 문제를 제기하는 것이 된다. 그러나 정향진화설은 과학적 근거가 없는 생기론(生氣論)이며 '힘'은 아무래도 신비적이어서 그 존재를 검증하는 방법이 없다. 또한 1930년대 이후 입자유전학(粒子遺傳學)이 자연선택설(自然選擇說)과 결합하여 종합설(綜合說)을 형성하면서 상당히 많은 사람들이 믿었던 네오라마르키즘(Neolamarckism)이나 종족노쇠설[種族老衰說, 종족(種族)의 흥망(興亡)은 개체의 일생과 비슷하게 유전질의 노화에 의해 멸종한다는 학설]은 고생물학자 사이에서도 점차 의문시되었다.

그림 2-4 심프슨(George Gaylord Simpson, 1902~1984). 우수한 척추동물 고생물학자로서 근대적인 진화 고생물학의 창시자이다.

그 외에 상당히 주목을 받은 진화학설에는 네덜란드의 더프리스(H. de Vries, 1848~1935)가 제창한 돌연변이설(突然變異說, mutation theory), 독일의 유전학자 골트슈미트(R. B. Goldschmidt, 1878~1958)나 고생물학자인 신데볼프(O. H. Schindewolf, 1896~1971)가 전개한 도약설(跳躍說, saltation theory)이 있다. 이들 학설에서는 진화가 자연선택에 의해 서서히 진행되는 것이 아니고 대규모의 돌연변이에 의해 단번에 도약적으로 일어난다는 것이다. 이 요인론(要因論)은 현재 발생 유전학 등 다른 견지에서 논의되고 있어 완전하게는 부정되지 않았지만 그대로는 지지할 수 없게 되었다. 결국 이 시기에 자연선택설에 도전한 고생물학자의 독자적인 진화학설은 모두 패퇴(敗退)한 결과가 되었다. 현재 생각하면 당시 고생물학자 다수가 진화이론에 구애되지 않고 귀납주의 분류 기재를 철저히 행한 것이 현명했던 것으로 생각된다.

미국의 고생물학은 하버드대학에 비교동물학 박물관을 설립한 아가시(J. L. R. Agassiz, 1807~1873)의 지도 아래 시작되어 광대한 국토에서 산출되는 풍부한 화석자료에 근거하여 눈부신 발전을 하였다. 특히 전술한 마시(Marsh)와 코프(Cope)는 서로 경쟁적으로 중서부에서 많은 공룡과 포유류 화석을 발굴하고 연구하여 자연사 박물관에 복원한 골격을 전시하였다. 미국의 고척추동물의 연구는 곧 세계의 리더가 되어 20세기에 들어서면서 오스본(H. F. Osborn, 1857~1935), 로머(A. S. Romer,

1894~1973), 심프슨(G. G. Simpson, 1902~1984) 등 걸출한 연구자가 계속 등장하여 크게 발전하였다. 특히 심프슨은 『진화의 속도(速度)와 양식(樣式)』(1944)이나 『진화(進化)의 대요(大要)』(1953)에서 진화 속도(進化速度), 적응대(適應帶), 양자진화(量子進化) 등 독자적으로 유효한 개념을 제시하여 화석기록에서 보여주는 대진화를 고찰하고 진화의 종합설을 구축하는 데 공헌한 위대한 연구자이다(그림 2-4). 역대의 우수한 고생물학자 가운데 걸출한 업적을 남겨 주위에 큰 영향을 준 인물로서 필자는 퀴비에, 지텔, 심프슨의 3인을 꼽는다. 한편 미국의 무척추동물의 기재 고생물학은 애초에는 수준이 낮았으나 1930년대에는 거의 서유럽을 따라갔으며 이를 능가하는 연구가 나타나게 되었다.

5. 고현(考現) 고생물학과 고생태학

전통적으로 고생물학은 진화론 이전부터 화석을 기재 분류하여 지질학에 주로 응용되었다. 그러나 큰 주류에는 이르지 못했으며, 최근 새로운 분야의 연구가 일부 시작되었다. 여기서는 제2차 세계대전 전에 시작되었던 고현 고생물학과 초기의 생물학적 고생물학을 개관하려고 한다.

화석을 생물학적 관점에서 연구해야 한다는 것은 처음 코왈레프스키(W. O. Kowalevsky, 1842~1882)가 강조하였으며, 고척추동물학에서는 극히 당연한 것으로 생각하게 되었다. 이것은 고척추동물의 연구가 비교해부학으로부터 출발했기 때문이며 특히 포유류의 분화된 치열(齒列)과 식성(食性)의 관계, 사지골(四肢骨)과 운동기능의 관계가 자세히 연구되어, 현재는 기능형태학에 관련된 지식으로 이용되고 있

표 2–2 고생물학과 관련 과학의 약사 (이 책 p. 37에서 계속)

고생물학	관련 과학 분야
1944 Simpson: 『진화의 속도와 양식』 1948, 67 Simpson: 『진화의 의미』	1940 Huxley 편: 『신분류학』 1940 Goldschmidt: 대돌연변이설 1942 Huxley: 『진화–현대적 종합』 종합설 1942 Mayr: 『분류학과 종의 기원』 종의 정의 1947, 57 Rensch: 『종수준 이상의 진화』
1950, 66 Romer: 『고척추동물학』 1950 Schindewolf: 『고생물학의 근본문제』 1951 Simpson: 『말과 진화』 1953 Simpson: 『진화의 대요』 1953 Moore 편: 『Treatise』의 출판개시 1954 Abelson: 화석중 아미노산, 고생화학 1955 Colbert: 『척추동물의 진화』 1956 Sylvester–Bradley 편: 『고생물종의 문제』 1957 Loeblich 외: 부유성 유공충의 화석층서	1950, 66 Hennig: 『계통분류학』 분기론 1950 Stebbins: 『식물의 변이와 진화』 1953 Watson, Crick: 이중 라선 모델 1953 Mayr 외: 『동물분류학의 방법과 원리』 1954 White: 『동물세포학과 진화』 1957 Crick: 센트럴 도그마 1957 Darlington: 『동물지리학』 1958 de Beer: 『배(胚)와 선조』 1959 Odum: 『생태학의 기초』
1960 Kurten: 『화석포유류의 진화』 1961 Simpson: 『동물의 분류』 1963 Ager: 『고생태학의 원리』 1964 Rudwick: 기능형태학의 패러다임법 1964 Newell, Imbrie 편: 『고생태학의 어프로치』 1966 Raup: 이론형태학 1968 Calvin: 분자고생물학의 제창	1961 Dietz, Hess: 해저확장설 1962 Zuckerkandl, Pauling: 분자시계 1963 Sokal, Sneath: 『수량분류학의 원리』 1963 Mayr: 『동물 종의 진화』 1964 Ford: 『생태유전학』 1967 MacArthur, Wilson: 『섬 생물지리학』 1967 Firch, Margoliash: 분자계통수 1968 Kimura: 중립설 1969 Whittaker: 5계설(界說)
1970 Seilacher: 구성형태학 1970, 85 Seilacher: 화석 라가슈텟텐 1970 Stanley: 이매패류의 기능형태 1971, 78 Raup, Stanley: 『고생물학의 원리』 1972 Eldredge, Gould: 단속평형설 1973 van Valen: 분류적 진화 속도, 붉은 여왕가설 1975 Ozawa: 레비드리나의 진화 1977 Vermeij: 『중생대 해양변혁』 1977 Pessagno: 방산충에 의한 화석층서 1979 Stanley: 『대진화–과거와 양식』 종선택	1970 Wilson: 판구조론 확립 1972 MacArthur: 『지리생태학』 1973 Nelson 외: 변형분기분류학 1975 Nei: 『분자집단유전학과 진화』 1977 Woese, Fox: 생물의 3 도메인설 1977 Gould: 『개체발생과 계통발생』 1979 Corliss 외: 심해열수동물군의 발견 1979, 86 Futuyma: 『진화생물학』 1979 Nelson, Platnick: 『분단 생물지리학』
1982 Gould, Vrba: Exceptation 1983 Tevesz, McCall 편: 『생물의 상호작용과 군집』 1984 Glassner: 『동물계의 새벽』 1985 Whittington: 바제스 셰일 1987 Vermeij: 『진화와 escalation』 1988~89 Okamoto: 관상체(管狀體)의 미분(微分)기하학적 모델 1989 Seilacher: 빈드 생물 1989 Gould: 『원더풀 라이프』	1982 Smith: 진화의 게임 이론 1982 Romer 편: 『진화와 발생』 1988 Levinton: 『유전학, 고생물학, 대진화』

다. 한편 19세기 말부터 20세기 초기에 걸친 무척추동물 화석의 연구는 형태에 근거한 기재 분류와 층서학에 이용할 목적으로 분명 지질학에 의지하였다. 그러한 풍조 가운데 아벨(O. Abel, 1875~1946)은 1912년 화석생물의 적응과 생활양식의 연구가 중요함을 강조하고 이 연구 분야를 Palaeobiologie라고 하였다. 다만 이 독일어의 명칭은 현재 생물학적 고생물학(paleobiology)보다도 좁은 의미로 사용한 것이며, 아마도 각개(各個) 고생태학(paleoautecology)에 해당하는 것이다. 또한 삼엽충의 생활양식을 연구한 리히터(R. Richter, 1881~1957)는 1920년대에 고생물 연구의 기초적인 정보는 제일적(齊一的)으로 얻어야 한다고 생각하고, 이러한 목적으로 북해 연안 윌헤름스하펜에 전문 연구 시설을 만들어 간석(干潟)지의 현생 생물의 행동이나 유해(遺骸)의 운반 퇴적 등을 연구하였다. 리히터는 이 연구 분야를 고현(考現) 고생물학(Aktuo-palaeontologie)이라고 하였다(Richter, 1928). 그 후 이 분야의 연구는 제2차 세계대전 중에는 쇠퇴했으나 전후에 이 시설에서 30년 이상 행해진 연구 결과가 총괄되어 출판되었다(Schaefer, 1962). 크게 보면 고생물을 이해하기 위해 행한 현생 생물의 연구는 널리 계승되어 근년 고생태학(paleoecology), 화석화작용(fossilization)이나 화석생성론(taphonomy) 연구에 연결된다.

또한 아벨은 1935년 생흔화석 연구를 집대성하여 족흔학(足痕學, ichnology)을 확립하였다(Abel, 1935). 생흔은 예부터 형태에 의한 분류가 행해져 주로 퇴적환경을 지시하는 화석으로 생각해 왔으며, 생물학적 그리고 퇴적학적 관점에서 형성(形成) 기구를 연구하게 되었다. 이것도 근년에 크게 발전하는 분야가 되었다.

아벨, 리히터 등의 연구는 이제까지 산출하는 화석의 형태에만 관심을 보인 연구자에게 생태학적 그리고 퇴적학적인 면으로까지 눈을 뜨게 하였다. 독일, 오스트리아에서 시작한 Palaeobiologie는 제2

차 세계대전의 영향도 있어 일단 단절되었으나, 전후가 되어 유럽에서는 고생물과 고환경의 관계를 취급하는 고생태학(palaeoecology)으로 부활하여 고생물학의 중요한 한 분야가 되었다. 다만 이 분야에서도 지질학과의 관련이 강하고 특히 1950년대에는 고환경 복원을 목적으로 하는 연구가 많아졌다(Ladd, 1957). 일본에서도 군집 고생태학을 표방하는 연구에 이 경향이 강하다. 고생물학 교과서라고 하면 분류 각론을 주로 다루는 것이 대부분이었으나 고생태학만은 비교적 일찍부터 그 방법이나 과제를 다룬 서적(예를 들면 Gekker, 1967; Ager, 1963; Imbrie and Newell, 1964 등)들이 출판되었다.

III 화석의 의의

화석에서 무엇을 알 수 있을까. 화석에는 크게 보아 두 가지 의미가 있다. 그 하나는 생물의 유해, 유적으로서 진화생물학상의 의미이다. 화석의 형태, 산상(産狀)을 조사하여 과거 생물의 생태, 기능, 분포, 행동, 발생 등을 복원하는 것 외에 진화의 과정이나 양식에 대하여 고찰하는 근거를 마련한다. 다만 화석화 과정에서 생물의 생존 시 정보는 점차 잃게 되어 여러 가지 원인에 의해 화석기록은 현저하게 불완전하고 편중된다. 화석에 근거한 연구에서는 그 형성 과정을 알고 불완전성과 편중성에 대한 배려가 필요하다. 또 하나의 의미는 퇴적물로서 지구과학적 역할이다. 지질시대의 구분, 퇴적물의 시대 판정, 고환경의 추정, 지하자원의 개발 등에 화석이 갖는 역할은 매우 크다.

1. 화석이란

생물의 유해나 흔적이 퇴적물 중에 매몰되어 생물 전체나 일부가 파괴, 부패, 분해를 면해 지층 중에 보존된 것이 화석이다. 유해가 보존된 것을 체(體)화석(body fossil)이라 하고, 흔적이 보존된 것을 생흔(生痕)화석(trace fossil)이라고 한다. 척추동물의 골격이나 무척추동물의 각(殼)과 같은 경조직(硬組織), 식물의 셀루로오스질 등이 일반적으로 체화석이 되기 쉬우나 때로는 동토(凍土) 중에서 발견된 매머드나 호박 속에 보존된 곤충 등과 같이 연체부(軟體部) 자체가 보존되기도 한다. 후빙기(後氷期, 약 1만 년 전 이후)의 유해, 흔적을 준(準)[또는 반(半)]화석이라고 하기도 하지만 특히 의미가 있어 구별하는 것은 아니다. 또한 석탄, 석유와 같이 생물의 형상이 남아 있지 않은 생물기원의 물질도 일종의 화석으로 보기도 하며, 화학(化學)화석(chemical fossil), 분자(分子)화석(molecular fossil)이라는 용어를 사용하기도 한다. 암석 중에는 모수석(模樹石, dendrite)과 같이 풍화나 변질에 의해 생물과 유사한 형상의 물체가 만들어지기도 하지만 이들은 위(僞)화석(pseudofossil)이라고 하며, 물론 화석에는 포함되지 않는다. 때로는 생물기원인지 아닌지 분명하지 않은 물체가 발견되기도 하는데 이들을 프로블레마티카(problematica)라고 하여 생물학적 취급은 보류한다.

2. 화석화작용

화석화작용(fossilization)은 생물이 죽어서 그 유해가 화석이 되기까지의 전 과정을 가리킨다. 이 과정은 전후 2개의 단계로 나누어 생각할 수 있다. 전반은 유해가 퇴적물에 매몰되기까지, 후반은 매몰된 유해가 화석으로 되기까지의 과정이다. 생물의 유해가 지표에서 공기에 노출되어 있으면 곧 미생물에 의한 부패, 분해가 시작되며 분해되기 어려운 경조직까지도 얼마 안 있으면 물리화학적 파괴로 흔적도 없이 사라진다. 유해가 보존되려면 적어도 그 형상이 지워져 없어지기 전에 퇴적물에 매몰되어 외기(外氣)에서 차단될 필요가 있다. 그러나 보통 환경에서는 퇴적물 속에 매몰되어도 부패, 분해가 진행되고 골격이나 각과 같은 광물질 경조직만이 차별적으로 보존되게 된다. 연체부가 보존되려면 급속한 매몰에 추가하여 부패와 분해가 일어나기 어려운 특수한 환경이 필요하다. 생물의 태반은 경조직이 없기 때문에 이 단계에서 군집의 다양성에 관한 정보의 대부분이 사라진다.

유해는 생활하고 있던 장소에서 즉시 매몰되어 화석이 되는 경우와 다소라도 물이나 바람 등에 의해 운반된 후에 매몰되어 화석이 되는 경우가 있다. 전자의 경우를 현지성(現地性, autochthonous) 화석, 후자의 경우를 타지성(他地性, allochthonous) 화석이라고 한다. 이는 산출 상태(産出狀態)와 보존 상태로 판단되며 과제에 따라서는 이들을 구별하여 취급할 필요가 있다. 생흔화석은 그 성인으로 생각하면 모두 현지성(現地性)이고, 부유성(浮遊性) 생물의 화석은 모두 타지성(他地性)이다.

화석화작용의 후반은 매몰된 유해가 속성작용을 받아 화석이 되기까지의 과정이다. 이 과정은 전반에 비하여 훨씬 오랜 시간을 요하고 그 상태가 계속되며 무한히 지속된다. 매몰된 유해는 위에 덮인 퇴적물에 의해 압밀(壓密)을 받아 탈수(脫水), 고화(固化)되는 것 외에 장기간에 걸쳐 퇴적물(堆積物), 간극수(間隙水), 지열(地熱), 광액(鑛液), 지각변동(地殼變動) 등의 영향을 받아 물리 화학적으로 변화[변형(變形), 변질(變質), 용해(溶解), 치환(置換) 등]가 일어난다. 이 변화는 매우 다양하고 여러 가지 상태의 화석을 만든다.

생물체를 구성하는 물질 중에 가장 화석으로 보존되기 쉬운 광물질은 척추동물의 골격이나 무척추동물의 경조직(硬組織)을 이루고 있는 탄산칼슘($CaCO_3$), 방산충이나 규조의 각을 이루고 있는 규산(SiO_2)이다(표 3-1). 다만 이들 광물질의 경조직이 화석으로 보존되는 가능성은 결정형(結晶形), 순도(純度)나 매몰된 환경에 따라 크게 달라진다. 특히 탄산칼슘에는 동질이상(同質異像)이 있다. 같은 화학조성이라도 아라고나이트(aragonite)는 지표 환경에서는 방해석(calcite)에 비하여 불안정하여 화석으로 남기 어렵다. 약간 오랜 시대의 지층에서는 아라고나이트가 방해석으로 치환되어 화석으로 보존된 것이 보통이다. 더욱이 유럽의 백악기 초크층이나 오가사와라(小笠原) 제도(諸島) 하하지마(母島)의 Eocene 석회암 지층 중에는 연체동물 화석의 각에서 방해석 부분[일반적으로 이매패류에는 능주구조(稜柱構造)나 엽상(葉狀)구조를 보이는 외층(外層)]만이 남아 있고 아라고나이트로 구성되었다고 생각되는 부분[진주(眞珠)층이나 교차판(較差板) 구조를 보이는 내층(內層)]은 완전히 소실되어 있다(Carter, 1972; Iwasaki, 1975). 그 때문에 복족류인 갈고등(*Heminerita*)류의 화석은 활층(滑層) 부분만이 차별적으로 소실되어 전혀 다른 분류군[옥패(玉貝)류]에 속하는 것처럼 보인다. 이처럼 지층에서는 아라고나이트로만 구성된 각을 갖는 동물은 화석으로 남기 어렵다.

유럽의 초크층에 암모나이트는 적지만 벨렘나이트, 완족류나 악어류가 풍부하게 잘 보존된 것은 이런 이유 때문이라고 생각한다. 보소반도(房總半島)의 플라이오(선신)-플라이스토(갱신)세의 반심해성 이암 중에도 유사한 보존 상태를 보이는 화석이 산출되며 특히 아라고나이트의 내층이 차별적으로 소실된 플라바무시움(*Flavamussium*)류는 각이 현저히 얇다고 오해되어 신종으로 제안하려 했던 웃을 수도 없는 이야기가 있다. 필자에게도 그러한 오해에 빠질 위험이 있었다. 약간 오랜 시대의 이매패류에서 양각(兩殼)이 닫혀진 상태의 화석에서는 내층이

표 3-1 생물의 석회질 경조직을 구성하는 광물

	구성광물			
생물분류군	아라고나이트	방해석	고Mg 방해석	아라고나이트 + 방해석
이매패류	◎	◎		◎
복족류	◎			○
익족류	◎			
두족류	◎		○	
완족류		◎	○	
6방 산호	◎			
4방 산호와 판산호		◎	◎	
해면동물	◎	◎	◎	
태충류	◎		◎	◎
극피동물			◎	
개형충류		◎	◎	
저서 유공충류	○		◎	
부유성 유공충류		◎		
코코리스류		◎		
홍조류	◎		◎	
녹조류	◎			
차륜조류		◎		

◎ 주요 광물, ○ 가끔 보이는 광물.
속성작용의 정도로 구성 광물은 변화하거나 치환되기도 한다. 특히 아라고나이트는 방해석으로 치환되고, Mg방해석은 Mg을 잃어 방해석으로 변하기 쉽다. (Tucker, 1990에 의함)

차별적으로 소실된 후에 내형(內型, Steinkern)이 형성되어 관찰자를 당황하게 만든 경우가 있었다.

석회암 중의 화석은 자주 규산으로 이차적인 치환이 일어나기도 한다. 규화가 완전한 경우에는 산(酸) 처리를 하여 각을 완전하게 들어낼 수가 있다. 특히 미국 텍사스의 페름기 석회암에는 대규모 산 처리로 대량의 규화된 완족류나 여러 가지 무척추동물 화석을 완전하게 들어낸 연구가 있다(Cooper and Grant, 1972~1877 외). 페루에서 칠레에 이르는 안데스 산맥 트라이아스기 후기 석회암에는 이매패의 각에서 아라고나이트 부분이 소실된 후에 불완전한 규화가 일어났음을 알 수 있었다(Hayami et al., 1977). 그러나 같은 탄산칼슘을 주성분으로 하는 석회암 속에서 어떻게 화석만이 규화되는가는 잘 알려지지 않았다. 그 외에 화석의 성분 치환에는 인산염화나 황철석화가 알려져 있어 경우에 따라서는 귀중한 정보를 제공할 수 있다.

골격이나 각 외에 화석으로 보존되는 기회가 많은 것은 소위 키틴질이라고 하는 점액성 다당(多糖)류와 식물의 셀룰로오스질이다. 절지동물의 외골격은 원칙적으로 키틴질이지만 분류군에 따라 여러 가지 정도로 석회화(石灰化)되고 같은 개체에서도 몸의 부분에 따라 석회화의 정도가 다르다. 그러므로 삼엽충이나 개형충류는 잘 석회화된 배갑(背甲)만이 보존되기 쉽다. 이에 대해 외골격이 석회화되지 않은 대부분의 갑각류나 곤충류는 화석이 되기 어렵다. 그러나 소택지나 맹그로브와 같은 산성의 퇴적물 속에서는 연체동물의 각에 석회질 부분이 용해되어 소실되고 키틴질의 각피(殼皮)만이 남는 전혀 반대의 현상이 보이기도 한다.

화석화작용과 화석기록의 불완전성은 여러 고생물 연구에 고려해야 하는 기본적인 문제이지만, 이것에 초점을 둔 연구는 비교적 근년까지는 거의 없었다. 아마도 이러한 연구는 화석기록을 과신하지 않도록 경구적(警句的) 의미는 있으나 건설적인 성과는 없다고 생각했기 때문이 아닐까. 그러나 1970년대를 경계로 화석이 형성되는 과정과 그것에 수반되는 생물학적 정보의 손실이 많이 연구되었다. 특히 군집 고생태학이 발전함에 따라 이전에는 관념적으로 구분한 생체군집-유해군집-화석군집 사이의 관계가 자세히 연구되어 화석화에 수반되어 어떠한 정보가 어느 단계에서 소실되는가에 대해 많은 지식을 얻게 되었다. 현재에는 화석화작용의 전 과정을 연구하는 것을 화석생성론(taphonomy)이라고 하며 고생물학의 하나의 중요한 기초 분야가 되었다(近藤, 前田, 2004).

이 분야에서는 실험이 유효한 연구수단이 된다. 예를 들면 패류의 각은 포식자에 의해 손상, 파괴되지만, 사후에 물리적인 영역에 의해서도 파괴되어 파편화된다. 이것을 알기 위해 패류를 먹는 동물의 포식흔(捕食痕)을 관찰하든가 물리적으로 패각을 파괴, 마모하여 손상된 화석과 비교하는 실험이 행해지고 있다. 높은 봉압(封壓)하의 변형 실험도 이론적으로 가능할 것이다. 그러나 유해의 고화나 화학적 치환은 장기간에 걸쳐 생기는 현상이므로 이것을 단시간 실험으로 재현하기는 곤란하다.

3. 화석광맥을 찾다

라거스테텐(Lagerstaetten)이라는 것은 '주요 광맥'이란 의미의 독일어로서, 예외적으로 화석이 풍부하여 고생물학적 정보를 많이 포함하는 지층을 화석광맥(Fossil-Lagerstaetten)이라고 한다(Seilacher, 1970a). 화석으로 남기 어려운 생물이나 화석생물의 연(軟)조직에 관한 지식은 세계적으로도 몇 안 되는 화석광맥을 연구하여 얻어지는 것이다. 화석광맥에서 얻어진 진화 고생물학적 지식의 가치는 측량하기 어려울 정도인데, 화석화작용의 보편적인 문제를 고찰하는 데에도 중요한 증거를 제공한다. 생물이 생존 시 정보는 화석화작용이 진행됨에 따라 일방적으로 소실되지만 이 소실되는 방식은 유해가 존재했던 환경과 속성작용에 따라 현저히 다르다. 정보의 보존과 소실의 방식이 특수한 경우일수록 화석광맥이 갖는 의의는 크다.

화석광맥의 모암이나 화석의 보존 상태는 여러 가지이지만 생물의 유해가 부육식자(腐肉食者)나 분해자(分解者)가 적은 환경에 운반되

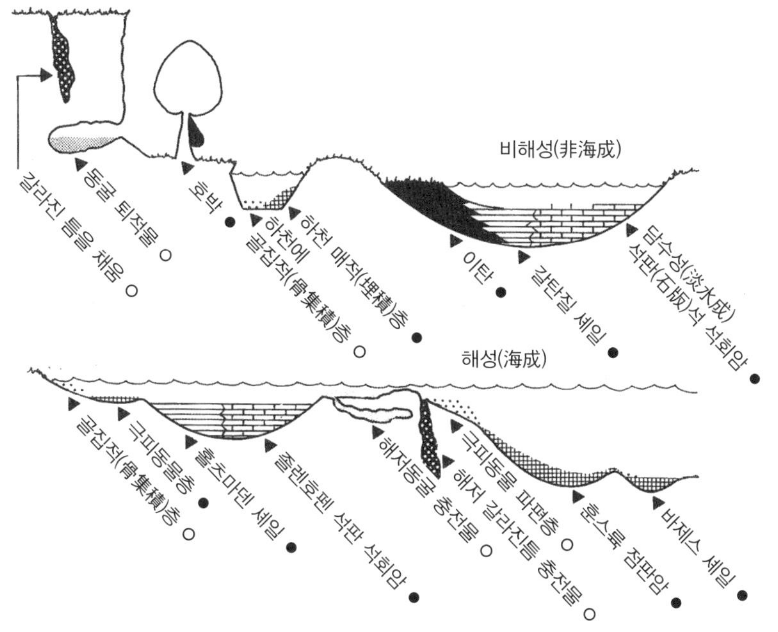

그림 3-1 화석광맥(fossil Lagestaetten)의 개요와 분류. 집적형(集積形) 퇴적물 (○)과 보존형(保存形) 퇴적물 (●)로 분류된다. 이 그림에는 화석광맥이 형성되기 쉬운 환경을 개념적으로 표시한 것이다. (Seilacher, 1990에 의함)

거나 파괴, 부패, 분해되기 전에 급속히 퇴적물에 매몰되어 화석화되었다고 생각되는 경우가 많다(그림 3-1). 예를 들면 도시(圖示)한 것처럼 위약(危弱)한 극피동물인 오퓨로이데(Ophiuroidea, 불가사리) 화석의 완벽한 보존은 급속한 매몰(obrution)이 없었다면 생각하기 어렵다(그림 3-2). 이러한 화석층은 일반적으로 보존형 퇴적물(conservation deposits)이라고 한다. 이에 대하여 수중이나 육상의 퇴적, 운반, 풍화 등으로 특정 장소에 화석이 집적되어 보존되는 경우가 있다. 동굴이나 깨어진 틈을 채운 퇴적물 또는 하천, 빙하의 표사(漂砂), 표력(漂礫)에 섞인 상태로 산출되는 화석군이 그 예로서 집적형 퇴적물(concentration deposits)이라고 한다(Seilacher, 1990).

보존형 화석광맥의 유명한 예로서 독일 남부 호르츠 마덴의 흑색 셰일층(쥐라기 전기)을 들 수 있는데, 여기서 어룡 등 대형 파충류를 비롯하여 다양한 해양동물 화석들이 놀라울 정도로 양호한 상태로 산출된다. 화석은 모두 편평하게 납작해졌지만 여러 가지 해양 파충류, 어류, 갑각류, 해백합류, 불가사리, 암모나이트, 벨렘나이트 등의 골격이나 각(殼) 그리고 연체부의 일부까지 거의 완전한 상태를 보여준다(Hauff and Hauff, 1981). 이 화석동물군에서 특히 주목되는 것은 유영성(遊泳性)이나 부유성(浮遊性) 동물이 많이 산출되는 데 반하여 저서성(底棲性) 동물이나 생흔(生痕)이 극단적으로 적다는 것이다. 아마도 여러 가지 유영성, 부유성 동물의 유해가 부육식자(腐肉食者)나 분해자가 거의 살지 못하는 산소 결핍 상태의 이저(泥底)로 운반[또는 해중(海中)에서 침하(沈下)되거나] 퇴적되어 파괴, 분해를 면한 것이라고 생각된다. 거의 동시대에 약간 유사한 염기적(嫌氣的) 퇴적환경의 화석군이 야마쿠치현(山口縣) 도요우라층군(豊浦層群) 니시나카야마층(西中山層)에서 알려졌다(棚部 외, 1982).

같은 독일 남부 바바리아 지방의 졸렌 호펜 석판(石版)석회암(쥐라기 후기)도 보존 상태가 좋은 다양한 해양동물 화석을 포함하는데 여기에는 저서동물이나 생흔화석도 적지 않다(Malz, 1977). 층준에 따라서는 시조새, 익룡, 잠자리, 바퀴 등 희귀한 비상(飛翔)동물의 화석도 산출된다. 해면(海綿)이나 석회조가 붙어 있는 초(礁) 가운데 생긴 석회니(石灰泥)의 간석(干潟)과 같은 퇴적환경이 추정되는데 여러 가지 동물의 유해가 부패와 분해되기 전에 '석회니(石灰泥) 죽' 속에서 화석화되었다고 생각된다. 그러나 흔히 화석층에서 잘 보존된 연체동물의 각(殼)은 여기서는 예외라고 할 정도로 보존 상태가 불량하다. 특히 암모나이트의 각처럼 주로 아라고나이트로 이루어진 경조직은 보존이 불량하다[미세구조가 다른 압티쿠스는 암모나이트의 각구부(殼口部) 각체(殼體)와는 대조적으로 매우 보존 상태가 좋다].

캐나다 로키산맥 속의 바제스 셰일층(캄브리아기 중기)은 가장 유명한 화석광맥이다. 이 셰일 중 화석군은 1909년 왈코트가 발견하여 연구한 것인데, 개개의 화석에 종명을 부여했으나 형태적으로 비교할 수 있는 동물이 알려지지 않아 분류상 위치가 불분명하였다. 이들은 1970년 이후 휘팅턴(H. B. Whittington), 브리그스(D. E. G. Briggs), 콘웨이 모리스(S. Conway Morris) 등에 의해 다시 각 종마다 자세히 연구되어 실태가 밝혀지게 되었다. 이들 연구에 의하면 바제스 셰일에는 약 150종의 다양한 다세포동물이 알려졌다. 현재 번성하고 있는 삼배엽동물(三胚葉動物)의 주요 문(門)[척색동물(脊索動物)을 포함]이 이미 제안되었다(Briggs et al., 1994). 그 대부분은 화석으로 보존이 용이한 경조직이 없는 연체부(軟體性) 동물(soft-bodied animals)이다. 바제스 동물군의 연구 결과는 생물 다양성에 대한 이제까지의 생각을 크게 변화시켰다. 그 후 중국 남부와 그린랜드의 캄브리아기 전기의 지층에도 유사한 화석군이 발견되어 캄브리아기 초기의 짧은 기간에 다세포동물의 적응방산이 일어나 다양성이 급속하게 높아졌다는 '캄브리아 폭발'이 더욱 확실하게 되었다.

바제스 셰일에 다양한 연체성 동물이 잘 보존되어 있는 현상은 화석생성론의 관점에서도 흥미롭다. 거의가 저서성 동물이라는 사실로부터 이 화석군집은 원지성(原地性)이 아니고 다양한 동물이 살던 이저(泥底)에 대규모의 붕락(崩落) 사건이 일어나 저탁류(底濁流)가 형성되고 이러한 염기성 해저로 급속하게 재퇴적(再堆積)된 결과라고 추정된다.

일본에서는 도카이화석연구회(東海化石硏究會) 회원들이 조사하여 연구된 지타반도(知多半島) 남부 모로자키층군(師崎層群, 마이오세 중기)의 화석층이 보존적 화석광맥의 예가 되었다. 여기는 두꺼운 저탁암(turbidite)인 이암 중에 협재하는 수매의 응회질 사암층에 저서 어류,

그림 3-2 지금도 움직이는 것처럼 보이는 태충류(苔虫類)의 화석. 태충류가 높은 밀도로 살았던 해저를 급속하게 모래가 덮여 보존형 화석층이 형성되었다고 생각됨. 千葉縣君津市鎌瀧의 갱신세 市宿砂層産. (사진은 大原隆 박사 제공: x 0.8)

갑각류, 불가사리류, 왜곱슬거미불가사리, 악어류, 해백합류, 얇은 각의 이매패류 등 다양한 반심해성 동물의 유해가 거의 완전한 상태로 보존되어 있다(東海化石硏究會, 1993). 특히 어류와 극피동물의 화석이 풍부한 사실이 주목된다. 아마도 대륙(大陸) 사면(斜面)에 서식한 저서동물군이 지진 등이 반복됨에 따라 생긴 저탁류(底濁流)에 의해 급속하게 '산채로 매몰'되었다고 생각된다. 다만 이러한 화석을 포함하는 사암이 응회질이라는 사실은 단순한 우연인지는 더욱 검토할 필요가 있다. 이러한 화석층은 내외에 예를 찾기 어려우나 저탁암은 일본 같은 변동대에 흔히 나타나는 퇴적물이므로 금후 이와 같은 상태의 퇴적물에 유사한 화석광맥이 발견될 가능성이 있다.

육상에는 석회암 지대의 동굴이나 갈라진 틈을 채운 퇴적물에 다량의 척추동물이나 육패(陸貝) 등의 화석이 잘 보존된 상태로 포함되는 경우가 있다. 예를 들면 토치기현 葛生 지역에 몇몇 채석장에서는 총 45종의 플라이스토세 포유류 화석이 산출된 기록이 있다(Shikama, 1949). 이것은 전형적인 집적형 화석광맥이지만 소규모의 것은 각지의 석회암 지대 동굴이나 갈라진 틈의 퇴적물에서 발견된다.

4. 화석기록의 불완전성

화석기록(fossil record)은 매우 불완전하다는 사실은 다윈 이래 많은 연구자들이 지적해 왔다. 그러면 실제로 어느 정도 불완전한가. 과거에 존재했을 것으로 생각되는 생물종(種) 수에 대하여 화석종(種) 수의 비율이 하나의 기준이 된다고 생각되지만, 그것을 계산하는 것이 그렇게 쉽지 않다. 다음에 보여주는 것처럼 매우 그럴듯한 값만을 구할 수밖에 없다.

린네 이후 기재 명명된 현생 생물은 150~200만 종이지만 미기재종은 그 여러 배로 추정된다. 이에 비하면 캄브리아기 이후 알려진 화석 동식물의 종수는 훨씬 적어 약 25만 종 정도이다. 더욱이 이 숫자는 동시에 생존했던 종의 수가 아니고 오랜 지질시대를 통해 출현한 종의 총 수이다. 불완전성을 계산하는 데는 두 가지의 가정(假定)이 필요하다. 그 하나는 화석종의 평균 생존 기간이다. 이것은 분류군에 따라 상당히 큰 차이가 있다고 생각되지만 심프슨(Simpson, 1952)은 50~500만 년(평균 275만 년), 밸런타인(Valentine, 1970)은 500~1000만 년(평균 750만 년)으로 계산하였다. 따라서 단순하게 계산하면 5억 7000만 년 전 캄브리아기가 시작되어 현재까지 75~200회 정도 종이 교체되었다고 할 수 있다. 또 하나의 문제는 지구상 동식물의 다양성이 캄브리아기 이후 서서히 높아졌는지 아니면 캄브리아기에 이미 종수가 포화상태에 달해 종의 분화와 멸종이 균형을 이루었는지이다. 실제로는 그 중간 정도였을 것으로 보이지만 불완전성의 비율은 다양성이 계속 점차 증가했다고 가정하면 0.13~0.47%, 포화상태를 가정하면 그 반인 0.06~0.24%가 된다. 어느 숫자나 0.5%를 넘지 않는다.

위의 수치는 전 생물에 관한 평균 비율이며 실제로는 대상 분류군에 따라 화석으로 보존될 가능성은 크게 달라진다. 예를 들면 몸에 경조직을 갖지 않은 연체성(軟體性) 동물은 화석광맥 등에서 드물게 발견되긴 하지만 그 비율은 거의 0에 가깝다. 곤충류는 현생 동물의 70% 이상을 점하지만 이제까지 알려진 곤충화석은 1만 종 이하이다. 이에 대하여 석회질이나 규질의 각이나 골격을 갖는 생물은 평균보다도 훨씬 높은 비율로 화석이 보존된다. 또한 지질시대에 따라서도 차이가 있으며 일반적으로 화석 산출이나 이미 알려진 종수는 시대가 오래일수록 감소한다.

필자는 일본열도에서 기재된 현생 이매패류의 종수와 각 지질시대에 알려진 화석종의 수를 비교하여 비율을 계산한 일이 있다(速水, 1982). 이매패류 화석종의 평균 생존 수명을 600만 년으로 하고, 지질시대를 통해 다양성이 일정했다고 가정하면 종의 비율은 페름기 0.4%, 트라이아스기 2.0%, 쥐라기 1.8%, 백악기 2.9%, 제3기 19.9%, 제4기 26.5%가 되었다. 이매패류는 화석으로 보존되기 쉽고, 특히 일본의 신생대 지층은 산지가 많고 다양성이 잘 조사되어 있다. 이매패류의 다양성이 오랜 지질시대일수록 낮았기 때문에 위의 숫자는 너무 작게 계산된 것일 가능성이 있지만 화석기록의 불완전성을 보이는 종의 기지율(旣知率)은 잘 조사된 지역에서도 20~30%가 상한(上限)으로 생각된다.

화석기록의 불완전성과 편중성은 거의 모든 고생물학 연구에 장애가 된다. 고생물의 연구는 이러한 장애와 싸우는 것이라고 해도 과언이 아니다. 그러나 그 장애의 정도는 같은 고생물학에서도 연구 분야에 따라 다르다. 우선 개체 수준의 기재 연구에서는 산출된 화석만을 취급하므로 보존 상태의 좋고 나쁜 것은 특별히 장애가 되지 않는다. 각개 생태나 기능형태의 연구에서도 같다고 할 수 있다. 화석에 의한 시대 판정이나 환경 추정의 연구에서도 산출된 화석을 적극적인 증거로 이용하면 화석기록의 불완전성과 편중성을 특히 고려할 필요가 없다. 다만 부정적인 증거(예를 들면 어느 화석이 산출되지 않는 것)에 근거한 논의에는 신중해야 한다.

개체군 수준의 연구에서는 목적에 따라 상당히 사정이 다르다. 동일 산지에서 한 화석층으로부터 산출된 다수의 개체를 생활개체군의 대표 샘플로 보고 변이나 성장을 검토하는 경우가 많다. 이 경우 형태변이나 성장양식은 화석화작용에 강한 영향을 받지 않으므로 적절하게 형태를 해석하면 목적은 달성할 것이다. 그러나 같은 화석층에서 산출된 화석 개체가 엄밀하게 동시에 살던 것인가는 말할 수 없으며 유해가 퇴적물로서 조금이라도 선별되고 도태되었다면 크기 구성이나 연령 구성에도 영향을 받았을 것이다. 더욱이 화석에서는 생활개체군의 크기(개체수)나 그 동태(動態)를 아는 방법이 없어 정량(定量)적인 개체군 생태를 연구하는 것은 거의 절망적(絶望的)이다. 경조직을 갖지 않은 생물을 포함하는 생활군집을 추정하는 일은 훨씬 어려우며 많은 경우 군집 고생태 연구는 화석군집(fossil assemblage)에서 출발한다고 말할 수 있다.

계통분류나 생물지리와 같은 종합적으로 고찰하는 분야에서도 화석기록의 불완전성과 편중성이 자주 극복하기 어려운 장애가 된다. 특히 화석종으로 계통을 추정하는 데에도 불완전성을 배려해야 한다. 최근에는 많이 줄어들었으나 예전에는 산발적으로 알려진 서로 다른 화석종을 안이(安易)하게 연결한 계통수가 많이 제시되었다. 화석종 사이에 계통 관계는 때로 풍부한 방증으로 추정할 수 있으나 진화는 일반적으로 광대한 개방계(開放系)에서 일어나기 때문에 간단히 말할 수 없다. 화석기록의 불완전성을 생각하면 종수준의 많은 계통수는 신뢰성이 낮다. 같은 위험성이 근년 고생물지리를 논의하는 데도 느껴진다. 다음에 설명하는 것처럼 개개의 분류군에 대하여 기원지와 이주경로를 생각하는 분산(分散) 고생물지리학에서는 넓은 지역에 산발적으로 알려진 많은 종들을 시대순으로 연결하여 목적이 달성된 것으로 생각하는 경향이 있다. 이는 계통의 추정과 마찬가지로 또는 그 이상 신뢰도가 떨어져 과학성을 일탈(逸脫)하는 논의가 되기 쉽다.

화석기록의 불완전성과 편중성은 인위적(人爲的) 요인(要因)으로도 생긴다. 산출하는 화석을 모두 동등하게 기재한다고 할 수는 없다. 예를 들면 같은 분류군의 화석종에서도 기지율(旣知率)은 연구사를 반영하고 지역이나 지질시대에 따라 크게 다르다. 흔히 기재 명명된 화석종만이 화석기록으로 취급되지만 일반적으로 대형종이 소형종에 비하여 기재하기 쉽고 분류형질이 많은 분류군의 종이 세분되기 쉬울 것이다. 화석기록을 집계하여 시간적인 변천 경향을 알려는 연구(여기서는 정보 고생물학이라고 총칭한다)에서는 여러 가지 원인에 따라 일어날 수 있는 기록의 편중성에 주의를 기울여야 할 것이다.

5. 화석의 지구과학적 의의

화석은 생물의 유해나 흔적이면서 동시에 퇴적물이라고도 할 수 있다. 다양한 화석이 자주 지구과학에 이용되는 것은 그들이 지질시대나 고환경의 지표가 되기 때문이다. 특히 미화석은 석유 등의 퇴적성 지하자원 개발에도 이용되며, 근년에는 해저 확장설의 검증을 통한 판구조론의 확립에 결정적인 역할을 하였다. 화석의 지구과학적 이용은 타당한 속과 종의 동정(同定)을 전제로 하고, 화석을 검출하고 관찰하는 기술도 관계되지만 특별한 이론은 없고 일관하여 경험적 사실에 근거하여 진행된다. 이처럼 화석의 지구과학적 의의를 추구하는 연구 분야를 응용 고생물학이라고 한다. 그러나 화석에 근거한 지구생명사의 탐구는 그 생물학적 연구와 지구과학적 연구를 종합한 위에 성립되는 것이므로 이 두 분야는 반드시 기초와 응용의 관계에 있는 것은 아니다.

화석에 의한 시대결정

삼십 수억 년 전 지구상에 생물이 출현한 이래 생물계의 구성은 시간과 더불어 끊임없이 변화해 왔다. 서유럽과 같이 지질학의 연구가 오래된 지역에서는 다양한 화석 산출의 순서가 밝혀져 일찍이 19세기 중엽에 이미 현재 사용하고 있는 화석에 의한 시대구분과 화석층서의 체계가 거의 완성되었다. 또한 화석기록이 풍부한 분류군에서는 그 변천사가 상세히 연구되어 각 지질시대마다 어떤 과(科), 속(屬), 종(種)이 살았는지 잘 알려져 있다. 이 경험적 사실을 역으로 이용하면 산출된 화석을 동정함으로써 지층의 시대가 결정된다. 캄브리아기 이후 주요 지질시대의 경계가 대개 큰 분류군의 출현과 소멸 시기와 일치하는 것은 우연이 아니고 생물군(특히 해양 무척추동물)의 변천에 따라 지질시대를 구분해 왔기 때문이다. 선캄브리아 시대의 지층에도 가끔 화석이 발견되지만 최후기의 에디아카라(Ediacara) 동물군을 제외하면 아직 화석으로 상세한 시대를 결정하지는 못한다.

지질시대 판정에 중요하게 이용되는 화석을 시준(示準)화석(index fossil)이라고 한다. 시준화석은 그 이용목적으로 ① 생존 기간이 짧고, ② 지리적 분포가 넓고. ③ 많이 산출되는 종이나 분류군을 가리킨다. 시준화석으로 예부터 이용되어 온 분류군은 거의가 중대형 해양 무척추동물이다. 고생대에는 삼엽충류(캄브리아기-오르도비스기), 노틸로이드(nautiloid)류(오르도비스기), 필석류(오르도비스기-실루리아기), 고니아타이트(goniatite) 암모나이트류(데본기-페름기), 방추충류(석탄기-페름기) 등이 이들의 조건에 맞아 시대를 결정하거나 국제적으로 지층을 대비하는 데 유효하다. 중생대(中生代)에는 전기(全期)를 통해 암모나이트류가 중요한 시준화석이지만 지역이나 시대에 따라 벨렘나이트류나 일부 이매패류도 시대 판정에 사용된다. 신생대(新生代)에서는 대형의 저서유공충이 비교적 일찍부터 이용되어 왔다. 이들 분류군에 속하는 화석종을 바르게 동정하는 것은 산출하는 지층의 시대를 결정하는 것을 의미한다. 그러나 이러한 중대형의 거(巨)화석 산출은 연안이나 천해에 퇴적된 지층에 한정되어 있어 원양성이나 심해성 퇴적물의 화석층서는 비교적 근년까지 거의 손이 미치지 못했다.

20세기 후반이 되어 화석을 검출하는 기술이나 관찰 기기가 현저하게 발달함에 따라 미화석(微化石) 연구가 크게 발전하였다. 미화석은 거화석에 비하여 개체수가 압도적으로 많고 조직적으로 샘플링할 수 있어 유리한 점이 많다. 우선 부유성 유공충(백악기-현세), 그리고 코노돈트(캄브리아기-트라이아스기), 방산충(실루리아기-현세), 규조류(?쥐라기-현세)가 시대 판정이나 광역적인 대비에 유효함이 밝혀졌다. 시준화석에 추가된 부유성 생물인 미화석은 지리적 분포가 매우 넓어 거화석이 거의 산출되지 않는 원양성 퇴적암에 풍부하게 산출되기 때문에 이용가치가 매우 높다. 일본의 연구자도 미화석을 이용하여 지구 역사 해명에 크게 공헌하고 있다. 특히 해양저에서 채취한 시추 코아 중에 부유성 유공충이나 방산충 화석은 심해 퇴적물의 시대를 판정하게 함으로써 판구조론이나 일본열도와 같은 변동대의 지질구조 해명에 결정적인 역할을 하고 있다.

그 반면 육원(陸原) 쇄설물이 다량으로 공급되는 연안이나 대륙붕에서는 미화석이 보존되기 어렵고 검출하기도 어렵다. 부유성 생물의 미화석과 거화석은 공존하기도 하지만 산출하는 지층의 암상이 크게 다르므로 시대 지시자로서의 역할은 상보적(相補的)이다. 육상 동식물 중에는 시준화석의 조건을 만족시키는 분류군이 별로 없다. 이것은 육성 퇴적물을 연구하는 데 장애가 되지만 해성 퇴적물과의 선후 관계가 밝혀진 지역을 기준으로 하여 시대를 추정하여 대비한다.

다음으로 무엇보다도 예부터 화석으로 시대를 구분한 중생대 쥐라기를 예로 들어 지질시간의 분해능(分解能)을 고찰한다. 이 시대는 특징적인 암모나이트가 출현되는 순서에 의해 65개의 화석대(fossil zone)로 구분하고 있다(Arkell, 1956). 이는 서유럽에서 여러 지역의 화석층을 종합한 것이지만 표준적인 시대구분이며 국제적으로도 채용되고 있다. 방사성 동위원소로 측정한 연대에 의하면 쥐라기는 213Ma에서 144Ma까지 약 7000만 년의 기간이다. 그러므로 하나의 화석대는 평균

약 100만 년의 기간에 해당된다. 복수의 화석종이 생존한 기간을 조합하여 더욱 상세한 분대가 시도되고 있으나 이 정도가 화석에 의한 시간 분해능의 한계라고 할 수 있겠다.

근년 많은 연구자가 부유성 유공충, 코노돈트, 방산충, 규조 등 미화석의 화석대를 설정하고 있다. 이들 화석대는 평균적으로 보면 각각 300~1000만 년 정도의 기간에 해당하고 시간의 분해능이라는 점에서는 암모나이트 등 거화석의 화석대에 미치지 못하는 것이 많다. 그러나 미화석은 개체수가 매우 많고 조직적 샘플링을 통해 지층 중에 개개의 종이 출현하고 소멸하는 시간면(datum plane)을 상세하게 인식할 수 있다는 이점이 있다. 우연히 지층에서 발견되는 거화석에서는 아무래도 이를 흉내도 낼 수 없는 것이다.

거화석을 분대(分帶)나 대비(對比)에 이용하는 경우 산출 빈도가 산지에 따라 크게 다르다는 사실이 문제가 된다. 산출이 드문 화석은 시준화석의 중요한 조건 하나가 부족하다는 것이 된다. 실제로는 우연히 발견한 소수의 개체가 산출되어 시대 판정이나 대비에 이용하는 경우가 적지 않다. 역으로 생각하면 산출이 적은 종은 생존 기간이 짧게 보이지 않을까 하는 의문이 생긴다. 필자는 산출 빈도가 적은 화석종의 겉보기 생존 기간과 실제 생존 기간의 관계를 시행적(試行的)으로 검토한 일이 있다(速水, 1979). 가장 단순한 경우로서 어느 종의 화석 개체가 같은 속도로 퇴적된 지층 속에 균일하게 포함되어 있다고 하고 그 가운데 소수(p개)의 층준에서 우연히 산출하는 경우를 상정하였다. 여기서 4자리의 난수표(亂數表)를 사용하여 p개의 난수군(亂數群)을 100조(組) 추출하였다. 각각의 조에서 최대 난수에서 최소의 난수를 공제한 값을 겉보기 생존 기간으로 하고 그것이 실제 생존 기간(이 경우 모두 10,000)에 대하여 어느 정도의 부분을 점하는가를 통계적으로 조사하였다. 그 결과 두 층준의 산출로부터 인식되는 겉보기 생존 기간의 평균은 실제 생존 기간의 약 33%에 그치고, 4층준에서는 약 59%, 10층준에서는 약 82%에 달하는 것을 알게 되었다. 즉 p가 클수록(산출 층수가 클수록) 겉보기의 생존 기간은 실제 생존 기간에 가깝지만, p가 작을수록 양자 사이에 차가 커진다는 사실을 알 수 있다. 이러한 모의실험을 통해 알 수 있는 겉보기와 실제 생존 기간의 관계는 미국에서는 시그노-립스(Signor-Lipps) 효과라고 알려져 있다. 여하튼 소수의 거화석에 의한 분대나 대비는 필연적으로 생기는 편차나 오차에 주의해야 한다.

그런데 화석층서학에서 취급하는 '종'은 시간과 더불어 소멸하고 어떠한 특징으로 다른 종과 쉽게 식별되는 형태군(phenon)이라면 생물학적으로 잘 검토되지 않은 종이라도 그것대로 이용가치가 있다. 예를 들면 코노돈트는 미지(未知) 생물의 부분 화석이지만 형태적으로 많은 속, 종으로 분류되어 화석층서학에서 많이 이용되고 있다. 같은 생물의 부분에 각각 명칭을 부여하여 이용해도 시대판정이나 지층의 대비에 별다른 문제가 생기지 않는다. 화석층서학에 전념(專念)하는 연구자는 형태적으로 식별되는 종과 생물학적 종 사이의 관계에 고민할 필요가 없을 수도 있다. 그러나 이렇게 형태반을 근거로 한 종의 개념은 생태, 진화 등 생물학적 연구에는 적당하지 않다. 이것은 물론 좋고 나쁜 문제는 아니고 목적에 따라 화석을 이용하는 방식이 다를 뿐이다.

화석에 의한 고환경의 추정

화석은 지층의 시대만이 아니고 지층이 퇴적된 환경을 나타낸다. 고환경의 지표로서 이용가치가 높은 화석을 시상(示相)화석(facies fossil)이라고 한다. 시상화석에는 시준화석과는 달리 생존 기간이 길고 서식환경이 한정된 분류군이 해당된다. 예를 들면 조초(造礁)산호는 시준화석으로는 별로 도움이 되지 않으나 연간 평균 수온이 20°C 이상의 열대나 아열대의 청정(淸淨)한 외양수(外洋水)에 많이 살고 천해에 한정되어 서식하므로 시상화석으로 이용할 수 있다. 또한 산출된 화석군 가운데 현재 바다에서 지리적 분포나 생태적 분포가 자세히 알려진 현생종이 몇몇 포함되어 있다면 그들의 분포 정보를 종합함으로써 화석층이 퇴적된 환경[위도, 심도, 수온, 저질(底質) 등]을 간접적으로 추정할 수 있다. 일본에서는 현생 패류의 수평분포나 저서유공충의 수직분포에 관한 좋은 경험 자료가 있어(Kuroda and Habe, 1951 등) 이들을 이용하여 화석군의 종구성에서 퇴적환경을 추정하고 있다. 더욱이 현생 생물의 군집생태학(群集生態學)이 발전하면서 화석군집과 환경과의 관계를 이용하여 고환경을 추정하는 연구가 많아졌다. 20세기 중엽부터 고생태학을 표방한 연구는 대개 고환경 복원을 목적으로 한다.

현재주의(現在主義)에 의해 화석을 사용하여 당시 환경을 추정하는 일은 지질시대가 젊을수록 신뢰도가 높다. 특히 후빙기에는 패류군집의 시간적, 지리적 변천을 이용하여 그 사이 해수준(海水準), 수온, 해안(海岸) 지형 등의 변동을 상세히 복원하였다(松島, 1984). 개형충(介形虫)에서는 군집의 다양성이나 우점종(優占種)의 종류가 고환경의 지표로 사용되고 있다(池谷, 山口, 1993). 이처럼 현재에 가까운 과거의 환경에 관한 연구는 지구온난화(地球溫暖化) 등 현대사회가 안고 있는 문제에 대해서도 유효한 시사를 한다고 생각된다.

그렇지만 이러한 현재주의적 화석 이용에는 아무래도 한계가 있다. 시대를 과거로 소급해 갈수록 현생종은 점차 적어지며, 설사 현생종으로 동정된다고 하더라도 현재와 똑같은 환경에 살았는지 어떤지 의심하게 된다. 같은 속의 가까운 종이나 유사한 군집이라도 상당히 다른 환경에 서식하는 경우가 적지 않다. 실제로 플라이오세 이전의 화석군에 대해서는 이 현재주의적 방법이 사용될 수 없다. 또한 환경이 생물의 분포를 규제한다고 생각하는 한편, 그 화석으로 환경을 추정하는 것은 일종의 순환론에 빠지게 된다. 논의가 순환하는 것을 피하기 위해 서로 다른 분류군의 화석을 사용한 결과와 상호 검증하는 것이 효과적이며, 전혀 독립된 지구화학적 방법으로 검증하는 것도 바람직하다.

근년에는 산소동위원소 비($^{18}O/^{16}O$)를 사용하여 탄산칼슘의 패각(貝殼)이 형성될 때의 고수온을 추정하는 방법이 확립되어 있다. 상세한 것은 전문서를 참고하기 바라지만 이 방법은 산소가 액상(液狀)의 해수로부터 고상(固狀)의 패각(貝殼)으로 들어갈 때, 그때의 수온에 따라 ^{18}O과 ^{16}O 사이의 거동이 약간 달라져, 고온에서는 ^{18}O가 적고 저온에서는 ^{18}O가 패각에 많이 들어간다는 사실을 이용하는 것이다. ^{18}O과 ^{16}O 둘 다 안정동위원소이며 해수 중에 존재 비는 시대와 더불어 크게 변하지 않았다고 생각된다. 따라서 화석 중에 산소동위원소 비를 알면 당시 고수온을 추정할 수 있다. 더욱이 부가성장(附加成長)하는 패각의 외층을 연속 샘플링하여 분석하면 수온의 계절변화나 그 개체의 나이까지 추정할 수 있다. 또한 탄소동위원소비($^{13}C/^{12}C$)는 육상식물과 해양식물, 담수 패류와 해양 패류, 더욱이 생물과 비(非)생물 사이에 크게 다른 것이 알려졌다. 다만 퇴적장소인 해수의 염분농도와 수심을 추정하는 데 좋은 지구화학적 방법은 아직 개발되지 않았다.

고환경의 모든 요인을 추정하는 데는 퇴적물 자체를 퇴적학적으로, 지구화학적으로 해석하는 것이 주류가 되고 있으며, 화석만으로 판단하는 일은 적어졌다. 그러나 시상화석에 의한 대체적인 고환경 추정은 손쉽고 특별한 이론이나 기술이 필요하지 않다. 산호류, 두족류, 극피동물 등은 거의 모든 종이 순(純) 해양동물이라고 생각하는 것은 모순은 아니다. 그 외에 큰 분류군도 서식 공간이 확대되거나 축소되는 것은 있어도 크게 변화하지는 않았다고 할 수 있다. 다만 이용할 때 화석의 산상(產狀), 특히 현지성(現地性)과 타지성(他地性)의 구별과 이차적인 화석(derived fossil)일 가능성에는 충분한 주의가 필요하다.

패각과 같이 부가성장하는 경조직은 자주 외부환경의 주기적 변화에 의해 성장호(成長縞)가 생긴다. 몇 개 order의 성장호가 만들어져, 그중 크고 규칙적인 호(縞)는 여름철 고온, 겨울철 저온, 또는 방정(放精), 방란(放卵)에 의해 생긴 장애윤(障碍輪)인 경우가 많다. 천해성 패류에서는 작은 주기(週期)의 성장호가 식별되어 그중 어느 것은 조석(潮汐) 주기나 일조(日照) 주기에 대응하는 것으로 알려졌다. 자세한 것은 사토(佐藤, 2001)의 리뷰를 참고하기를 바란다. 성장호는 생물의 대사(代謝)를 통해 형성됨으로 그 성인은 생물학적으로 해명해야 한다. 그러나 성장호는 화석에 잘 보존됨으로 성인이 밝혀지면 환경 추정의 유력한 단서가 될 수 있다.

육상식물은 기후대와 밀접하게 관련되어 분포한다는 사실이 알려졌다. 식물은 환경요인(기온, 습도, 우량, 이들의 연교차 등)에 강하게 지배되어 분포하지만, 광합성을 하는 일차 생산자로서 지구환경을 능동적으로 변화시켜 왔다. 그것만으로도 고환경을 종합적으로 고찰하는 데 식물의 역할을 무시할 수 없다. 식물화석은 시대의 지시자로서의 가치는 일반적으로 높지 않으나, 육상의 고환경, 고기후의 추정에는 동물화석 이상의 중요한 역할을 한다. 그리고 개개의 종이나 속의 생존 기간이 비교적 긴 것은 현재주의를 적용하는 데 유리하다. 식물은 각 부분이나 화분, 포자가 형상의 차이에 따라 여러 장소로 운반 퇴적되기 쉬우므로 이들 화석을 이용할 때 화석생성론(taphonomy)적인 검토가 필요한 경우가 많다. 그러나 현지성 성격이 강한 화석군은 식생이나 군락의 복원이 가능하다. 더욱이 이러한 지식이 축적됨에 따라 전 지구적인 기후 변동을 논의할 수 있다.

IV 기재와 분류

자연사 연구는 자연의 다양한 사물을 관찰, 기재, 분류, 명명하는 것으로부터 시작된다. 고생물의 다양성에 관한 방대한 지식은 오로지 오랜 기간의 기재, 분류의 연구가 축적된 것이다. 린네에 의해 시작된 동식물의 명명법과 분류계급제가 보급되면서 고생물도 현생 생물과 같이 기재, 명명, 분류가 되어 왔다. 기재과학이 주류를 형성했던 생물학이 실험과학으로 이행된 후에도 많은 고생물학자는 기재와 분류를 경시하지 않고 계속해 왔다. 이것은 화석을 이용하는 데 형태에 의한 식별이 불가결했기 때문이지만 무엇보다도 많은 고생물학자가 다양한 화석을 기재하는 것에 의의를 찾을 수 있었기 때문이다. 기재와 분류의 방법은 십년이 하루같이 변하지 않은 것처럼 보일지 모르나 분류학과 계통학은 관련 과학의 발전에 따라 개선되고 발전되어 왔다. 신종을 기재하고 분류상 위치를 결정하는 것만이 아니고 새로운 관점에서 기존의 체계를 개선하는 것도 분류학의 사명이다. 여기서는 고생물의 기재와 분류방법과 오늘날 형편에 대해서 고찰하여 관심 있는 이에게 참고가 되기를 바란다.

1. 고생물의 기재

기재의 목적과 방법

기재의 목적은 사물의 속성을 밝히기 위한 것이다. 이 점에서 고생물이나 현생 생물이나 다르지 않다. 현생 생물에서도 대부분의 기재는 이미 생명을 잃은 표본에 근거하여 행한다. 그러나 화석을 재료로 하는 고생물의 기재는 현생 생물보다 취급할 수 있는 속성(屬性)이 크게 한정되었다. 화석에서 직접적으로 얻는 정보는 넓은 의미의 형태(形態)와 산상(産狀)뿐이다. 현생 생물의 연구에서 기재의 대상이 되는 생리, 생태, 생식, 행동, 발생 등의 속성은 극히 일부가 형태와 산상을 통해 인식되는 데 불과하다. 또한 현재 분자 수준의 속성도 특별한 경우를 제외하면 분명하게 알 수 없다. 화석으로 보존되는 경조직의 속성에도 조성, 중량, 색채 등은 물론 외형이나 크기도 생존 시(時)와 다소라도 변화되어 있을 가능성이 높다. 연체부의 특징은 드물게 보존되는 것 외에 그 크기나 형상은 경조직의 기복이나 부착흔 등에 한정되어 나타난다.

기재할 경우 기재문(記載文)의 대상이 개체, 개체군, 종 어느 것인가를 명확하게 밝혀둘 필요가 있다. 같은 기재문이라도 대상이 되는 계급에 따라 의미가 다르기 때문이다. 예를 들면 '각은 둥글고 크다'라는 기재문은 그것만으로 종의 특징인지 기재에 사용된 개체의 특징인지 알 수 없다. 계측치(計測値)나 보존 상태는 개체의 속성이지만 종의 속성은 아니다. 역으로 지리적 분포나 생존 기간은 종의 속성으로 기재의 대상이 되지만 개체의 기재에서는 의미가 없다.

개체(個體)의 기재는 실제로 관찰되는 사실에 근거하여 상상이 섞이지 않게 가능한 한 구체적으로 기록해야 한다. 사진, 선화(線畵), 점묘(點描) 등에 의한 도시(圖示)는 각각 목적과 효과가 서로 다르지만 모두 문장으로 표현하기 어려운 형태의 특징을 전달하는 수단으로서 유효하다. 스테레오 사진이나 X선 사진도 경우에 따라서는 매우 효과가 있다. 화석에서는 일반적으로 색채가 소실되어 있으나 자외선으로 관찰하면 경조직 표면의 색채 패턴이 명료하게 관찰될 수 있는 경우가 있다. 근년에는 여러 가지 새로운 관찰, 촬영 기기나 화상해석 장치 등을 사용하여 박진성(迫眞性)이 높은 도시(圖示)가 시도되고 있다.

개체군(population)은 단순한 다수의 개체만이 아니고 같은 장소에 교배가 이루어지는 개체의 무리로서, 분류와 진화의 단위이다. 화석으로 산출되는 개체 사이에 엄밀한 동시성을 입증하기가 어렵지만 같은 화석층에 포함된 같은 종의 개체를 화석 개체군(fossil population)으로 생각하고 현생 생물의 개체군에 준하는 단위로 취급하는 것이 보통이다(Newell, 1956). 개체군 수준의 화석 기재는 화석 개체군에서 임의로 추출한 개체(또는 채집된 전 개체)로 이루어진 샘플에 근거하여 행한다. 여기서는 개체변이나 성장의 실태가 자주 통계적 처리로 기술된다.

종(species)은 일반적으로 '현실적으로 또는 잠재적으로 교배가 이루어지는 개체군의 집합이다'라고 정의된다(Mayr, 1942). 종은 실재한다고 생각하는 연구자도 있으나 현실로 행해지는 종의 기재는 이러한 정의를 염두에 두고 개체나 개체군의 속성을 종합함으로써 정리한 것이 연구자의 분류학적 의견이 된다. 또한 고생물의 종은 지리적, 시간적으로도 범위가 있어 이를 기재에도 반영시킨다.

분류학적 기재

분류학적 기재는 국제적인 동식물의 명명규약을 준수해야 하며, 분류군(종, 속, 과 등)의 속성을 기술하는 것이다. 새로운 분류군의 명칭을 제안할 때는 그 분류군을 다른 것과 식별하기에 충분한 특징을 기술해야 한다. 제안하는 사람은 비슷한 분류군을 포함하여 관련된 정보를 남김없이 모아 용어를 엄밀하게 사용하여 오해하지 않도록 해야 한다. 종의 분류학적 기재에는 특히 정해진 것은 없고 형식은 자유이지만 일반적으로 다음과 같은 사항이나 속성을 포함한다.

① **종명**(種名, species name): 정식으로 채용한 종명을 규약에 따른 형식으로 기록한다. 신종일 경우는 sp. nov.나 n. sp. 등의 용어를 부가하여 새로이 제안하는 종임을 나타낸다.

② **동물이명**(同物異名, synonymy): 기존 문헌 중에 동일종으로 생각되는 개체가 있으면 그 문헌(쪽, 그림 번호 포함)의 목록을 제시한다. 이것은 실제로 기재된 표본을 직접 보고 판단하는 것이 바람직하다. 사정이 있어 최초로 사용된 종명을 채용하지 않을 때는 그 이유를 기록하고, 이물동명(異物同名, homonym)은 'non' 등을 표시하여 목록을 추가한다. 때로는 같은 종명으로 기재된 문헌을 무비판적으로 나열하기도 하나 이것은 동명(同名)의 목록이지 이명(異名)의 목록이라고는 할 수 없다.

③ **모식 표본**(模式標本, type specimen): 모식 표본에는 몇 가지 종류가 있으나 신종을 제안하는 경우 하나의 표본을 완모식(完模式, holotype) 표본으로 지정해야 한다. 기재 논문 중의 그림 번호, 산지, 보관 장소, 등록번호 등을 부기한다.

④ **자료**(資料, material): 기재하는 표본의 목록으로서 산지, 보관 장소, 등록번호 등을 기록한다.

⑤ **표징**(標徵, diagnosis): 기재하는 종을 다른 종과 식별하기에 충분한 특징을 기술하는 것이며, 분류학적 기재의 핵심을 이룬다. 신종의 제안에는 이것에 상당하는 기술(記述 또는 인용)이 필요하다. 상위 분류군에 속하는 모든 종의 공통적인 특징은 생략하고, 간결한 전문(電文) 형식으로 표현하는 경우가 많다. 식물 분류에서는 현재도 특징을 라틴어로 기록하는 경우가 많지만, 이것은 이명법이 확립되기 이전 다수의 용어를 연결한 표징이

종명으로 사용한 것에서 유래한다.

⑥ **기재**(記載, description): 표본자료 자체를 기술(좁은 의미의 기재)하는 것으로 표징과 혼동하기도 하지만 확실히 구별해야 한다고 주장하는 사람도 있으나, 연구자의 의중에 있는 종의 식별형질이 표징인 데 대하여 기재는 취급하는 표본에 관한 전반적인 기술이다. 여기서 표본을 사실 그대로 상상이나 강조를 섞지 않고 기술하는 것이 좋다. 설사 기재하는 종의 분류상 위치가 후에 변경되더라도 그 내용은 변하지 않도록 하는 것이 바람직하다.

⑦ **계측치**(計測値, measurement): 개체마다 계측치를 기술하여 재현성을 확보하려면 계측의 부위나 방법을 엄밀하게 정의하여 보여주어야 한다. 다수의 개체를 취급하는 경우에는 모식 표본의 계측치 만을 보여주고, 다른 개체의 계측치는 개체수, 평균치, 표준편차, 관측범위 등 그리고 히스토그램, 산포도 등으로 개요를 나타내면 지면을 절약하게 된다.

⑧ **변이**(變異, variation): 고생물의 기재에는 형태상 특징에 대해서 변이를 해석하여 기술한다. 일반적으로 동일 화석층의 동종의 개체(화석 개체군)로 보이는 변이를 개체변이(individual variation, intrapopulational variation)로 본다. 또한 서로 다른 지역의 화석 개체군에서 알려진 변이는 지리적 변이(geographical variation), 서로 다른 층준의 화석 개체군 사이에 알려진 변이는 시간적 변이(chronological variation)라고 기술하게 된다.

⑨ **비교**(比較, comparison): 유사한 종이나 표본과 비교하여 같은 점과 다른 점을 구체적으로 기술한다. 이 경우 원칙적으로 종은 종과, 아종은 아종과, 표본은 표본과 비교하는 것이 바람직하며, 분명히 서로 다른 계층 사이에 형태 등을 비교하는 것은

타당하지 않다.

⑩ **산지**(産地, locality): 기재에 사용한 표본의 산출 지점을 기술한다. 화석의 경우에는 다시 채집하는 데 편의를 제공하는 것을 고려하여 상세히 산출 지점, 지층명, 산출 층준, 공존 화석 등을 포함하여 기술한다.

⑪ **분포**(分布, distribution): 기재하는 종의 지리적 분포를 총괄하여 기술한다. 화석의 경우에는 여기에 시간적 분포(생존 기간)를 기술하는 경우가 많다.

BOX 1

모노그래프

여기서 말하는 모노그래프는 하나 또는 그 이상의 고차 분류군에 대해서 소속하는 모든 종의 속성을 다룬 분류학적 총괄을 말한다. 결론으로 분류체계나 추정되는 계통을 나타내는 것도 적지 않다. 현생 생물과 화석생물의 쌍방을 포함하는 모노그래프는 많지 않으나 지역이나 지질시대를 특정하여 망라적 분류학적 기재도 이에 준한다. 기재와 분류가 고생물학의 주요 업무였던 시대에, 분류 연구를 시작하는 자가 먼저 참고해야 할 것은 모노그래프였다. 모노그래프는 어느 시점에 전문적인 분류 연구의 도달점을 나타내는 것이므로 이것을 작성하는 것은 많은 연구자의 꿈이라고 할 수 있다. 분류에 관련된 연구자라면 누구나 실감하듯이 취급하는 분류군에 대하여 좋은 모노그래프가 있느냐 없느냐는 연구의 발전과 능률을 크게 좌우한다. 실제로 분류 연구자가 심혈을 기울여 작성한 모노그래프에는 당시에는 이용자가 적더라도 시대를 넘어 반드시 참고하게 되는 문헌이다.

모노그래프를 작성하는 것은 시간과 노력을 요하는 일이며 분류 연구자의 life work가 되는 것이다. 최근에는 이러한 과제에 차분히 임하는 연구자가 국내외로 적어졌다. 생물학이나 고생물학에서 분류 연구의 비중이 상대적으로 저하된 것, 분류학상의 정보 수집이 용이해졌다는 것도 원인이겠으나, 생물의 다양성이 다시 중시되고 있는 오늘날 모노그래프가 불필요하게 되었다든가 시대에 뒤진 것이라고는 생각할 수 없다. 이것은 연구자를 단순히 논문 수 등으로 획일적으로 평가하는 어리석은 풍조가 생겨 시간을 요하는 연구를 경원(敬遠)하게 된 데 원인이 있다고 보인다. 현대사회의 성급한 세태가 느긋하게 차분한 연구를 어렵게 한다면 매우 염려스러운 일이다.

종의 기재에는 위와 같은 항목을 설정하여 속성을 기술하지만 간결한 기재를 염두에 두는 것이 중요하다. 상세한 기재가 필요한 것은 신종을 제안할 때, 기존의 종을 상세히 연구하여 새로운 사실을 밝히게 되었을 때, 모노그래프와 같이 고차 분류군을 구성하는 모든 종에 대해서 총괄하여 기재할 때 등이다. 기존 종의 새로운 산출을 보고하는 경우에는 필요 사항만을 설명하고 다른 것은 대폭 생략하는 경우가 많다.

속이나 과 등 고차 분류군을 기술하는 경우에는 앞에 든 항목 중 이명, 모식, 표징, 비교(같은 수준의 분류군 사이), 지리적, 시간적 분포를 흔히 설명하게 된다. 신속이나 신(新)아속을 제안하는 경우에는 종의 경우보다도 넓게 비교할 필요가 있으며 모식종을 지정하고 표징(이 경우는 다른 속들의 분류군과 식별하기에 족한 특징)의 기술을 잊지 말아야 한다.

모식(模式)의 개념

기재나 분류를 할 때는 물론 분류군의 명칭을 사용할 경우 모식의 개념을 고려해야 한다. 개개 분류군의 범위와 한계는 연구자의 주관에 따라 변하기 쉽지만 그 가운데 중핵(中核)이 되는 모식(type)이 지정되어 공식적으로 인정되면 명칭에 관한 혼란을 최소한으로 억제할 수 있다. 분류군의 변동이나 범위 등에 문제가 생길 경우, 모식에 근거함으로써 어느 정도 객관적인 판단이 가능하기 때문이다.

종이나 아종의 모식은 모식 표본(type specimen)이다(식물에서는 기준 표본이라고 번역). 동물의 모식 표본에는 완모식(完模式, holotype), 총모식(總模式, syntype), 후모식(後模式, lectotype), 신모식(新模式, neotype) 등으로 구별한다. 모식 표본을 선정하는 절차는 국제동물명명규약에 자세히 정해져 있다. 여기서는 요점만을 설명하도록 한다. 종명이나 아종명을 제안하려는 연구자는 기재에 사용한 표본 가운데 모식으로 지정한 하나의 개체를 완모식 표본으로 지정한다. 이렇게 지정하지 않아도 원기재에 하나의 표본에 근거한 것이 분명하면 그것이 자연히 완모식 표본이 된다. 원기재가 복수의 표본에 근거하면서, 모식의 지정이 없는 경우, 표본 전체가 총모식 표본이 된다. 그러나 총모식에는 서로 다른 종에 속하는 개체가 포함될 가능성이 있기 때문에 이 경우에는 후에 연구자가 총모식 표본 가운데 하나의 표본을 지정하여 완모식에 준하는 기능을 부여할 수 있다. 그 표본이 후모식 표본이며, 이렇게

BOX 2

동물이명(同物異名)과 이물동명(異物同名)

분류학에서는 동일 분류군(종, 속, 과 등)에 부여한 서로 다른 명칭을 동물이명(synonym)이라 하고 서로 다른 분류군에 동일한 명칭을 부여한 것을 이물동명(homonym)이라 한다. 화석생물을 포함하여 동식물의 정식 명칭은 국제적으로 널리 사용되는 것이므로 혼란을 방지하기 위해 동일 분류군에는 유일한 명칭을 확보하고 서로 다른 분류군에는 다른 명칭을 사용할 필요가 있다(동물과 식물에서는 명명법이 서로 독립해 있어 그 사이에 동일 명칭의 분류군이 있어도 지장이 없다). 그런데 여러 가지 원인으로 동물이명이나 이물동명이 생기기 때문에 국제적으로 동식물명명규약에 다음과 같이 선취권(priority) 원칙을 정했다. 여기에 따라 분류 연구자가 문제를 해결하도록 되어 있다.

동물이명은 무엇보다도 먼저 제안된 명칭만을 유효로 하고, 후에 제안된 명칭은 모두 무효로 한다. 다만 모식(속에서는 모식종, 종에서는 모식 표본)이 같은 경우는 객관적 동물이명(objective synonym), 모식이 서로 다른 경우는 주관적 동물이명(subjective synonym)이라 하여 구별하고, 전자는 객관적으로 판단되지만 후자는 동물이명이라고 생각하는 연구자만의 조치가 된다.

이물동명의 명칭은 가장 먼저 부여한 분류군에 대해 적용하고, 뒤에 그 명칭이 부여된 분류군에 대해서는 별도의 명칭(신명에 한정되지는 않음)을 사용하도록 한다. 종의 명칭에서 소속되는 속을 변경하여 이차적으로 이물동명이 생길 수 있다. 이차적 이물동명에도 선취권 원칙이 적용되지만 이것은 속을 그렇게 변경하는 것에 동의하는 연구자만의 조치이다.

지정하는 것에는 선취권의 원칙이 적용된다. 이상의 표본이 모두 없어진 것이 밝혀진 경우에만 신모식 표본을 지정할 수 있다. 즉 하나의 종 그룹의 명칭에 대하여 완모식, 총모식, 후모식, 신모식 가운데 어느 하나의 표본이 존재하는 것이며 이것이 본래 모식의 기능을 갖는 표본이다. 모식 표본과 같은 산지, 같은 층준에서 얻은 표본을 원지모식(原地模式, topotype) 표본이라 하고 이는 동일하거나 거기에 준하는 개체군에서 유래할 가능성이 높기 때문에 모식 표본을 보충하는 자료로서 중요하다.

속 그룹[속(屬), 아속(亞屬)]에서 모식은 모식종(type species)이다. 모식종을 결정하는 절차도 국제동물명명규약에 엄밀하게 정해져 있다. 신속이나 신아속을 제안할 때는 표징을 기술(또는 인용)하는 것과 더불어 모식종을 지정해야 한다. 그러나 이전에 모식종의 지정이 없이 제안된 속이나 아속에 대하여 뒤에 지정하는 절차도 정해져 있다. 이 경우에 뒤에 지정하는 데는 선취권 원칙이 적용된다. 그리고 과나 아과의 중핵(中核)이 되는 속명은 과명, 아과명의 어간(語幹)으로 표시한다.

모식에 근거한 분류학적 방법을 타이프법(type method)라고 한다. 모식 표본이나 모식종은 개개의 분류군 명칭에 대하여 정해진 분류학상 기준이 된다. 다만 모식은 명칭에 관한 것이며, 생물학적으로 특별한 의미나 가치가 있는 것은 아니다. 또한 변이가 있는 종에 원형이나 전형적인 개체라고 하는 것은 존재하지 않는다. 종의 특징은 복수의 개체에 근거하지 않으면 파악할 수 없는 경우가 많다. 그러나 분류군에서 명칭의 안정성을 위해서는 아무래도 단일 모식 표본이나 모식종을 선정할 필요가 있다. 모식법은 1930년경부터 분류 연구자 사이에 보급되었으나, 이미 시대에 뒤진 유형적 분류(typological classification)와는 분명히 구별해야 할 것이다.

2. 고생물의 분류

분류학에는 종과 종 내의 문제를 다루는 마이크로 분류학(microtaxonomy)과 종보다 높은 고차 분류를 다루는 매크로 분류학(macrotaxonomy)의 두 분야가 있다(Mayr and Ashlock, 1991). 마이크로 분류학에서는 종의 인식, 매크로 분류학에서는 분류와 계통 관계를 다룬다. 더욱 고생물의 종이나 분류군은 오랜 시간 속에 존재한다는 점에서 현생 생물과는 다른 측면이 있다. 현생 생물의 분류 방법을 차원이 다른 고생물에 적용하는 데는 원래 무리가 있다. 현생 생물과 같은 분류계급제와 명명법에 준하는 고생물의 분류에는 이론과 현실 사이에 여러 가지 괴리(乖離)나 모순이 일어나지만 이것을 근본적으로 해결하는 방법은 없다. 여기에 논리적인 일관성이 반드시 있는 것은 아니지만 편의적으로 최선책을 모색하는 입장에서 고생물 분류의 방법을 고찰한다.

고생물의 마이크로 분류

유성생식(有性生殖)을 하는 생물의 생활과 진화의 기본 단원은 개체도 종도 아니고 개체군(個體群, 집단)이다. 이 개체군 개념(population concept)이 형성된 데는 근대 생물학상 특별한 사상의 변혁이 있었다. 린네 이후 이어 온 고전적인 분류는 개개의 생물종에는 원형(原型, archetype)이 존재하고, 하나 또는 소수의 형질로 종을 정의할 수 있다는 유형사상(類型思想, typological concept)을 기조로 하였다. 이것은 사물의 지엽(枝葉)을 무시하는 철저한 본질주의 생각이다. 생물 개체의 형태를 원형(原型)과 비교함으로써 종을 판정하며, 신종을 설정하는 방법으로서 변이(變異)는 본질적으로 없는 것으로 경시하였다. 그러나 1930년대 말이 되어 분류학에도 집단사상을 기조로 해야 한다는 인식이 나타나 개체군 사이에 생식적 격리를 기조로 하는 생물학적 종(biological species)의 개념이 정착되었다(Mayr, 1942). 당시 이 개념에 근거한 분류학을 신분류학(new systematics)이라고 하였다(Huxley, 1940). 고생물의 분류에도 다소 논의가 있었으며, 똑같은 의식 개혁이 있었다(Sylvester-Bradley, 1956). 현재는 유형적 분류나 형태종(morphological species)은 간편하고 실용적이긴 해도 생물의 분류에는 찾아보기 어려울 것으로 생각된다.

그런데 이상과 현실 사이에는 큰 갭이 있다. 많은 경우 서로 다른 지역의 개체군 사이에 생식적 격리의 유무를 판단할 수 없으며, 현생생물에서도 직접적으로 종의 판별에 적용하기 어렵다. 이것은 현장의 분류학자에게는 최대의 딜레마이다. 그래도 현생 생물에서는 억지로라도 생식적 격리의 방증(傍證)으로 생리, 생태, 행동, 분자적 성질 등 여러 가지 형질을 검토할 수가 있다. 그러나 화석에서는 넓은 의미의 형태와 산상 이외의 정보는 없으며 생식적 격리의 방증을 얻기가 어렵다.

고생물의 마이크로 분류에서 어떠한 수순으로 종을 인정할 것인지 생각해보자(그림 4-1). 이 분야의 연구는 우선 국지적인 화석군의 분류로부터 시작된다. 여기서 우선 인식되는 것은 같은 형태의 것들을 정리한 형태군(形態群, phenon)이다. 어느 지점의 동일 화석층에서 화석자료가 얻어졌을 경우 연구자는 이들을 우선 형태군으로 유별(類別)하고 기존의 분류체계를 참조하여 종명을 판정한다. 종명을 판정할 수 없는 개체도 우선 분류상 위치를 추정하여 똑같이 형태적으로 유별한다. 이 단계의 작업은 유형적 분류와 별로 다르지 않을 것이다. 자료의 상태가 좋으면 다음으로 개체군 수준의 연구에 들어간다. 현지성 또는 그에 준하는 산상의 화석군에서는, 형태군을 화석 개체군에서 임의로 추출한 샘플로 인정하고 개체변이와 성장을 해석한다. 형태군은 연속변이하는 형질이 정상분포를 하는지의 여부로 다시 인식된다. 더욱이 서로 다른 지역이나 층준에서 얻은 화석층의 형태군도 똑같이 해석한 결과를 비교하여 지리적, 시간적 분포를 비롯하여 지리적 변이, 시간적 변이 등의 속성을 포함하는 종의 이미지가 얻어진다. 그 결과와 유사종(類似種)에 관한 지식을 함께 고려하여 처음에 동정한 형태군의 종명이 그것으로 좋은지 그렇지 않으면 어떻게 임시로 분류를 수정해야 할까를 생각하게 된다.

유사한 형태군 사이의 분류학적 관계는 고생물학자를 자주 곤혹스럽게 한다. 많은 경우 생식적 격리는 형태에 차이를 보이지만 형태의 차이가 생식적 격리의 유무를 판단하는 기준은 되지 않는다. 성장에 수반되어 변화하기 어려운 형질을 취하여 형태나 성장 패턴을 생물통계학적으로 비교할 수는 있다. 그러나 형태의 차이가 통계적으로 유의하다고 해서 종이 다르다고 하기는 어렵다. 불연속변이에 의한 다형(多型), 성적이형, 지리적 변이, 형태 진화 등의 가능성도 검토할 필요가 있다. 이러한 경우 우선 유사한 형태군의 동소성(同所性), 이소성(異所性)이 판정에 중요한 근거가 된다. 더욱이 지리적, 층서적 분포, 형질의 연관 등을 종합적으로 고려하여 판정하는 것이 좋을 것이다.

고생물학에서 취급하는 종은 다른 종과 생식적으로 격리되어 진화하는 계열이다. 심프슨(1961)은 "진화학적 종(evolutionary species)은 다른 것으로부터 분리되어 진화하여 그 자신의 역할과 추세를 갖는 계열이다"라고 정의하였다. 이 계열은 시간이 경과함에 따라 진화하는 생물학적 종이라고 이해된다. 역으로 생각하면 진화학적 종을 어느 시간 단면을 보면 생물학적 종이 된다. 그러나 형태가 오랜 기간에 걸쳐 연속적으로 진화한다고 하면 진화학적 종에는 시작도 끝도 없이 계열의 어디에도 명확한 종의 경계를 그릴 수가 없게 된다. 즉 어느 사이에 다른 종으로 변했다고 하는 수밖에 없다. 실제로 퇴적에 갭이 없는 심해저의 코어에 보존된 미화석 등에는 장기간에 걸쳐 연속적으로 형태가 변화하는 진화계열이 알려져 있다. 행인지 불행인지 계열의 화석기록에는 자주 갭이 존재하여 아무래도 형태가 비약적으로 변화한 것처럼 보이므로 이것을 편의적으로 종의 경계로 하는 경우가 많다(Newell, 1956). 단일 진화계열을 이처럼 형태 변화에 따라 시간적으로 구분한 종을 시간종(chronological species)이라고 한다. 다만 형태의 비약이 단순이 겉보기 현상이 아니고 본질적 의미가 있다고 생각하는 경향도 있다(Eldredge and Gould, 1972).

아종(亞種, subspecies)은 동물명명규약에서 인정하는 유일한 종 이하의 분류계급이다. 마이어와 애슈록(Mayr and Ashlock, 1991)은 아종을 '종의 분포지역 일부에 살며, 같은 종의 다른 개체군과는 분류학적으로 다른 지방의 개체군'이라고 정의하였다. 현생 생물에서 인정하는 아종은 거의가 지리적 아종(geographical subspecies)이며 넓은 의미의 지리적 변이를 보여주는 것이라고 하겠다. 따라서 원칙적으로 같은 장소에 복수의 아종(동종에 속하는)이 공존할 수는 없다. 일반적으로 아종은 지방 개체군 사이에 형태적 차이가 있는 경우에 설정되지만, 얼마만큼 달라야 아종으로 구분할 수 있는가를 판단하는 기준은 없다. 고생물의 분류에도 아종을 설정하는 경우가 적지 않으나 이 경우에는 지리적 아종 외에 시간적 아종(chronological subspecies)도 있다. 시간적 아종은 하나의 진화 계열 안에서 층준이 다른 화석 개체군 사이에 형태의 차이가 별종으로 하기에는 크지 않을 경우에 설정되는 경우가 많다. 이는 지리적 아종과는 성격이 다르기 때문에 다른 명칭이 바람직하다는 의견도 있지만 현재로는 명명 방법상 구별이 없다.

종 이하의 분류계급에는 아종 외에 변종(variety), 품종(race), 형(form)이 있으며 예전에는 화석에도 이들에 상당하는 형태군에 많은 명칭을 부여하였다. 그러나 개체군은 아무리 형태 변화가 풍부해도 분류학적으로 더 이상 구분할 수 없는 최소 단위라는 인식에서, 동물명명규약에서는 이들을 분류군으로 인정하지 않았다(단, 식물에서는 현재 인정한다). 다만 이제까지 제안된 변종 등에는 지리적 아종에 해당하는 것이 있으므로 1960년 이전에 제안된 것에 한하여 선취권을 고려하여 아종이나 종으로 격상시키는 것을 인정하고 있다.

고생물의 매크로 분류

생물의 매크로 분류에는 여러 가지 목적이 있다. 인류의 생활에 편리한 인위적 분류(artificial classification)에서는 동서양을 불문하고 패류, 오징어, 돌고래 등의 해양동물은 '어(魚)'라고 취급하였다. 린네에 의해 동식물명명법과 분류계급제가 확립된 후 파리박물관 시대에는 생물 사이의 상호 유연 관계에 근거하여 근대적인 분류체계의 기초가 마련되었다. 더욱이 진화 사상이 정착되면서 과학적 분류는 각각의 생물이 걸어온 진화의 계통을 고려해야 한다고 생각하게 되었다. 종래의 분류는 적어도 명목상으로는 계통분류(phylogenetic classification)로 바뀌었다. 그런데 계통은 역사적 과정이므로 직접 관찰하고 실험으로 확인할 수가 없다. 따라서 여러 가지 방증에 의해 계통을 추정하고 추정된 계통에 근거하여 분류하게 되었다. 계통을 추정하는 근거로서 화석기록, 형태의 유사성, 발생학적 유사성, 고유의 파생형질, 분자적 특성 등이 이용된다. 20세기 후반 매크로 분류는 그 이론과 방법이 주변과학으로부터 영향을 받아 크게 다시 구축하게 되었다(그림 4-1).

매크로 분류에서는 종보다 상위의 고차 분류군(higher taxa)의 위치를 정하고 상호 관계를 취급한다. 린네는 종(species) 위에 속(genus), 목(order), 강(class)으로 구성된 분류계급 제도를 만들었으나 그 후 과(family)와 문(phylum)이 추가되었다. 더욱 필요에 응하여 이들 사이에 몇 개의 보조적 계급을 설치하여 현재의 분류체계가 나타났다. 고차 분류군에는 종처럼 생물학적 기준이 없으며 그 범위와 계급은 연구자의 주관에 따른다. 그 가운데 속은 최하위 고차 분류군이며 종명의 앞에 기록하는 것 외에 일반적으로 계통적 근연(近緣)의 종들을 모은 것

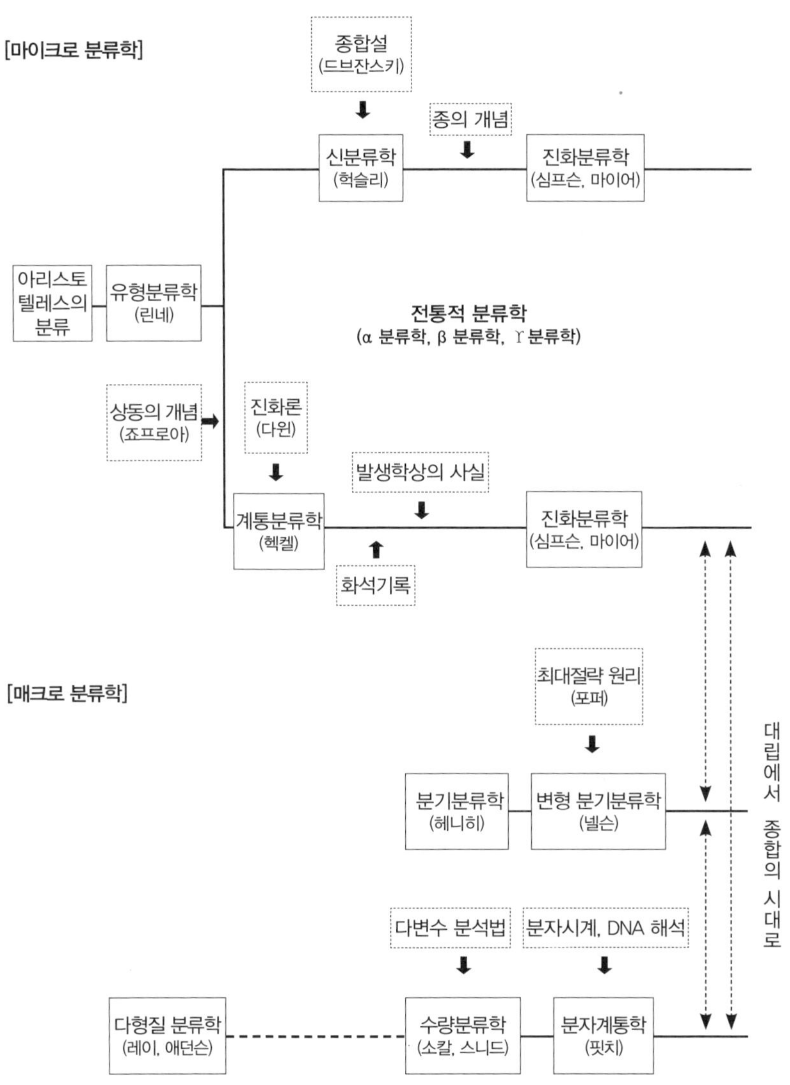

그림 4-1 분류학의 발전과 추이. 최근 마이크로 분류는 개체군 개념과 종합설이 확립됨에 따라, 매크로 분류는 계통학의 영향을 받아 이론과 방법이 재구축되고 있다.

이라고 해석된다. 뒤에 설명하는 것처럼 화석에는 종의 수를 실제로 헤아리기 어려운 사정이 있어 편의적으로 속이나 과에 근거하여 다양성이나 진화 경향을 고찰하는 경우가 많다. 고생물학에서는 종과 마찬가지로 또는 그 이상으로 속을 기본 단원으로 보는 경향이 있다.

매크로 분류에서 화석의 역할은 매우 크다. 특히 화석으로 남기 쉬운 경조직의 분류군에서는 화석기록에 근거하여 구체적인 진화 과정을 추정하여 계통을 복원한다. 물론 멸종된 대분류군의 계통을 추정하는 데는 화석만이 그 자료가 된다. 그러나 화석기록이 전혀 없는 분류군에서도 계통분류는 행해진다. 다만 이 경우 분류 대상인 현생 생물 중에 원시적 형질을 갖는 종을 찾아내어 진화의 방향을 추정하고 계통분류에 이용한다.

고생물의 매크로 분류는 현생 생물의 경우와 큰 차이가 없다. 물론 고생물에서는 이용할 수 있는 형질이 대폭 줄어들지만 계통을 잘 반영한다고 생각되는 형질을 중시하고 그러한 형질의 유사성(類似性)과 상위(相違) 정도를 근거로 분류하는 데 이 방법은 현생 생물의 분류와 다르지 않다. 중시되는 형질을 계통 추정에 사용하는 것은 일종의 순환논리이지만, 많은 사례로 상호검사(cross check)하여 그 위험을 피할 수 있다. 일반적으로 분류에는 많은 형질이 이용되지만, 만일 그 형질들을 등가(等價)로 보면 분류의 대상이 모자이크상으로 확대되어 분류체계는 구축할 수 없게 되는 경우가 많다. 또한 어느 형질을 중시하는가에 따라 전혀 다른 체계가 생길 수 있다. 분류 연구자는 어느 형질이 계통을 잘 반영하는가를 생각하여 중요한 형질을 가릴 필요가 있다. 전통적인 분류학은 이 형질 평가의 경험이 오랜 전문 연구자가 구축한 분류체계가 정착되어 계승되어 온 것이다. 이것이 전통적인 분류학의 특징이지만 근년에는 진화분류학(evolutionary taxonomy)이라는 이름의 이론도 구축되고 있다(Mayr and Ashlock, 1991; 馬渡, 1994). 이렇게 형질의 경중(輕重)을 평가하는 것은 숙련된 연구자만이 행할 수 있는 것이므로 일반인으로부터 진화분류학의 체계가 설득력이나 재현성이 없다는 비판을 받는다.

최근 분기(分岐)분류학(cladistic taxonomy) 및 분자계통학(molecular phylogenetics)이 발전 보급되어 계통의 추정에 없어서는 안 될 중요한 방법으로 생각하게 되었다. 특히 최근에는 이론과 기술이 잘 다듬어져 해석 결과의 신뢰성도 높아졌다. 이들은 주로 현생 생물을 연구 대상으로 하며, 화석을 직접 연구 대상으로 하는 것은 별로 없었으나 고생물학자도 무관심할 수 없다. 최근에는 고생물학자가 화석으로 보존되기 쉬운 분류군의 현생종에 대해서 분기 분석과 분자계통을 해석하여 화석에 관한 결과와 비교 종합하여 공통의 분류체계를 구축하려는 시도를 하고 있다. 분기분류학과 분자계통학의 이론과 방법에 대해서는 일본에서도 전문서적이 간행되어 있음으로(三中, 1997; 宮田, 1998 등) 이에 대한 지식을 깊이 이해하려면 이들을 참고할 수 있다. 필자의 경험으로는 분기분류학과 분자분류학과 함께 계통을 추정하는 데 매우 유효하였으며, 그 분석 결과는 매크로 분류에 큰 영향을 주지만 전통적인 분류학을 이로써 대치할 것으로는 생각하지 않는다. 그 이유는 필자에게 매크로 분류의 방법을 고려하게 한 계기가 된 사례 연구를 소개한 후에 설명하겠다.

3. 가리비(Pectinoidea)류의 분류 — 사례 연구

가리비(Pectinoidea)과란 무엇인가?

가리비상과(上科)는 사람 눈에 띄기 쉬운 부채꼴 모양을 보이는 이매패류인데 옛날부터 많은 패류학자와 고생물학자가 기재 분류하여 연구가 상당히 진척되어 왔다. 대부분 엽상구조의 방해석으로 구성되어 있는 각(殼)은 튼튼하고 안정적이어서 파괴나 변질되기 어렵고 화석기록이 양호하기 때문에 이에 대한 진화 연구가 많이 이루어졌다. 가리비류의 각에는 식별에 도움이 되는 형질이 많고 몇 개의 복잡한 분류군(근연종인가 아종의 집합인가 판단이 어려운 분류군)을 제외하면 종의 형태적 특징은 비교적 명료하고 동정에 어려움이 적다. 가리비상과의 종수는 이명(異名)을 생각하는 데 따라 다르지만 현생종은 400개 이상, 화석종은 1,500개 이상이 존재한다. 몇몇 종이 형태적으로 정리한 종군을 구성하고 종군 사이에 형태상 갭도 분명하게 인식된다. 근년에는 이러한 많은 종군을 속이나 아속으로 구분할 수 있다. 보크스(Vokes, 1980)에 의하면 속 그룹(속, 아속)의 명칭 수는 적격명(適格名)만으로도 현생 78, 화석 99개에 달한다. 그런데 이들 속을 어떻게 묶어 린네식 분류계급에 따라 배치할 것인가에 대하여 연구자의 의견이 크게 나누어진다. 잘게 나눌까 크게 나눌까는 어떻든, 가리비류의 형질을 조합(組合)하여 분류한 것이 모자이크상으로 되어 매우 혼란스럽다. 이것은 연구자마다 중시하는 분류형질이 서로 다르기 때문이다.

가리비(Pectinoidea)류의 분류형질

가리비류에서는 각의 형태와 생활양식 사이에 밀접한 관계가 있다는 사실이 알려졌다. 모든 가리비류는 유기(幼期)에 족사(足絲)로 지물(地物)에 부착하여 생활하지만, 성장하면 족사 부착을 계속하는 종이 있는가 하면 족사를 잃고 자유 생활로 들어가 유영(遊泳) 능력을 획득하는 종, 시멘트로 우각(右殼)을 지면에 고착시켜 생활하는 종 등 생활양식이 다양하다. 그리고 각각의 생활형에 따라 형태의 특징이 나타난다. 예를 들면 유영 능력의 종을 족사로 부착하는 종과 비교하면 ① 각의 전후 폭이 넓고 각정각(殼頂角)이 크다. ② 전후 이상부(耳狀部)가 대칭에 가깝다. ③ 족사 만입(灣入)이나 절치(櫛齒)가 퇴화한다. ④ 각의 전배연(前背緣), 후배연(後背緣)에 수류(水流)를 분출하는 극간(隙間)이 있다. ⑤ 폐각근(閉殼筋)의 속근(速筋) 부분(각을 급속히 닫아 수류를 분출하는 역할을 한다)이 크게 발달하고 각의 내면에 비스듬히 부착한다. 등의 현저한 차이점이 있다. 이 형태와 생활양식과의 관계는 기능형태학적으로 설명된다(Stanley, 1970; Thayer, 1972). 한편 족사 부착형에서 유영형으로 생활양식이 변하는 것은 여러 지질시대에 서로 다른 진화계열에서 독립적으로 생겼다고 추정된다. 가리비류에서는 생활양식의 차이가 형태에 잘 나타나므로 성체의 형태에서 평행진화나 수렴진화를 자주 볼 수 있다. 일반적으로 고차 분류군 사이에 생기는 형태의 수렴은 자명한 것이 많으나, 과나 속 정도 수준에서의 수렴은 실제 근연성과 구별하기 어려워 분류 연구자는 이에 속지 않도록 주의해야 한다. 즉 어떻게 평행진화나 수렴진화를 판단할까가 타당한 분류체계를 위한 열쇠가 된다.

그러면 가리비류의 매크로 분류에서 어떠한 형질을 중시할까. 몇 개의 형질을 미리 평가하면 다음과 같다.

① 물론 연체부의 특징도 중요하지만 가리비과 중에는 명료한 차이가 없다. 화석에는 연체부가 불명이므로 계통의 추정이나 매크로 분류에는 거의 이용할 수 없다.

② 각의 미세구조(shell microstructure)는 방해석이나 아라고나이트의 미소(微小)한 결정자(結晶子) 배열이나 속성(屬性)에 의해 다양성이 나타나므로 유각(有殼)동물의 매크로 분류에 중시된다. 특히 이매패류에서 각체(殼體)의 내외층 사이에 미세구조의 변화가 많아, 상세한 기재가 이루어져 있다(Bøggild, 1930; Carter, 1990). 뉴웰(Newell, 1937~1938)은 각의 미세구조를 처음

으로 이매패류의 매크로 분류에 이용, 이 형질에 근거하여 후기 고생대의 다양한 가리비상(狀) 이매패류를 과 수준으로 분류했다. 중생대로부터 현생에 이르는 가리비상과에서는 이 형질에 변화가 없으나, 동과(同科) 외의 과[예를 들면 프로페아무시데(Propeamussiidae)과나 스폰딜리데(Spondylidae)과]에서는 식별하는 표징으로 중시된다.

③ 유기(幼期)의 형태는 일반적으로 성체(成體)의 형태보다도 생활양식의 영향을 받기 어렵고 분류형질로서의 평가가 높다. 가리비에서도 족사 부착기의 유각(幼殼)[초기의 종각(終殼)]의 형태는 계통을 잘 나타낸다고 생각된다. 다만 이매패류의 초기 발생 중에 생긴 태각(胎殼) I의 크기와 형상, 또는 태각 II의 유무는 발생양식과 유생(幼生)생태와 밀접하게 관련되어 자주 동속(同屬) 중 근연종(近緣種) 사이에도 큰 차이가 있기 때문에 매크로 분류의 기준이 되기는 어렵다.

④ 가리비 각표(殼表)의 거시적 장식에는 방사륵(放射肋)과 성장륜(成長輪)이 있으며 그 위에는 자주 인편(鱗片), 결절(結節), 자(刺) 등이 생겨 종의 식별에 널리 이용되었다. 그러나 이들은 주로 성체에서 보이는 형질로서 같은 종군(種群) 중에도 변하기 쉬워 매크로 분류에는 유효하지 않다. 이에 대하여 유기 개체[또는 성체의 각정부(殼頂部)]의 표면에 보이는 미세한 조각(彫刻)[*Camptonectes* 조선(條線), 망목상(網目狀) 조각, 소공(小孔)의 열(列)]은 기능이 없다고 할 수는 없으나 그들의 유무와 형상은 중요한 분류형질이 된다고 생각된다.

⑤ 가리비과에는 각의 내면에 다수의 방사(放射) 세늑(細肋)[내늑(內肋)이라고도 한다]을 갖는 종(*Amusium* 등)이 있고, 이것이 아과를 식별하는 표징으로 보아 왔다. 그러나 이 내늑은 조상종의 외

면(外面) 방사륵에 대응하여 내면에 생기는 능(稜)이 잔존한 것이다. 따라서 이매(二枚)의 각을 확실히 무는 기능을 잃은 흔적적 형질에 지나지 않는다. 또한 플라바무시움(*Flavamussium*)과에 보이는 내늑은 이것과는 구조가 전혀 다른 것이며 기원도 관계가 없다. 따라서 일부 연구자가 단순히 내늑의 유무를 가리비과의 마크로 분류의 표징으로 한 것은 수렴을 오해한데서 비롯된 것이라고 할 수 있다.

기존의 분류체계

세계적으로 가리비를 연구하여 다른 연구자에게 큰 영향을 준 분류체계에는 다음과 같은 것들이 있다. 여기서는 체계의 개요와 문제점만을 간단히 설명한다.

① 틸레(Thiele, 1935)의 체계: 『Handbuch der Systematischen Weichtierkunde, Bd. 2』에 제시하였다. 현재의 지식으로 보면 많은 난점을 포함하지만 오랜 기간 이것을 대신할 만한 체계가 없었다는 사실에서 많은 연구자가 이를 추종하였다. 가리비과 + 프로페아무시데(Propeamussiidae)과의 현생종을 내늑의 유무와 각의 외관 등에 의해 가리비과와 아무시네(Amusiinae)아과로 구분하였으나 이 분류는 수렴진화 때문에 오해한 것이다. 화석기록은 거의 고려하지 않았다.

② 코로브코프(Korobkov, 1960)의 체계: 『Osnovy Paleontologii』에 제시한 체계인데 많은 화석 속(屬)을 포함하여 가리비과를 5개의 아과로 분류하였다. 그러나 현생종의 분류는 실질적으로 틸레의 체계와 큰 차가 없다.

③ 허틀라인(Hertlein, 1969)의 체계: 『Treatise on Invertebrate

Paleontology, Part N』에 채용된 체계로서 계통(系統)을 보이는 증거가 아직 불충분하다고 하여 정식의 아과명을 사용하지 않고 화석과 현생의 가리비류를 잠정적으로 11개의 그룹으로 정리하였다. 『Treatise』는 모든 속 수준의 분류군에 대해서 모식종의 표시와 도시(圖示), 이명(異名), 표징(標徵), 생존 기간, 분포를 명기(明記)하고 있어 분류 연구자에게는 더 이상 유용한 것이 없을 정도이며 채용된 체계의 영향도 크다. 그러나 이 구분도 겉보기 유사성에만 홀려있어 잘못된 부분이 적지 않다.

④ 하베(波部, 1977)의 체계: 『日本産軟體動物分類學 — 二枚貝綱/掘足綱』에서는 일본 근해에서 산출되는 가리비류의 현생종과 일부 화석종에 대하여 분류상 위치와 고차 분류군의 표징을 제시하였다. 『Treatise』에 상당히 강한 영향을 받고 있으나 독자적인 점도 많고 전체 10개의 아과로 분류하고 있다.

⑤ 월러(Waller, 1991)의 체계: 몇몇 기재 논문 중에 제시된 독자적인 새로운 체계이다. 가리비상과를 먼저 가리비과, 프로페아무시데과, 엔크리움과 등 3개의 과로 분류하고 더욱이 가리비과를 3개의 아과로, 그 안에 클라미이네아과에 4족(族), 가리비과에 3족을 설정하였다. 이에 더하여 족(tribe)은 아과와 속 사이에 필요한 것이라고 하여 설정된 계급이다. 월러는 각의 미세구조를 과의 식별형질로 사용한 것 외에 생활양식의 분화가 생기기 이전의 족사(足絲) 부착기(付着期)에 출현하는 특징에 착목하여 주요 형질을 들고 있다. 더욱이 분기분류학적 방법을 일부 도입하여 각각의 그룹에 고유의 파생형질을 발견하여 계통 추정과 매크로 분류에 이용하고 있다. 화석기록도 고려하였다. 이렇게 넓은 시야에서 구축한 체계는 당시에는 드문 일이었다. 일본에서 흔히 알고 있는 종을 예로 종래 체계와의 차

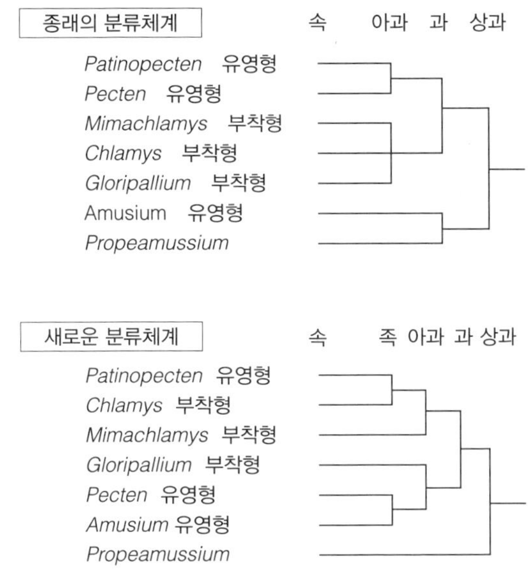

그림 4-2 펙티노이데(Pectinoidea)상과 (*Patinopecten*류)의 마크로 분류는 주로 成貝의 생활양식에 관계되는 형질에 의해 행해져 왔으나, 월러(Waller)는 유기(幼期)의 형태를 중시하여 새로운 체계를 제안하였다. 필자 등의 분자계통 해석 결과는 새로운 체계를 지지한다.

이를 보이면 그림 4-2와 같다. 예를 들면 클라미스(*Chlamys*)와 큰가리비, 가리비와 아무시움(*Amusium*)은 성체의 형태가 크게 다르고 아과의 수준에서 구별해 왔으나, 월러는 고유의 파생 형질을 많이 공유하는 것을 동일 아과의 같은 족에 속한다고 하였다. 그러나 이러한 체계는 그때까지의 상식과 매우 달라 당초에는 별로 지지를 받지 못했다.

분자계통 해석에 의한 검증

앞에 소개한 체계는 오래된 것이지만 필자 등은 이러한 가리비의 다양한 분류체계에 관한 시비를 검증하기 위해 분자계통을 해석하려고 생각하였다. 형태에 근거한 분류체계가 분자계통수와 일치할 것을 기대

BOX 3

單계통군, 側계통군, 多계통군

이들은 계통학과 분류학에서 조상의 분류군과 자손의 분류군의 관계를 나타내는 유효한 개념이다. 單계통군(monophyletic group)은 클레이드(clade)라고도 하며, 단일 조상 분류군에서 나뉘어져 내려온 것으로 생각되는 모든 자손으로 구성된 분류군을 말한다. 側계통군(paraphyletic group)은 단일 조상 분류군으로부터 나뉘어졌다고 생각되는 자손의 일부로 구성된 분류군을 말한다. 多계통군(polyphyletic group)은 2 이상의 조상 분류군에서 유래된 것으로 생각되는 자손으로 구성된 분류군을 가리킨다. 이들 가운데 측계통군은 분기분류학과 분자계통학으로 식별되는 개념이며, 전통적인 분류학(진화분류학)에서는 단계통과 측계통과는 구별하지 않는다.

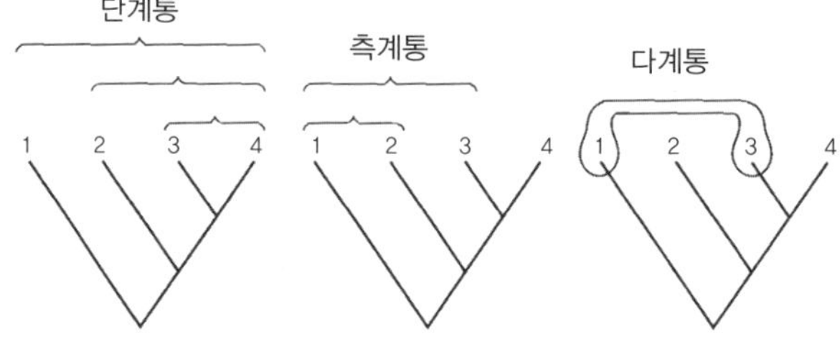

그림 4-3 단계통, 측계통, 다계통의 차이를 보여주는 개념도. 1, 2, 3, 4가 그림처럼 단계통 관계에 있을 때, 1+2+3+4, 2+3+4, 3+4은 단계통군, 1+2+3, 1+2+4, 1+2, 2+3, 2+4는 측계통군, 1+3, 1+4, 1+3+4는 다계통군이 된다.

할 수 없으며 얻어진 분자계통수가 그대로 계통이 되지는 않는다. 그러나 계통에 근거한 매크로 분류를 지향하는 이상 양자는 관계가 없다고 할 수는 없다. 특히 가리비와 같이 연구자에 따라 체계가 크게 다른 경우에는 분자계통 해석이 중요한 판단 자료를 제공한다고 생각하기 때문이다.

이러한 시점에서 마츠모토(松本政哲) 박사(당시 대학원생)에게 기술

```
Chlamys islandica          1 LLPLLLGGLDMSFPRVNALSFWLVPFALYMVVVSPFMEQGSGTGWTMYP-PLSSTPYQGDICTDMVILGLHLSGVS 75
Patinopecten yessoensis    1 ........I...................................I............-.......................... 75
Swiftopecten swiftii       1 ....M...I.........F.............T...I............-.......................... 75
Azumapecten farreri        1 ........I........TF.................I............-........S............A... 75
Veprichlamys empressae     1 ........I.........F......A......T...I.E..........-........S............A.I. 75
Laevichlamys squamosa      1 ........I........T....I..V..........I............-........S............A... 75
Semipallium dianae         1 ........I........T....V..V..........I............-........S............A.I. 75
Pedum spondyloideum        1 ........I........TF...V..A..........I.E..........-........S............A... 75
Mimachlamys albolineata    1 ........I........TF....L.A..........I.E..........-....V...SS...........A... 75
Mimachlamys nobilis        1 ........I........TF......A..........I.D..........-........SS...........A... 75
Volachlamys hirasei        1 ........I...Y....TF......A......F...I.S.......L..-......FSST...........A... 75
Gloripallium, speciosum    1 F...MM.AI.........F...VL.....Q..M.F.IDY..........-...A...SSG.S...M..S...A.I. 75
Anguipecten superbus       1 ....M..AI.........F...VL.....T.IM.F.IDY..........-...A...S.G.S...M......A.I. 75
Anguipecten picturatus     1 ....M..SI.........F...VL.....T.IA.F.IDF..........-......FSAG.S...M......A.I. 75
Pecten maximus             1 ...MM..SI......L.TF...VL.P...L.I..C.IDY..........V.......S.G.S..LM......A.I. 76
Cryptopecten vesiculosus   1 ...MM..SI......L.TF...VL.P...L.I..C.IDY..........-.......S.G.S..LM......A.I. 75
Pecten albicans            1 ...MM..SI......L.TF...VL.P...L.I..C.IDY..........-.......S.G.S..LM......A.I. 75
Amusium japonicum          1 .......AI........T....IL.......IL.FNIDY..........-.......SSGVS...M..A...A... 75
Parvamussium intuscostatum 1 ....F..VP..M.....NF...IM.TG..L.LG.CL.GDSW.....L..-...-VYES-SMGV.LL..S...A... 73
Spondylus squamosus        1 ....M..VP......L.NF....L.A.....AM.G.I.D.......L..-...NAEFHPG.....M......A... 75
Spondylus nicobaricus      1 F...M..TP..M...L.NF....L.A.....AI.G.I.D..........-...NAQFHPG.....M......A... 75
Spondylus sinensis         1 ...MM..TP..M...L.NF....L.A.....A..G.I.E..........-...NSQFHPG.....M......A... 75
Eltopera sanguinea         1 ....M..TP......L.NF....L.P.....A..G.I.E.......L..-...ASE.HASV.S..L......A.L. 75
Crassostrea gigas          1 .I..M.LVA..Q...L..F...VL.GS..LMLM.NIV.N.V.A...I..-...TY-SYHGV.M.LA..S...A.I. 74
Limaria hirasei            1 FI...ISSP..I...L.NF....L.P.AF.AIG.MGVGS.T.A...L..-...GLTGSWSYSL.LT.FS...A.I. 75
Botula silicula            1 .I..MI.SV..V...L.NM...FL.G..FLFFQATQI.K.P.....F..-....VEGHNNASV.LALMS..VAS.G 75
                               *      **  ** *  ***  *                * *** ** ***          *     **
```

그림 4-4 펙티노이데(Pectinoidea)상과 이매패류의 미토콘드리아 COI 유전자의 아미노산 배열(최초의 영역만을 표시) •는 최상단과 같은 아미노산, *는 외군(外群)도 포함하여 전종(全種)에서 아미노산이 공통으로 있음을 보임. (Matsumoto and Hayami, 2000의 기초 자료의 일부)

면을 모두 맡기고 공동으로 일본 근해산 가리비 18종에 대해서 분자계통 해석을 시도하였다(速水, 松本, 1998; Matsumoto and Hayami, 2000). 당면 과제는 미토콘드리아 DNA 중 cytochrome c, oxidase, subunit I(COI)의 유전자를 지표(指標)로 하여 분자계통수를 작성하고 이것을 형태에 근거하여 구축된 종래의 분류체계와 비교하는 것이었다. 채용한 방법이나 수순에 관한 상세한 설명은 생략하지만, COI 유전자의 일부 영역을 형성하는 약 900염기대(鹽基對)를 증폭시켜 배열을 결정하고 최우법(最尤法) 등 확립되어 있는 몇몇 군형성 방법에 따라 수종의 분자계통수를 얻었다(그림 4-4, 그림 4-5).

매우 흥미로운 것은 이들 분자계통수는 어느 것이나 월러가 제시한 분류체계와 놀라울 정도로 일치한다는 것이다. 재료의 부족으로 일부 확인할 수 없었던 분류군이 있으나 월러가 설립하고 수정하여 재정의(再定義)한 아과와 족 거의가 이 분자계통수에서는 명확한 단계통군(單系統群, clade)으로 되어 있다. 약간의 가리비족만이 측계통군(側系統群)으로 보이지만 진화분류학의 분류체계로서 특별한 문제는 없다. 이

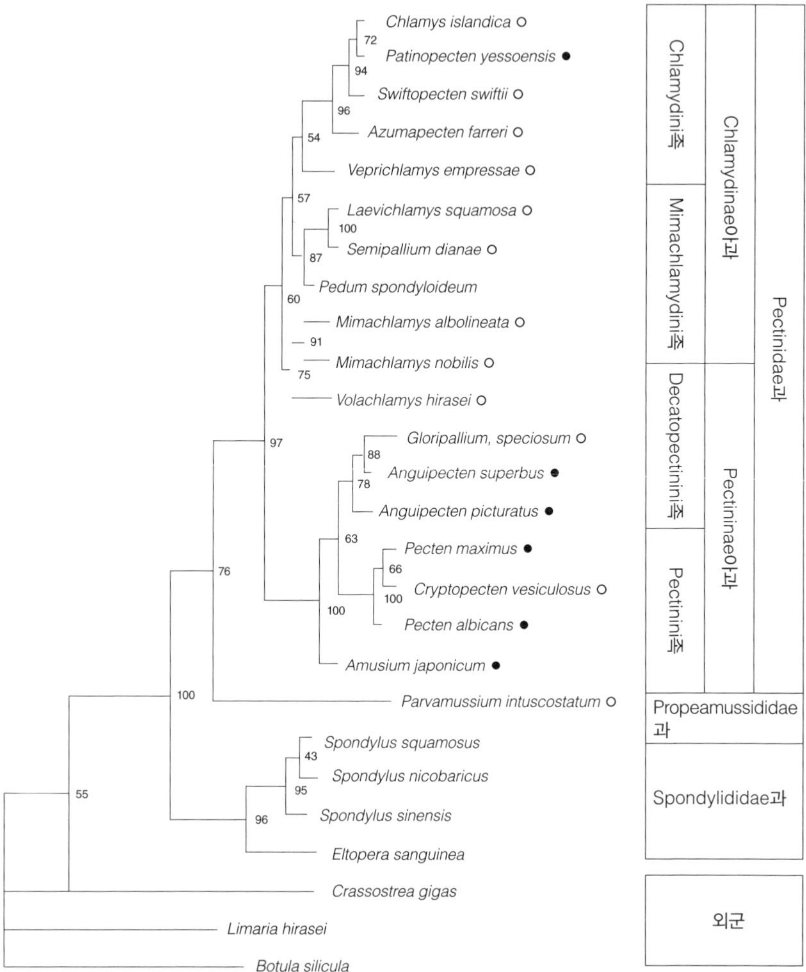

그림 4-5 펙티노이데(Pectinoidea)상과 이매패류의 분자계통수. 미토콘드리아 COI의 아미노산 배열에 기초한 최우법(最尤法)에 따라 작성하였다. 숫자는 결합의 신뢰도를 나타내는 후트스래프 확률(%). ○는 족사 부착형 종, ●는 유영종으로, 생활양식의 차이는 계통과는 특별히 관계가 없음을 알 수 있다. 우측의 난은 월러(Waller, 1991)의 분류체계이며, 거의 분류군은 단계통군으로, 이 분자계통수의 분기 패턴에 놀라울 정도로 일치한다. (Matsumoto and Hayami, 2000에 의함)

분자계통 해석 결과는 월러의 체계가 계통을 잘 반영함을 보여주는 것이다. 이에 대하여 월러 이외의 연구자의 체계는 이 분자계통수와는 전혀 일치하지 않았다. 예를 들면 대부분의 연구자가 아과 수준으로 구분한 족사부착종(足絲付着種)의 그룹과 유영종(遊泳種) 그룹은 각각 분명한 다(多)계통군이 되며 이들을 분류군으로 하는 것은 적당하지 않은 것으로 되었다.

그러면 다같이 각의 형태에 근거하면서 왜 월러만이 적절한 분류체계에 도달했을까. 그의 분류 연구를 다시 살펴보면 먼저 분류형질의 평가 방법이 다른 연구자와 큰 차이가 있음을 알 수 있다. 관습적으로 가리비의 분류는 성장한 각의 외형과 족사부착(足絲付着)을 보이는 절치(櫛齒)의 유무 등 거시적인 형질에 근거하였다. 그러나 이들은 개체발생 후기의 생활양식에 관련된 기능적 의미가 강한 적응적 형질이다. 아마도 월러는 복수의 진화계열에 똑같은 생활양식의 변화가 평행적으로 일어났음을 간파하고 성체의 특징은 계통을 잘 반영한다고 생각하지 않았고, 의도적으로 생활양식의 분화가 생기기 전 유기(幼期)에 출현한 형질을 중시했기 때문일 것이다. 그의 분류형질의 평가에는 그 나름대로의 근거가 있었던 것이다. 이러한 관점의 분류는 그때까지 가리비 분류의 연구에 전혀 없었다.

매크로 분류에 어떠한 형질을 중시해야 하는가는 분류의 대상이나 계급에 따라 다를 것이다. 가리비에서 중시되는 형질이 다른 분류군에서도 그렇다고 할 수는 없다. 또한 아무리 중요한 형질이라도 대상 분류군에서 변화가 없으면 이용할 수 없다. 분류체계를 구축하려는 연구자는 형질이 생긴 배경을 깊이 생각하여, 임기응변으로 분류형질을 적절히 평가하지 않으면 안 된다. 제안된 체계가 좋냐 나쁘냐는 대개 형질의 무게를 적절히 고려했는가에 달렸다. 후투이마(Futuyma, 1986)가 지적한 것처럼 생활양식에 관련이 깊은 적응형질은 평행진화나 수렴으로 생기기 쉬우므로 분류에 이용할 때에는 충분히 주의할 필요가 있다. 분류학과 기능형태학에서는 중시해야 할 형질이 크게 차이가 있으며 아마도 상반되는 것이 많다고 할 수 있다. 이것을 생각하면 극히 당연하다고 생각되지만 이번 사례 연구로 필자 등은 당연한 교훈을 얻은 것이다.

4. 분류학과 계통학의 관계

현대 계통의 추정과 매크로 분류에는 방법과 주장이 크게 다른 3개의 학파가 있다. 이들은 ① 진화 과정을 고려하고 형질을 평가하여 분류체계를 구축하는 전통적인 분류학(진화분류학), ② 많은 고유의 파생형질을 밝혀 최대 절략 원리하에 분기의 양식과 순서를 추구하는 분기분류학, ③ 분자 수준의 다수 형질을 종합한 유사성과 차이를 근거로 추정하는 분자계통학 등이다.

분기분류학은 1950년에 헤니히(Hennig)에 의해 창시되었으나 1970년대에 이론이 재구축되면서 방법이 대폭 개선되어 계통 추정에 유효한 연구 방법으로 보급되었다. 그런데 이 학파는 '분류학'을 표방하면서 일부 연구자가 추정한 분기 순서에 근거하여 린네식 분류체계의 개량까지 언급하므로 전통적인 분류학과 심각한 대립을 불러왔다. 한편 분자계통학은 분자시계의 가설이나 분자진화의 중립설을 배경으로 1970~1980년대에 발전하여 많은 이점을 갖는 유리한 계통추정의 방법으로 보급되었다. 분자계통학 연구자는 문자 그대로 '계통학'에 철저하여 분류 연구자와의 사이에 마찰은 거의 없었으나 "계통추정에는 형태나 화석은 필요하지 않다"는 자세가 당시의 고생물학자로부터 강한 반발을 초래하였다.

분기분류학에서는 분기도(cladogram)가, 분자계통학에서는 분자계통수(molecular phylogenetic tree)가 해석의 결과로 제시된다. 넬슨(G. Nelson) 등 일부의 분기분류학자는 해석의 대상인 OTU[조작상(操作上) 분류 단위]를 엄밀하게 분기도 대로 분류하여 체계화할 것을 주장하였다. 그러나 단계통군(單系統群)만을 분류군으로 보고 분류하면, 분기가 일어날 때마다 계급을 하나씩 낮추어야 하는 매우 비현실적인 체계가 생기게 된다. 예를 들면 척추동물의 계통은 일반적으로 그림 4-6처럼 생

BOX 4

계통수(系統樹), 분기도(分岐圖), 수상도(樹狀圖)

계통수(phylogenetic tree), 분기도(cladogram), 수상도(dendrogram)는 모두 樹狀의 도형으로 대상을 나타내, 사물 상호 관계를 시각적으로 표현하지만 각각 목적과 표현하는 내용이 상당히 다르다.

계통수는 옛날 헥켈이 다양한 생물의 분류군이 공통 조상으로부터 나뉘어져 생긴 것이라는 개념을 수목 형태로 표현한 것이 시작이다. 현재는 고생물학, 형태학, 발생학, 분자생물학 등에 근거하여 종합적으로 생물이 밟아 온 길을 복원한 개념도를 말한다. 멸종한 분류군도 대상에 포함한다. 그림의 한 축은 상대연대나 시간을 취하는 경우가 많다.

분기도는 생물이 분기한 것을 분석하여 그 결과를 樹狀으로 나타낸 것이며, 대상은 다양한 분류단위에서 고유의 파생형질을 가능한 한 많이 공유하는 것으로 군을 형성하여 작성한다. 시간의 경과나 유사성은 고려하지 않고 계통의 분기순서와 패턴만을 나타낸다.

수상도는 표형분류학(수량분류학)에서 사용하는 표현 방법으로 다수의 형질을 등가로 취급, 조작상의 분류단위 사이에 유사도에만 근거하여 군을 형성하여 작성한다. 분자계통수(molecular phylogenetic tree)는 현생 생물의 DNA의 염기나 아미노산 배열의 유사성에 근거하여 작성하고, 당초에는 수상도에 가까운 것이었으나, 분자시계의 가설과 화석기록에서 분기 연대를 외삽(外揷)함으로써 시간축이 들어갈 수 있게 되었다. 그 작성 방법도 매우 세련되어 있다.

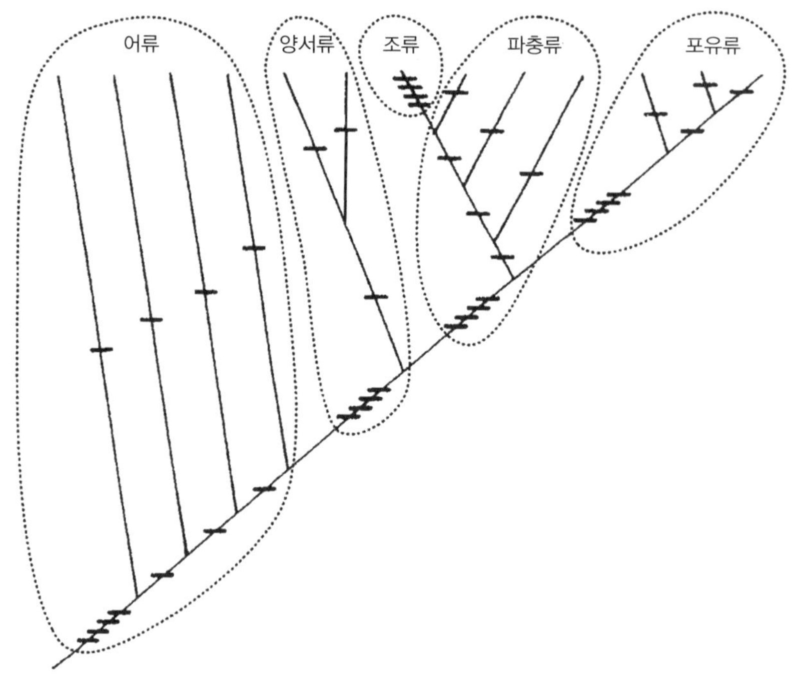

그림 4-6 척추동물의 계통과 전통적인 분류군의 관계. 짧은 횡선은 고유의 파생형질을 나타냄. 일반적으로 분기분류학자가 주장하는 것처럼, 이 분기 패턴에 충실하게 분류하는 것과 전혀 다른 체계가 된다. (馬渡, 1994에 의함)

각되지만, 만일 그들의 주장을 받아들이면 많은 분기를 지난 후에 출현한 조류나 포유류는 원구류(圓口類)나 연골어류 등에 비하여 훨씬 낮은 계급의 분류군으로 떨어지고 만다. 어류나 파충류는 측계통군(側系統群)이라는 이유로 분류군으로서 인정할 수 없게 된다. 계통은 잘 나타낸다고 하더라도 아무래도 실용적인 체계라고는 할 수 없다. 또한 새로운 분기가 발견될 때마다 그 이후의 분류군의 계급을 낮추어야 하기 때문에 체계 전체가 매우 불안정한 것이 된다. 분자계통수도 만일 이렇게 매크로 분류에 이용되면 똑같은 문제가 발생할 것은 의심할 수 없다.

분류학(taxonomy)과 계통학(phylogenetics)은 서로 밀접한 관계가 있으나 목적이 달라 별도의 전문 분야로서 구별해야 한다. 분류학은 다양한 생물을 기재, 명명, 분류하고 계층적 분류체계의 구축을 주요 목적으로 한다. 계통은 분류의 근거로서도 중요하지만 목적은 아니다. 이에 대하여 계통학은 생물이 걸어온 과정을 해명하는 것을 목적으로 한다. 분석결과가 분류체계의 구축이나 수정에 도움이 되기도 하지만 분류하는 것이 목적은 아니다. 이러한 역할 차이를 인식한다면 분자계통학은 물론 분기분류학도 실질적으로는 분류학이 아닌 계통학이다.

1980~1990년대에는 진화분류학, 분기분류학, 분자계통학의 연구자가 서로 대립하여 방법과 결과를 둘러싸고 격렬한 논쟁을 하였다. 이들의 학파 사이에는 방법론이나 과학 일반에 대한 자세에도 차이가 있어 그 대립은 쉽게 해소되지 않을 것으로 생각되었다. 그러나 이 대립은 생각 외로 단기간에 끝나 삼자가 서로 협조하는 시대로 들어왔다고 생각된다. 이것은 적당한 타협과 같은 그런 것이 아니고 각각의 학파가 상호 이론과 방법의 장점과 한계를 함께 인정하고 상호 보완하는 형태로 생물의 다양성을 고려하자는 자세이다. 바람직한 경향이라고 할 수 있다. 최근의 분류 연구에서는 분기 분석이나 분자계통 해석의 결과를 고려한 종합적인 체계의 구축이 오히려 보통이 되었다. 분기분류학에서도 화석생물을 대상으로 할 수 있지만 취급하는 형질이 한정되어 있으므로 현생 생물과 같은 선상에서 분석하는 것은 어렵다. 또한 분자계통학에서 화석을 직접 연구재료로 취급하는 일은 거의 없다. 그러나 해석의 결과[분기도(分岐圖)나 분자(分子)계통수]는 고생물의 매크로 분류에 중요한 판단 재료를 준다. 더욱이 멸종된 분류군에 있어서 형태나 형질 평가에 대해서 보편적 지침을 준다고 생각된다.

변이와 성장

'고생물학은 형태의 과학(science of form)이다'라고 할 정도로 이 분야의 연구는 대개 형태를 근거로 한다(Gould, 1970). 이것은 화석에서 광범위한 형태와 산상 외에는 직접적으로 정보를 얻을 수 없기 때문이다. 적극적인 의미에서 형태를 해석하여 그 배후에 숨겨진 고생물의 살아 있는 모습을 밝힐 수 있다고 생각하기 때문이기도 하다. 고생물학자는 일찍부터 형태에 대하여 관심이 깊어 형태의 새로운 관찰이나 해석 방법을 적극적으로 도입하고 개발해 왔다. 특히 화석 개체군이 보여주는 변이와 성장의 정량적인 해석을 위해 현생 생물의 경조직과 똑같은 생물측정학적 방법을 적용한다. 생물측정학(biometry)은 생물학의 한 분과이면서 동시에 생물과학 전 분야에 정량적 자료를 구하여 객관성이 높은 결론을 얻기 위한 중요한 방법을 이끌어낸다.

고생물의 형태변이와 성장 해석은 형태 그 자체를 표현하고 기술하는 것 외에 어떤 목적을 갖고 행하는 것이 보통이다. 형태 연구의 목적은 분류, 계통 외에 고생물의 생활사, 적응, 기능, 행동, 진화 등 매우 여러 가지에 걸친다. 근년에는 컴퓨터 외에 형태의 관찰과 해석을 위한 화상(畵像) 해석 장치 등 새로운 기기(器機)가 도입되어 능률을 향상시키고 있다. 또한 다변수 분석법이나 고도의 수치해석이 형태 연구에 이용되고 있다.

이러한 형태를 해석하는 데는 기술과 기기에 많이 의존하지만, 정성적인 관찰도 포함한다. 이를 위해 형태가 형성된 생물학적 배경을 이해하고 목적에 따라 적절한 대상(형질)과 해석 방법을 선택하는 것이 중요하다. 분산된 형질을 정량적으로 해석하는 데는 적어도 생물통계학의 초보적 지식이 없어서는 안 된다. 여기서는 상투 수단이 되어 있는 기본적인 방법과 형태변이와 성장 해석 방법을 개략적으로 설명한다.

1. 형태변이(形態變異)의 해석

개체군 중 모든 개체는 형태가 다소라도 차이가 있다. 설사 성장 단계가 같다고 하더라도 형태에는 여러 유전적 요인과 환경요인에 지배를 받아 개체변이(Individual variation)가 생긴다. 일반적으로 여러 요인이 관여하는 형질은 연속변이(continuous variation)를 보이지만, 단일 또는 소수의 유전적 요인에 의해 강한 영향을 받으면 불연속변이(discontinuous variation)가 생긴다(예를 들면 자웅의 형태 차이나 대립유전자에 의한 다형현상). 연속적인 개체변이에는 유전적 요인과 환경요인이 포함되어 있지만 모두 정상분포를 가져오게 되므로 형태해석에서 이 2개의 요인에 의한 변이를 구별할 수가 없다. 한편 불연속변이는 많은 방증을 모으면 화석에서도 원인을 추정할 수 있다.

연속변이(連續變異)의 해석

연속변이의 해석은 개체군(화석에서는 화석 개체군)에서 임의로 추출한 샘플에 대해서 행하는 것이 보통이다. 샘플은 클수록(개체수가 많을수록) 결과의 오차가 적어지지만 개체수가 한정되어 있어도 그 나름으로 결과를 얻을 수 있다. 일반적으로 화석 샘플에서는 개체의 나이가 일치하지 않든가 불명하다. 연속변이는 일부 양적형질을 취해 해석하지만 나이가 일정하지 않은 샘플을 취급할 때에는 성장에 따라 변화하기 어려운 형질을 취할 필요가 있다. 예를 들면 이매패류 화석에서는 각의 크기나 중량은 성장에 따라 증가하므로 변이 해석으로 집계해도 의미가

BOX 5

Population과 Sample

Population과 Sample은 분야에 따라 상당히 다른 의미로 사용되며 번역어도 일정하지 않기 때문에 오해를 막기 위해 여기서 간단히 해설한다.

Population은 생물학에서는 같은 장소에서 유전자 pool을 공유하는 개체의 집합을 가리킨다. 생물의 생활, 분류, 진화의 단위이다. 생태학에서는 '개체군', 유전학에서는 '집단'으로 번역하는 경우가 많다. 화석에는 같은 장소의 개체라도 전혀 동시에 살았다는 보증이 없기 때문에 '화석 개체군'이라고 하여 구분하지만 흔히 개체군에 준해서 취급한다. 통계학에서 말하는 Population은 '모집단'이며 어느 속성을 알려고 하는 개체의 모임이다. 경제학이나 사회학에서는 Population은 '인구'를 의미하지만 이것은 분야가 크게 달라 혼동할 염려는 없겠다.

Sample은 '표본'이라고 번역하는 경우가 많지만 형태학이나 분류학에서는 개개의 specimen도 표본이라고 번역한다. 일반적으로 외국에서도 그와 비슷한 의미로 사용되는 일이 많다. 이에 대하여 통계학이나 통계를 사용하는 자연과학에서는 모집단을 추정하기 때문에 모집단에서 임의로 추출한 복수의 개체를 샘플(표본)이라고 하므로 생물학, 고생물학의 연구나 교육현장에서는 때로 오해나 혼란을 일으키는 경우가 있다. 예를 들면 '큰 표본'이라는 것은 통계학에서는 사이즈가 큰 개체를 의미하지 않고 개체수가 많은 샘플을 말한다.

없다. 그러나 2개의 일차 계측치(예를 들면 각의 길이와 높이)의 비나 방사륵의 수는 성장에 따라 거의 변하지 않으므로 형태변이를 나타내는 형질로 이용할 수 있다. 일차 계측치의 측정은 재현성(再現性)을 생각하여 측정 부위를 엄밀히 정의하여 행할 필요가 있다. 정수(整數)로 나타나는 방사륵의 수처럼 이산적(離散的) 분포를 보이는 형질도 연속변이를 한다고 보아도 틀림이 없을 것이다.

이들 형질을 측정하여 산출된 수치를 집계하면 개체수(N), 평균치(x) 표준편차(s)를 구할 수 있다. 이 3개의 수치는 분산이 있는 샘플을 기술하고 비교할 때에 가장 기본적인 통계치이다. 변이의 기술에는 이 외에 평균치의 표준편차($s/\sqrt{N}$), 변이 계수(100s/x), 관측 범위(observed range)를 표시할 수 있다. 분산이 있는 수치를 몇몇 계급으로 나누어 집계하면 히스토그램[도수분포도(度數分布圖)]을 얻게 된다.

연속변이의 양적형질을 히스토그램으로 나타내면 정상분포형이 되는 경우가 많다. 이들은 각각의 형질이 다수의 요인에 의해 지배되고 있음을 간접적으로 보여주는 것이다. 정상분포(normal distribution)는 이후의 추측 통계를 진행시키는 데 중요한 전제가 됨으로 히스토그램을 보고 시각적으로 판단하기도 하지만 의심스러운 때는 카이제곱 테스트(χ^2-test)로 정상분포 여부를 검증할 수 있다. 가장 알기 쉬운 방법은 샘플의 평균치와 표준편차로 규준화(規準化)한 히스토그램을 작성하고 그 도수분포를 이상적인 정상분포의 기대치와 비교한다. 즉 기대치에서 벗어난 정도를 종합하여 나타낸 χ^2값을 산출하여 χ^2 분포표의 유의(有意) 한계치와 비교하여 가설을 검증한다.

양적형질의 정상분포는 생물이 갖는 일반적 성질이지만 이것을 변형시키는 요인도 존재한다. 예를 들면 샘플에 연령 구성이 균일하지 않으면 성장에 따른 정상분포의 평균치가 측방으로 기울기 때문에 평정형(平頂型)분포[정상분포에 비하여 정부(頂部)가 편평한 분포]가 되기 쉽다.

또한 히스토그램은 정상분포보다도 대수(對數) 정상분포에 가까운 경향도 있다. 필자의 경험에는 많은 개체에 대해 분산이 큰(변이계수가 큰) 형질을 집계하면 큰 수치 쪽으로 꼬리를 끄는[왜도(歪度)가 플러스됨] 분포를 보이는 것이 많다. 그 반대로의 분포는 거의 나타나지 않는다. 이것은 형질에 관여하는 많은 요인이 상승적으로 작용한다고 생각하면 일단 설명된다. 히스토그램이 분명한 2개 또는 그 이상의 모드[최빈치(最頻値)]를 갖는 경우는 복수의 종이 섞여 있을 가능성이나 다형현상(성적이형을 포함)일 가능성이 있다. 이러한 경우 정상분포가 되지 않는 원인을 특정(特定)하는 것은 생물학적으로 검토해야 한다.

2개의 개체군 사이에 연속변이의 형질을 비교하는 데는 3개의 기본이 되는 통계치(N, x, s)를 각각의 샘플에서 구하고 이들을 이용하여 검증한다. 2개의 개체군의 형질 평균치가 같다는 가설로서 우선 F 검정으로 2개 샘플의 분산(s^2)에 유의한 차이가 있는지(가설이 기각되는지의 여부)를 판정한다. 다만 평균치에 유의한 차이가 있어도 이것이 분류학적으로 어떤 의미를 갖는가는 별개의 문제이므로 통계로써 판정할 수는 없다. 분산(分散)에 유의의 차가 있는 경우나 형질이 정상분포를 보이지 않는 경우에는 검정력(檢定力)은 얼마간 낮아지지만 별도의 방법이 고안되어 있다. 구체적인 검정 방법과 수순에 대해서는 초등 통계학 교과서를 참조하기 바란다. 검정의 이론적 기초를 바르게 이해하려면 상당한 노력이 필요하지만 확립되어 있는 검정 방법을 상황(狀況)에 따라 적절히 사용할 수 있으면 생물통계학적 방법은 형태 비교에 매우 유효한 수단이 된다.

두 변수(變數) 형질의 기술(記述)과 비교에는 각각의 형질을 정상분포를 전제로 한 기각(棄却) 타원에 따른 방법이 사용되고 있으나 후술하는 상대성장의 해석이 유효하다. 또한 다수의 양적형질을 동시에 다루는 다변수(多變數) 분석도 화석 샘플의 연속변이의 연구에 도입되고 있다.

불연속변이(不連續變異)의 해석

형태의 불연속변이는 중간적 개체가 없든가 극단적으로 적은 변이로, 연속변이의 해석 중에 나타나기도 하지만 대개는 단일 개체군 중에 복수의 형태군이 공존하는 것이며, 시각적으로 인식된다. 물론 각각의 형태 중에는 연속변이가 보이는 경우가 많을 것이다. 현생 생물에서는 자주 색채의 불연속변이가 알려져 있으나 화석에서는 별로 기대할 수 없다. 다만 자외선으로 관찰하면 일반 광(光)에서는 보이지 않는 색채 패턴이 인식되기도 한다.

화석 개체군에서 불연속변이와 같은 현상이 눈에 띄는 경우 우선 각각의 형태군이 별종이 아니라는 것을 어떤 방법으로나 확인할 필요가 있다. 불연속변이는 여러 가지 원인에 의해 일어나기 때문에, 실태를 현상으로 인식하고 그것이 생긴 원인을 고찰해야 한다. 현생종의 경우에는 현생의 개체군에서 요인(유전적 배경 등)을 해명하는 것이 지름길이지만 멸종종의 경우에는 현상의 기술에 그치는 일도 적지 않다.

세대(世代)교대를 하는 분류군에서는 생식 방법의 차이에 따른 이형현상이 자주 관찰된다. 예를 들면 화석으로 잘 보존되는 유공충류에서 같은 개체군 안에 초방(初房)이 크고 몸의 크기는 작은 현구형(顯球型)[단상세대(單相世代)]과 초방은 작고 몸의 크기는 큰 미구형(微球型)[복상세대(複相世代)]의 개체가 식별된다. 미구형 개체가 성숙되면 무성생식으로 많은 수의 현구형 개체를 생산한다. 한편 별개의 현구형 개체로부터 방출된 유주자(遊走子)가 접합(接合)하면 소수(少數)의 미구형 개체가 성장한다. 이 세대교대에 따른 이형현상은 방추충과 같은 오래전 시대의 분류군에서도 인식되고 있다. 그러나 세대교대의 양식이나 이형현상은 분류군에 따라 상당히 차이가 있어 현생종이나 유사종의 지

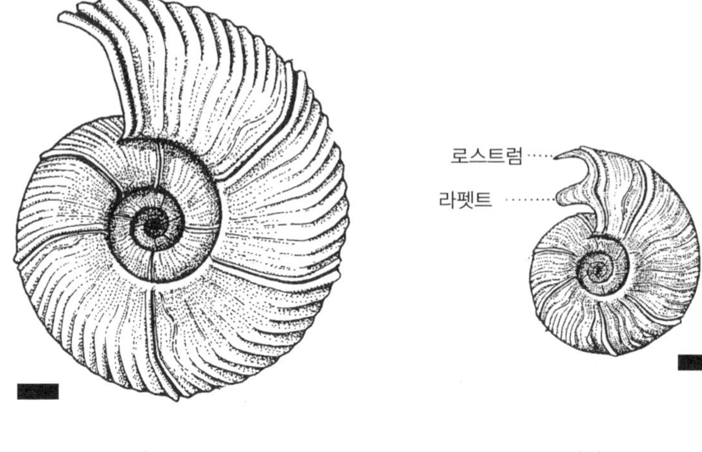

그림 5-1 백악기 암모나이트 *Yokoyamaoceras jimboi*의 二型. 시간과 더불어 형태가 변화하는 두 변화 계열이 있다고 하여, 그 가운데 몇몇 형태종이 설정되어 있으나, 이들은 동일 진화적 종 가운데 이형으로 생각된다. 마크로콘은 마이크로콘의 약 3배의 크기를 보인다. 마이크로콘에는 각구부(殼口部)에 특징적인 로스트럼과 라페트가 있다. 스케일은 1cm. (Maeda, 1993에 의함)

식을 참고할 필요가 있다.

유성생식을 하는 분류군에서는 자주 성적(性的)이형(二型)현상(sexual dimorphism)이 나타나지만, 멸종종의 경우에는 성적이형을 판단하는 직접적인 증거는 얻을 수 없다. 그러나 ① 자웅의 개체는 대부분의 서식지에 공존할 것이다. ② 자웅의 개체비는 적어도 수정 시 1:1에 가까울 것이다. ③ 자웅의 형태 차는 유기(幼期)에는 작고 개체발생의 후기가 되면 커질 것이다. ④ 암컷의 개체는 내부에 상대적으로 용적이 큰 알을 갖기 때문에 수컷보다 각이 크게 팽창하든가 강하게 될 경향이 있다. 등의 상황(狀況) 증거로 추정할 수 있는 경우가 있다.

예를 들면 암모나이트의 몇몇 케이스에서는 이러한 상황 증거에 근거하여 종래 별종으로 취급된 2개의 동소적(同所的) 형태군을 성적이형의 관계에 있다고 생각하게 된 것이 있다(Makowski, 1962; Calomon,

1963; Maeda, 1993; Davies et al., 1996). 이러한 연구에서는 마크로콘이라고 하는 대형개체와 마이크로콘이라고 하는 소형에서 각구부(殼口部)의 라페트라고 하는 돌기를 갖는 개체가 식별되어 각각 암컷과 수컷에 해당된다고 생각한다(그림 5-1). 암모나이트 이외의 연체동물에서도 성적이형으로 추정되는 화석종이 적지 않으나 현생종에서 유추할 수 있는 경우를 제외하면 결정적인 증거가 없는 경우가 많은 것 같다(Westermann, 1969).

성차(性差)에 의하지 않은 불연속변이에는 대립유전자 등 소수의 유전적 요인에 지배되는 다형(多型)현상(polymorphism)이 있다. 현생 생물에서는 색채의 다형이 자주 알려졌으나 때로는 경조직의 형태에 불연속변이가 보이기도 한다. 나방의 공업화(工業暗化)나 무당벌레의 소진화 연구처럼 표현형 수준의 진화 과정은 유전적 배경이 확인되어 다형현상에 근거하여 해명하는 것이 상투 수단이 되어 있다(駒井, 1963; Ford, 1964 등). 고생물에서도 다형현상과 유사한 진화양식이 알려진 경우가 있다(Hayami, 1984).

2. 절대성장(絶對成長)의 해석

고생물학에서는 자주 성장을 해석하지만 그 주요 목적은 고생물의 생활사(life history)를 복원하기 위한 자료를 얻는 데 있다. 화석으로 보존되기 쉬운 생물의 경조직에는 성장에 관한 여러 가지 정보가 포함되어 있어 이들을 개체 수준에서 또는 개체군 수준에서 해석한다. 그러나 부가성장에 의해 형성된 연체동물의 성각(成殼), 탈피를 반복하면서 형성된 절지동물의 외(外)골격, 체내의 골(骨)세포에 의해 형성된 척추동물의 골격 등, 경조직의 성장양식은 여러 가지이므로 각각의 분류군에 관한 지식을 참조해야 할 것이다. 화석에서 성장을 해석할 때에는 분류군에 따른 성장양식의 특징과 차이를 숙지하고 상황에 따라 적절한 해석 방법을 선택해야 한다. 여기서는 초기 성장과 후기 성장을 나누어 해석 방법과 의의를 개설한다.

초기 성장(初期成長)

다세포동물에서는 배(胚)가 직접 성체(成體)로 성장하지 않고 우선 유생(幼生)의 단계를 지난 후 변태(變態)하여 성체(成體)가 되는 것이 많다. 경조직의 형성기구나 성장양식도 유생과 성체에서 크게 다르다. 고생물학에서 취하는 성장은 많은 경우 발생학적으로는 개체발생 후기에 해당하는 성장이지만, 경조직이 부가성장하는 연체동물 등에서는 유생각(幼生殼)이 성각(成殼)의 외표(外表)나 내부에 보존되는 경우가 있다. 예를 들면 이매패류나 복족류에서는 성장 초기에 형성된 태각(胎殼)이 성각의 각정부(殼頂部)에 보존되어 그 형태가 생활사(특히 유생생태나 번식 전략)를 해명하는 데 도움이 된다.

이매패류의 발생 초기에 형성된 태각 I과 II(prodissoconch I, II)의 크기와 형상은 발생양식이나 유생생태와 밀접한 관계가 있음을 경험적으로 알고 있다(Ockelmann, 1965; Jablonski and Lutz, 1980, 1983). 플랑크톤 영양형의 부유(浮遊) 유생기(幼生期)를 갖는 종에서는 일반적으로 태각 I이 작고(7~150㎛), 성각이 시작되는 부분에는 부유기간에 생긴 태각 II가 식별된다. 이에 대하여 난황(卵黃)영양형의 종에서는 태각 I이 약간 커서(135~230㎛) 태각 II와 식별되지 않는다. 모패(母貝)에서 치패(稚貝)가 직접 방출되는 직달(直達)발생형 종에서는 태각 I이 더욱 크고(230~500㎛), 자주 특이한 형상을 보여준다. 태각 I은 각선(殼腺)에서 연체(軟體) 전부를 덮게 분비하므로 성장선은 없고 부가(附加)성장하는 태각 II나 성각(dissoconch)부터 명료하게 식별된다.

복족류의 태각(胎殼, protoconch)도 권(卷) 수, 형상, 표면 장식 등에 따라 몇 가지 형으로 나누어져 유생생태나 생식환경의 관계를 분명하게 보여준다(Thorson, 1950; Shuto, 1974). 이매패류와 복족류 모두 플랑크톤 영양형의 유생기(幼生期)를 갖는 종이 점하는 비율이 저위도의 천해에 많고, 고위도 해역이나 반심해-심해에서는 상대적으로 적다(佐佐木, 2001). 이 경험적으로 알려진 유생생태(幼生生態)와 환경과의 관계(Thorson의 법칙이라고 한다)는 지질시대에도 같았을 것으로 생각된다. 다만 초기 발생의 양식은 같은 속(屬) 내의 근연종 사이에서도 크게 다르다는 사실이 알려져 현생종이나 유사종에서 유추하지 않고 화석 개체의 초기 발생을 직접 조사하여 판정하는 것이 바람직하다.

정상권(正常卷)의 암모나이트에서는 유기(幼期)의 각이 성각(成殼)에 둘러싸여 있으므로 개체의 정중(正中) 단면을 만들어 초기 성장을 관찰할 수 있다. 암모나이트의 개체발생과 성장양식은 현생 노틸로이드류에서 유추하여 해석하는 면도 있으나 상당히 다른 점도 있다. 최초의 방실(initial chamber)에 계속된 1권(卷) 정도의 나관은 암모니텔라(ammonitella)라고 하며 그 말단부에는 독특하게 생긴 잘록한 부분에서 성체의 나관이 계속된다. 일반적으로 암모나이트는 알 속에서 성장하여 잘록한 모양은 부화할 때 생긴 것으로 생각된다. 이 초기의 각 구조는 대부분의 암모나이트 그룹에서 확인된다(Landman et al., 1996b; 棚部, 2001).

후기 성장(後期成長)

절대성장(absolute growth)은 시간에 대한 몸의 크기(길이, 면적, 부피, 중량 등)의 변화(일반적으로 증가)를 말한다. 횡축에 시간, 종축에 몸의 크기를 취하면 절대성장은 일반적으로 시그모이드상 성장곡선(growth curve)으로 나타난다. 즉 생물 개체의 성장속도(growth rate)는 성장 중기에 최대가 되었다가 그 후에는 차츰 감소한다. 현생 생물에서는 사육동물이나 표지 개체의 정기적 계측으로 시간에 대한 성장량을 알 수 있으나 화석에서는 해석의 전제가 되는 시간축 설정이 곤란한 경우가 많다. 그러나 최근에는 현생 생물의 경조직이 형성되는 것에 관한 지식을 응용함으로써 화석에서도 절대성장을 해석하게 되었다.

• 경조직의 탈피성장

개체성장의 후기까지 탈피를 반복하면서 성장하는 절지동물의 경조직에는 부가(附加)성장하는 연체동물의 각(殼)과는 달리 유약기(幼若期)의 형태가 남아 있지 않다. 그러나 탈피성장하는 종의 개체군 샘플에는 흔히 여러 가지 성장 단계를 보이는 개체가 포함되기 때문에 이 경조직의 크기를 집계하면 자주 불연속 클러스터(cluster)로 나타나 성장 과

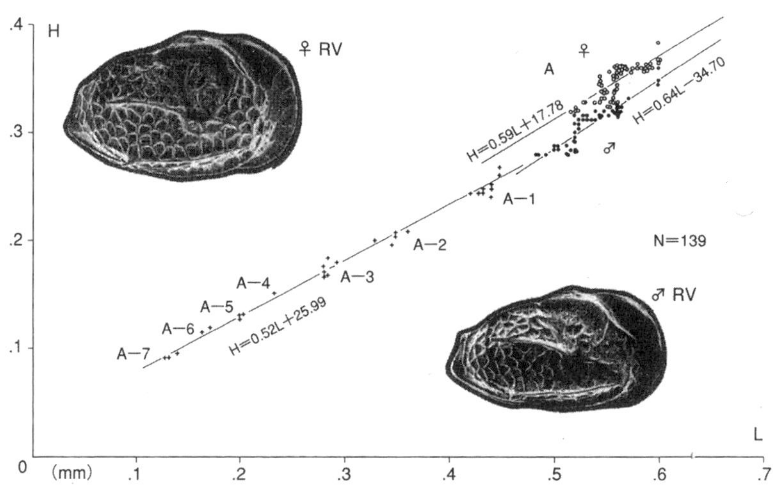

그림 5-2 개형충 *Spinileberis quadriaculeata*의 탈피성장과 자웅의 형태. RV; 右殼, L; 각장, H; 각고, A; 성체, A-1~A-7: 각각의 나이에 해당하는 유체(幼體). 계측치는 각각의 나이마다 cluster를 이룸. 성차(性差)는 성체(成體)에서 잘 알 수 있게 된다. (池谷, 1998에 의함)

정을 보인다. 탈피는 주기적으로 일어나 그 시간적 간격은 완전히 같지는 않으나 탈피 횟수는 종에 따라 거의 정해져 있기 때문에 탈피의 나이(instar)를 시간 대신에 사용하면 화석에서도 절대성장의 개요를 밝힐 수 있다.

예를 들면 화석으로 보존되기 쉬운 개형충(介形虫)류의 배갑(背甲, carapace)은 탈피에 따라 크기가 5/4배 정도(3회 탈피로 약 2배) 커짐으로 여러 가지 성장 단계의 개체에서 나이를 사정(査定)할 수 있다(그림 5-2). 부화로부터 탈피 횟수를 알 수 없는 종에서도 성체에서 역산(逆算)하여, A-1, A-2……로 이렇게 성장 단계를 나타낸다. 자웅(雌雄)의 형태 차는 유기(幼期)에는 없고 A-1 또는 성체(成體)가 된 후에 처음으로 나타난다. 개형충의 몇몇 그룹에서는 탈피성장에 따라 미소공(微小孔)의 분포 양상이 변화하는 것 등 여러 가지 형질이 출현하거나 분화가 일어나 진화 과정을 복원하는 데 이용된다(池谷, 1998; 塚越, 2001). 또한 개형충의 배갑에서 볼 수 있는 미소공은 일부 감각모(感覺毛)에 대응하는 것이며 그 수와 분포는 불규칙하지만 랜덤하지 않고 종과 나이에 따라 거의 일정하다(그림 5-3). 유전적으로 규제된다고 생각되는 이 형질의 안정성은 하나이(Hanai, 1970)가 발견하여 개형충의 진화 연구에 좋은 소재로서 연구하는 계기가 되었다.

같은 갑각류인 조개새우류에서는 이때까지 탈피한 배갑이 정부(頂部)에 보존되어 동심원상의 성장륜을 만든다. 또한 따개비(만각류의 일종)류의 각부(殼部)는 탈피성장하지만 화석으로 보존되기 쉬운 성장 후기의 각판(殼板)은 부가성장하여 성장호가 보이며, 탈피의 주기와도 관계가 있다.

캄브리아기 전기의 미소한 삼엽충 아그노스투스(*Agnostus*)류는 매우 많은 수의 개체가 같은 장소에서 산출된다. 그 불연속적 크기 구성은 10회 정도 탈피에 의한 성장 단계를 반영한다고 생각된다(Hunt,

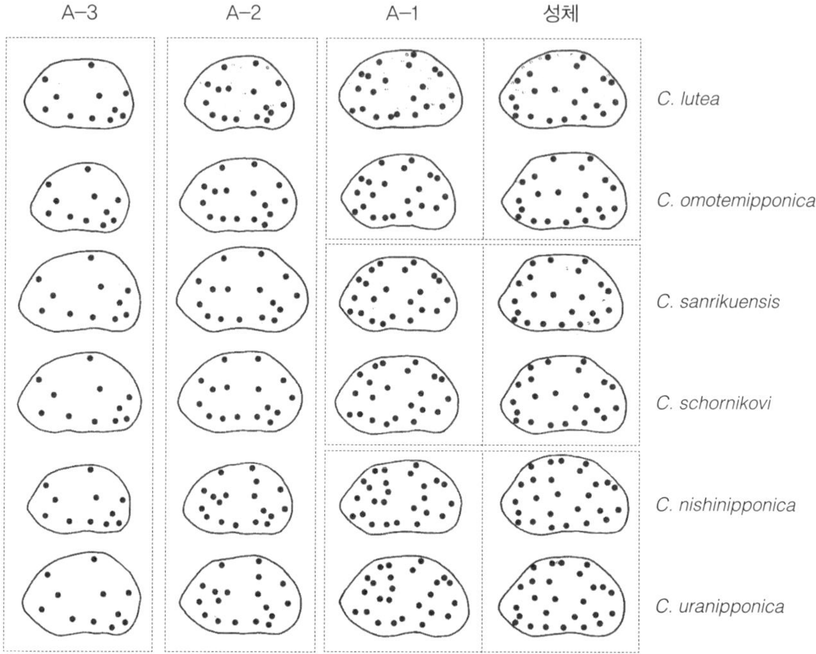

그림 5-3 개형충 *Cythere*속의 배갑에 보이는 미소공(微小孔, pore canal)의 분포양식. 배갑에는 4종류의 감각모(感覺毛, sensory hair)에 대응하는 다수의 미소공이 있다. 그 수와 위치는 종과 탈피 나이에 따라 거의 결정되어, 유전적으로 규제를 받는 형질이라고 생각된다. 예를 들면 상기의 *Cythere*속 6개 종 중에서 4개의 type로 분류되는 미소공에 주목하면 그 수와 분포는 A-3까지의 성장 단계에서는 전종이 공통이지만 점선으로 둘러싸서 보여주는 것처럼 A-2에서는 두 가지 양식으로, A-1과 성체에서는 세 가지 양식으로 분화된다. (Tsukagoshi, 1990에 의함)

1967). 이처럼 탈피에 의한 크기의 불연속은 다른 삼엽충류 더욱이 절지동물 전체에 걸쳐 널리 인식되는 것이지만 중대형 화석종에서는 개체수가 해석에 적절할 정도로 많이 발견되지 않는 것이 현실이다.

• 경조직의 부가(附加)성장

연체동물의 패각처럼 부가성장하는 경조직의 표면이나 내부에는 대사(代謝)나 외부환경 변화를 반영하는 여러 가지 규모와 주기를 보이는 성장호(growth band)가 형성된다. 이들은 화석에서도 명료하게 인식된다. 성장호 중에 가는 것은 일주기(日周期)나 조석(潮汐)의 주기(周期,)

약간 굵은 것은 연간 수온 변화나 생식 계절에 대응하여 형성되는 것으로 알려졌다. 성인(成因)이 분명한 주기적인 성장호는 시간의 경과를 나타내는 눈금으로 이용된다. 특히 수산자원으로 이용하는 종(種)에서는 연령을 사정(査定)하기 위해 연륜(annual ring)이 자세히 연구되어 그 지식이 고생물의 절대성장을 해석하는 데 이용된다.

연륜 등 성장호를 이용하여 나이를 사정하거나 절대성장을 해석하는 것은 육상식물의 목재부 외에 연체동물을 비롯한 완족류, 이끼류, 산호류, 성게류(각판), 따개비류(각판), 어류(비늘, 이석) 등 여러 가지 해양동물이 있다. 이들 부가성장하는 경조직을 이용하여 신뢰할 수 있는 결과를 많이 얻는다. 특히 이매패류는 각의 외표와 절단면에 성장호가 잘 관찰됨으로 이전부터 성장호의 주기성과 형성 기구에 대하여 자주 연구되었다. 그런데 연륜이라고 생각되는 성장호도 형성되는 계절이나 성인은 여러 가지이다. 크게 보면 겨울의 저수온과 여름철 고수온에 따라 성장이 일시적으로 정지되어 생기는 겨울철 연륜과 여름철 연륜, 방정(放精), 방란(放卵)이나 생식소(生殖巢)로 에너지의 분배에 관련 되어 생긴 생식륜(生殖輪)이 있어 이들을 구별하는 방법도 생각되고 있으나 멸종종에서는 이들을 분간하기 어렵다. 더욱이 계절을 벗어난 수온 변화나 태풍 등 돌연한 사건으로도 성장이 장애를 받기 때문에 이렇게 혼동하기 쉬운 위륜(僞輪)을 구분하는 것도 필요하다. 또한 노년기에 달하면 규칙적인 연륜 이외에 잘 알 수 없는 원인으로 성장 장애가 생기기도 한다.

경조직에 생기는 연륜은 화석에서도 쉽게 관찰되므로 주기성과 성인이 분명하면 개개의 화석 개체에 가장 좋은 시간 눈금이라고 할 수 있다. 최초의 연륜이 형성되기까지 시간을 추정하는 것이 약간 곤란하지만 그 후의 연륜의 간격에서 연간 성장량을 알아 성장 곡선을 얻을 수 있다. 성장의 이론식에는 로지스틱 곡선(曲線), 곰페르즈

(Gompertz) 곡선, 베르탈란피(Bertalanffy) 곡선 등이 있으며 실제의 데이터를 이들의 수식에 적용하여 상관계수를 산출하여 수식의 적합성을 조사할 수 있다. 최근에는 산소동위원소 등을 이용하여 지구화학적 방법이 확립되어 있다. 성장호에 직교하는 방향으로 세밀히 샘플링한 시료를 분석하여 성장호와 온도변화의 관계를 알고 연륜이나 상세한 성장속도를 밝히는 작업이 이루어지고 있다. 이들의 성장호의 연구 예와 해석 방법에 대해서는 사토(佐藤, 2001)의 리뷰 논문을 참고할 수 있다.

3. 상대성장(相對成長)의 해석

상대성장(relative growth)은 성장에 따라 변화하는 형질 사이에 관계를 말하며, 일반적으로 2개의 변화하는 양적형질 x, y 사이에는

$$y = bx^a$$

의 상대성장식이 경험적으로 성립되는 것이 알려져 있다(a, b는 정수). 이 일반식은 1920년대 후반 영국의 헉슬리(J. S. Huxley), 프랑스의 테시에(G. Teissier), 일본의 노무라(野村益太郎) 등 3인에 의해 독립적으로 인식되어 그 후 기호나 용어를 통일시켜 일반에게 알려졌다(Huxley, 1932). 상대성장에서 성장에 필요한 시간은 잠재적 요인이 되어 수식에는 나타나지 않는다. 특히 고생물 연구에서는 개체의 성장에 필요한 시간을 알기 어렵다는 사실에서 이전부터 여러 가지 목적으로 상대성장 해석이 많이 발전해 왔다. 상대성장에 대해서는 굴드가 대학원 시대에 썼다고 하는 리뷰 논문이 현재에도 높게 평가되고 있다(Gould, 1966). 여기서는 주로 굴드의 견해에 따라 상대성장 해석 방법을 고려하겠다.

상대성장(相對成長)의 일반적인 생각

상대성장을 나타내는 수식으로 $y=bx^a$가 널리 이용되는 것은 적합성(適合性)이 좋다는 것도 있으나 그 이상으로 수리적으로 취급하기 쉽기 때문이다. 이 식은 미소(微小)한 시간에 2개의 형질이 증가하는 양적인 비가 그때에 얻은 형질의 크기에 비례한다는 전제에서 나온 것이다. 그러나 이것은 미소 변화의 양을 적분하는 것 외에 이 관계가 성립하는 근거를 이론적으로 설명하기는 어렵다. 이 성장식은 어디까지나 경험식이라고 생각할 수밖에 없다. 상대성장에서 취급하는 양적형질은 생물의 부분과 전체도 좋고, 부분과 부분이라도 좋다. 또한 이러한 생각은 성장에 따라 변하는 대사량(代謝量)이나 분비량(分泌量)과 같은 형태 이외의 양적형질에 대해서도 적용할 수 있다.

이 상대성장식에서 $a=1$인 경우는 x와 y가 비례하는 관계이며, 성장에 따라 x와 y의 비율이 변하지 않음을 의미한다. 이 경우를 등성장(等成長, isometry)이라고 한다. 일반적으로 생물의 상대성장은 $a \neq 1$, 즉 부등성장(不等成長, allometry)이 대부분이고 등성장은 그 가운데 특별한 경우라고 할 수 있다. 부가(附加)성장하는 패류는 거의 비슷하게 성장하는 것처럼 보이지만 정확하게 판단하면 비율이 성장에 따라 다소라도 변화한다. $a>1$의 경우는 y가 x에 대하여 우(優)성장(positive allometry), $a<1$의 경우는 y가 x에 대하여 열(劣)성장(negative allometry)하는 것이다. 다만 이것은 x와 y의 차원이 같은 경우이며, 예를 들어 x가 길이, y가 체적이나 중량이라면 $a=3$인 경우가 등성장이 된다. 드물게는 조직의 흡수 등에 의해 한쪽의 양적형질이 감소하는 경우에는 $a<0$의 부성장(負成長)으로 기술된다.

화석에서 현저한 부등성장의 예로는 벨렘나이트를 들 수 있다. 필자는 이전에 스웨덴 남부에 있는 백악기 후기 초크층의 채석장에서 다수의 벨렘나이트의 초(鞘, rostrum)를 채집한 일이 있다. 이 화석들을

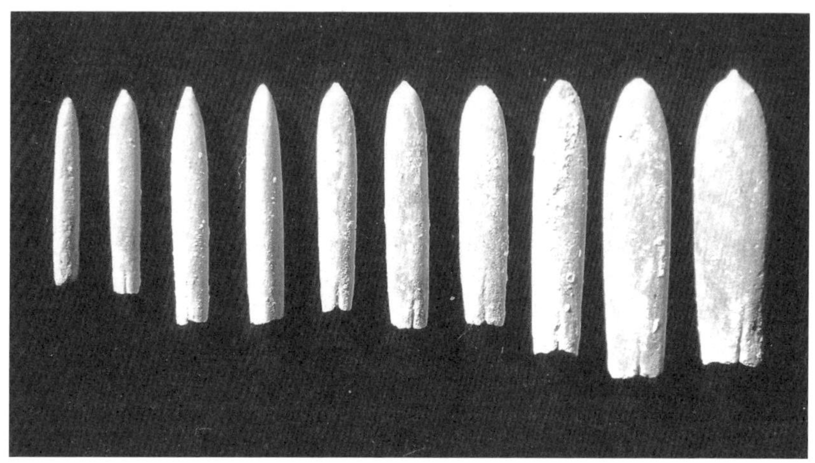

그림 5-4 스웨덴 남부 이그나베르그 채석장 (백악기 후기 쵸크층)에서 채집한 벨렘나이트 악티노카막스 콰드라투스(*Actinocamax quadratus*)의 샘플. (× 0.5)

나란히 놓고 보면 작은 개체는 초가 상대적으로 가늘고 큰 것은 현저히 굵다(그림 5-4). 즉 성장함에 따라 초가 길어지지만 그 이상의 비율로 굵어진다. 이들 모든 개체는 악티노카막스(*Actinocamax*)속에 속하는 단일종이지만 성장에 따라 형상이 심하게 변하기 때문에 이전에는 몇몇 종으로 구분하기도 하였다.

상대성장을 해석하는 것은 여러 가지 목적이 있다. 크게 보면 단일 개체의 성장 과정에 근거하여 행하는 각개 상대성장(individual relative growth), 개체군의 샘플에서 행하는 평균 상대성장(average relative growth), 고차 분류군에 대해서 행하는 종간 상대성장(interspecific relative growth)이 있으며 대상의 성질에 따라 취하는 방법이 약간 차이가 있다.

각개(各個) 상대성장의 해석

부가성장하는 경조직에 유기(幼期)부터 성장 과정을 연속적으로 보여주는 경우에는 하나의 화석에서도 일부 양적형질에 대해서 상대성장을 해석할 수 있다. 예를 들면 명료한 성장호나 연륜을 갖는 이매패류의 각에서는 많은 성장 단계를 관찰할 수 있어 각장과 각고의 비율의 변화를 인식할 수 있다. 각장과 각고와 같이 성장에 따라 점증하는 2개의 부위를 측정하여 이들 값을 그래프 용지에 기입하면 일반적으로 오른쪽 위로 직선 또는 완만한 곡선을 따라 표시될 것이다.

상대성장의 일반식 $y=bx^a$는 $\log y=a\log x+\log b$로 변환할 수 있으므로 이 a차식에 적합한 상대성장은 양대수(兩對數) 그래프에서는 모두 직선이 되고, a의 값이 직선의 기울기가 된다. 따라서 상대성장의 양식은 양대수 그래프로 표현하는 것이 편리하다. 계산에 따라 두 부위의 측정값에 가장 적합한 상대성장식을 구하는 것은 모든 측정값을 상용대수(常用對數)로 변환시켜 통계학적으로 직선 회귀(回歸)를 행하여 a와 b의 값을 구하면 된다. x, y가 길이와 높이처럼 대등하게 변하는 경우 회귀는 x, y의 호환성이 필요하다고 생각되면 흔히 최소자승법(最小自乘法, y on x)보다는 불편장축(不偏長軸, reduced major axis)을 구하는 방법을 적용하는 것이 바람직하다(Imbrie, 1956). 이 방법은 일반적으로 초등통계학 교과서에는 나오지 않으나 회귀식(回歸式)은 다음과 같은 수순으로 용이하게 산출할 수 있다. 먼저 불편장축의 기울기 a는 logy의 표준편차를 logx의 표준편차로 제한 값과 같다. 다음으로 전기(前記) 변환식(變換式)에 기울기 a와 logx와 logy의 평균값을 대입하면 b가 구해진다. 실제로 성장이 회귀직선에 적합하지 않는 경우나 성장 도중 성장양식이 급격히 변하는 경우에는 그것대로 원인을 생각해야 한다.

정상권(正常卷) 암모나이트에서는 정중(正中) 단면에서 나선을 해석하여 각개 상대성장을 밝힌다(Obata, 1959, 1965; Hirano, 1975 등). 이 경우에는 회전각(θ)과 나관(螺管)의 높이(r)가 두 변수로, 이상적 대수나선(對數螺線, 등각나선)이 비율의 변화 없는 등성장이 된다. 대수나선은

$r=ae^{k\theta}$ 또는 $\log r=k\theta+\log a$ (a, k는 정수)

라는 식으로 표현되므로 θ를 횡축으로 취하는 편대수(片對數) 그래프로 상대성장 양식을 표현하면 편리하다. 실제로 이 식을 회귀(回歸)하는 데는 일정 회전각[예를 들면 $\pi/2$마다 나관의 높이(r)]을 측정하고 θ와 logr에 대하여 직선회귀(直線回歸)를 행하면 된다. 이 경우에는 logr은 θ의 종속변수이므로 회귀는 통상 최소 이승법으로 한다.

평균(平均) 상대성장의 해석

전기(前記) 벨렘나이트처럼 하나의 샘플에 여러 가지 성장 단계의 개체를 포함하는 경우에 전체를 통해 인식되는 2개의 변수의 평균적인 관계를 조사하는 것이 평균 상대성장 해석이다. 이것은 성장의 양식(부가성장인가 탈피성장인가)과 샘플의 연령 구성이나 크기 구성은 관계없이 거의 같은 방식으로 해석할 수 있다. 고생물 연구에서는 같은 화석층에서 같은 종의 개체가 다수 얻어진 경우에 이 해석을 할 수 있다. 화석 개체군의 개체변이를 동시에 해석하는 것이므로 진화학적으로도 의미가 있는 작업이다.

샘플의 측정치로부터 상대성장식 $y=bx^a$를 구하는 방법은 각개 성장식의 경우와 같다. 이 경우 그래프에 표시하는 것은 각각의 개체 속성을 나타낸다. 또한 샘플의 크기 구성이나 형태의 산포(散布) 정도에 의해서 직선 회귀의 조건이 만족되지 않는 경우도 있으므로 사전(事前)에 두 변수 사이에 상관(相關)의 유의성을 확인해 두는 것이 순서이다. 예를 들면 그림 5-4에 보인 벨렘나이트 샘플(10개체)에 대해서 초(鞘, rostrum)의 길이(x)와 굵기(y)를 측정하고 logx와 logy 사이의 상관은 유의하므로(상관계수 r=0.962) 양대수(兩對數) 그래프에 측정치를 표시하여 회귀직선[불편장축(不偏長軸)]을 그리면 그림 5-5처럼 된다. 이 회귀식은 $y=0.000995x^{2.23}$이며 y는 x에 대해 현저한 우성장이다.

성장 도중 상대성장의 양식이 변화하는 경우가 있다. 이것은 양대수(兩對數) 그래프에서 기울기가 변하는 것으로 인식되며, 이 변이점(變移點, critical point)이 분명한 경우에는 복상(複相) 상대성장으로서 변이점 전후에 서로 다른 상대성장의 회귀직선을 구할 수 있다. 일반적으로 복상 상대성장은 내분비의 밸런스 변화나 생활양식의 변화에 기인하는 경우가 많다. 화석에서는 생리상태(生理生態)의 변화를 직접 관찰할 수 없지만 다른 상황 증거를 함께 고려하면 변이점의 생물학적 의미를 추론할 수 있다. 다음에 설명하는 이매패류 포티펙텐 타카하시아이의 상대성장은 그 일례이다(그림 6-7 참조).

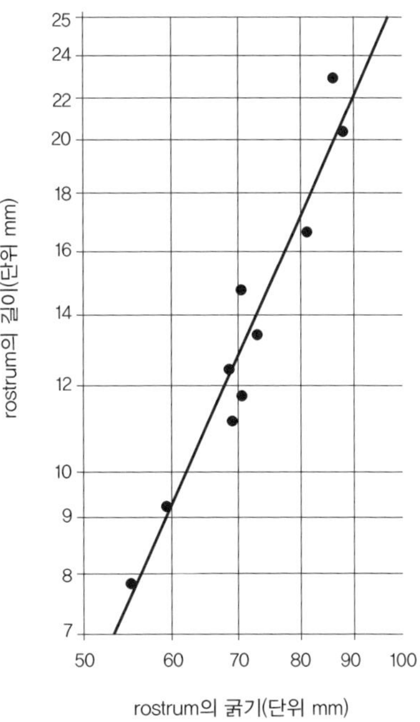

그림 5-5 그림 5-4의 벨렘나이트 샘플(10개체)에 대하여 초(rostrum)의 길이(x)와 굵기(y)의 계측치와 평균적 상대성장의 회귀직선 $y=0.000995x^{2.23}$을 기입한 양대수 그래프. y는 x에 대하여 현저히 우성장하는 것을 알게 되었다.

서로 다른 샘플 사이에 상대성장식을 비교하여 a 및 b의 차이가 유의한가의 여부를 판정하는 방법도 고찰되어 있다(Imbrie, 1956; Beerbower, 1968). 상대성장의 양식은 종에 따라 고유한 것이며 특히 a의 값은 종에 따라 일정하다고 생각하는 사람도 있으나 이는 근거가 없다. 반복되지만 상대성장의 해석 결과에서 곧바로 분류학적 판단을 하는 것은 불가능하다. 형태(성장양식을 포함)의 차이와 종의 차이는 별개의 판단 기준에 의하지 않으면 안 된다. 이것은 어느 형태해석에 대해서도 마찬가지이다.

종간(種間) 상대성장의 해석

그림 5-6 큰뿔사슴의 골격 (Romer, 1966에 의함)

상대성장을 생각하는 방법은 종 이상 고차(高次) 수준의 형태에 대해서도 적용할 수 있다. 종간 상대성장 해석은 주로 고차 분류군 전체로서의 경향을 알려고 할 때 행하며, 그 결과는 기능형태나 형태 진화를 고찰하기 위한 유효한 방증이 되는 경우가 많다. 다수의 종을 다루기 때문에 종 내의 변이나 성장에 수반된 형태 변화는 특히 고려하지 않고 각각의 종을 대표하는 1개 또는 소수의 성숙 개체를 대상으로 평균 상대성장의 수법을 적용하는 경우가 많다. 즉 세부적인 것에 구애받지 않고 대국적인 경향이나 방향성을 아는 것으로 좋다는 생각이 바탕에 있다. 이러한 목적으로 행한 유명한 해석의 실례를 소개한다.

그 하나는 굴드가 과학 에세이를 처음으로 집필하는 동기가 되었던 큰뿔사슴(*Megaloceros giganteus*)에 관한 연구였다(Gould, 1974). 큰뿔사슴은 빙하기 후기의 짧은 간빙기에 유라시아 대륙 서부에 출현한 대형 사슴으로 그 거대한 뿔의 길이가 3m 이상에 달한다(그림 5-6). 이 종은 서유럽에서 가장 유명한 화석동물의 하나로 예전에는 '지나치게 커진 뿔 때문에 멸종했다'고 믿었던 것이다. 이는 정향진화를 지지하고 자연선택설로는 설명이 되지 않는 현상이라고 생각했었다. 굴드의 논문에서는 다양한 문제에 걸친 새로운 견해가 논의되어 있으나, 여기서는 그 가운데 사슴뿔의 크기와 몸의 크기 사이에 종간(種間) 상대성장의 해석 방법과 결과만을 취하여 보겠다. 조사된 사슴과의 많은 종에서 성체에 대하여 어깨의 높이(x)와 뿔의 크기(y)의 관계를 양대수(兩對數) 그래프에 보여주고, 분산된 것 중에서도 상대성장의 경향이 보이고 y는 x에 대하여 현저히 우성장(優成長, 회귀직선의 기울기는 1.8 정도)이라는 사실을 알게 되었다(그림 5-7). 이것은 사슴류의 뿔이 소형종에서는 상대적으로 작고 대형종에서는 상대적으로 커진다는 사실을 보여준다. 큰뿔사슴의 값은 거의 회귀직선(불편장축) 위에 놓인다. 즉 큰뿔사슴의 뿔은 확실히 크지만 큰 체구를 고려하면 사슴류로서 특별히 과도한 것은 아니다. 멸종의 원인은 알 수 없으나 정향진화설을 부정하는 근거가 하나 얻어진 것이다.

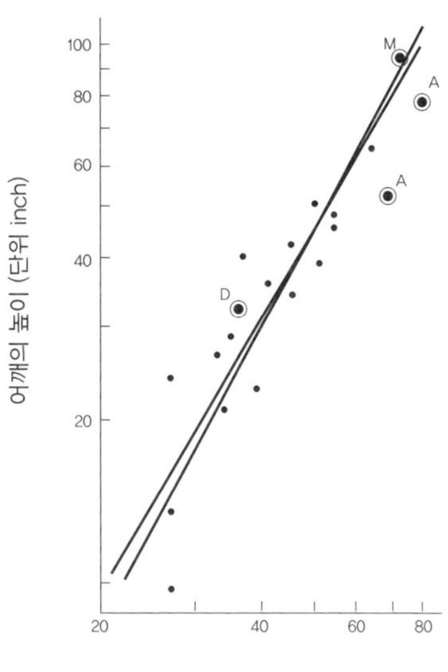

그림 5-7 사슴 아과(亞科)의 종간(種間) 상대성장(相對成長)을 보이는 몸 크기(x)와 뿔의 최대 길이(y)의 관계. 회귀직선의 기울기는 y on x로 1.68, 불변장축(不變長軸)에서 1.85가 된다. 어느 것이나 y는 x에 대하여 현저한 우성장이다. plot는 각각의 종에서 대표적인 값을 나타낸다. 큰뿔사슴(그림 중에 ◉M)은 거의 회귀직선상에 plot됨으로써 뿔의 크기는 사슴 아과로서는 평균적이다. A는 헤라 사슴, D는 다마사슴, 이들에 비하면 회귀직선으로부터의 편차는 작다. (Gould, 1974에 의함)

몇몇 교과서에도 인용된 유명한 연구로서 척추동물의 뇌중량과 체중의 관계에 대하여 상대성장의 해석이 있다(Jerison, 1973). 양대수 그래프에 값들이 상당히 분산되어 보이지만 변온(變溫)동물과 항온(恒溫)동물로 나누어 회귀식을 구하면 모두 뇌중량은 체중에 대하여 현저히 열(劣)성장(a의 값이 2/3 정도)이라는 것을 알았다. 즉 뇌중량은 체 표면적(체중이 아니고)에 거의 비례하는 것이 된다. 약간 깊게 생각하면 뇌의 기능은 주로 뇌의 표면에 있는 세포가 담당하는 것이므로 이러한 관계가 성립되어도 이상한 것은 아니다. 대형 공룡이 뇌의 부피가 작다고 하여 "몸 전체로 두뇌의 영향이 미칠 것인가"라는 이야기가 있으나 종간 상대성장의 견지에서 보면 특히 과도하게 작은 것은 아닌 것이다.

VI 기능형태와 생활양식

고생물학은 화석을 주로 연구 대상으로 하지만 단순한 '화석학'이 아니고 과거의 생명현상을 취급하는 학문이다. 말하자면 연구자가 마법을 사용하여 무기적 물질로 변한 화석에 생명을 불어넣어 이 세상에 소생시키려고 시도하는 것이다. 이러한 의식은 근년 화석생물의 기능형태 연구에서 보다 현저하게 나타난다. 현생생물에는 기능과 형태 사이에 밀접한 관계를 보이는 좋은 예가 무수히 많다. 현생종은 생활양식을 관찰할 수 있기 때문에 먼저 현생종에서 기능형태를 해석하고 그러한 관계를 형태적으로 유사한 화석종에 적용하는 것이다. 연구재료가 현생 생물이지만 목적은 과거 생물에 있다고 하면 그것은 고생물학의 연구이다. 더욱이 고생물학자는 현생 생물에 유사한 형태가 보이지 않는 경우에도 여러 가지 방증에 근거하여 화석생물의 형태에서 기능의 의미를 추정하고 생활양식을 복원하려고 시도해 왔다. 역학적 해석이나 실험도 자주 행해졌다. 근년에는 새로운 구상에 따라 구성형태학, 이론형태학 등 독자적인 기능형태의 연구분야가 개척되어 이들을 통해 진화생물학의 발전에 공헌하고 있다. 여기서는 필자가 시도한 사소한 경험을 포함하여 근년의 기능형태학에서 생각하는 방향과 연구 방법에 대해 몇몇 화제를 제공한다.

1. 기능형태를 생각하는 방법

여러 가지 생물의 형태나 기관의 구조를 보면 놀라울 정도로 생물이 잘 적응하고 있다는 사실을 알 수 있으며, 그 가운데 매우 정교한 것이 있다. 예를 들면 자동 조리개, 자동 초점 카메라는 근년 들어 개발된 것이지만 이러한 기구는 지질시대부터 척추동물의 안구에 설치되어 있다. 어느 삼엽충 종의 복안(複眼)에 방해석 렌즈는 호이헨스 등이 구면수차(球面收差)를 없애기 위해 설계한 아플라나 렌즈와 유사하여 이와 같은 기능을 고생대 삼엽충이 갖고 있었다고 생각된다. 초음파로 대상물의 거리를 측정하는 레이더(radar)나 높은 온도의 물체를 감지하는 적외선 센서의 기능을 구비한 기관(器官)을 갖는 동물도 많이 알려졌다. 간단한 것으로는 지레의 원리를 이용하여 견고한 패각(貝殼)을 깰 수 있는 게의 협(鋏, 칼)이나, 영양이 되는 부유생물이 스며들어 걸리도록 하는 체의 역할을 하는 여러 수생 무척추동물의 아가미 등 헤아릴 수 없이 많다. 이처럼 인류가 발명했다고 생각하는 상당히 많은 도구나 기계의 유형(類型)을 이미 생물들이 구비하고 있다. 매우 특수하고 기묘하게 보이는 형상이나 구조도 식성이나 행동을 잘 조사해 보면 무언가 기능과 결부되는 것이 많다.

생물의 형태와 기능의 관계를 추구하는 기능형태학(functional morphology)은 실제로 19세기 전반 척추동물의 비교해부학과 관련해서 시작되었다. 생물의 체(體)구조를 기계에 비유하여 머신 아날로지

(machine analogy)를 생각한 것은 옛날부터 존재하였다. 이 분야의 위대한 선배였던 퀴비에는 생물의 몸이 기능적으로 완성되어 있어 진화할 여지가 없다고까지 생각하였다. 형태와 기능 어느 것을 우선하여 관계를 설명하는가의 논의는 닭이 먼저인가 계란이 먼저인가의 문답과 비슷한 결론에 도달할 수밖에 없다. 이 문제는 큰 논쟁으로까지 발전하였으나 형태와 기능은 어느 것이나 일정불변(一定不變)의 것은 아니고 상호 관계를 가지면서 변화(진화)해 가는 것으로 생각하여 일단 해결되었다. 또한 상동(相同) 관계에 있는 기관에서도 서로 다른 기능을 갖게 진화하는 것이 있으며, 발생학적으로 무연(無緣)의 기관이 같은 기능을 갖게 진화하는 것도 알려져 있다. 그러나 생물진화가 널리 인식된 후에도 생물의 훌륭한 적응 형태가 거의 모두 자연선택을 통해 생겼다는 생각에 도달하는 데는 상당히 오랜 기간이 필요했다.

1932년에 유전학자 라이트(S. Wright)는 가상적 적응경관(adaptive landscape)의 그림을 그려 유전적으로 규제된 형질의 조합을 공간에 나타냈다. 그 공간 곳곳에 고립된 적응봉(適應峰)이 있고 집단(개체군)은 자연선택에 의해 낮은 곳에서 보다 가까운 곳의 봉우리로 올라가기 위해 분화나 수렴이 일어난다는 사실을 개념적으로 설명하였다(그림 6-1). 형태 수준에서도 이것은 적절한 설명으로 알려졌다(Raup and Stanley, 1978). 그러나 20세기 전반 많은 고생물학자들은

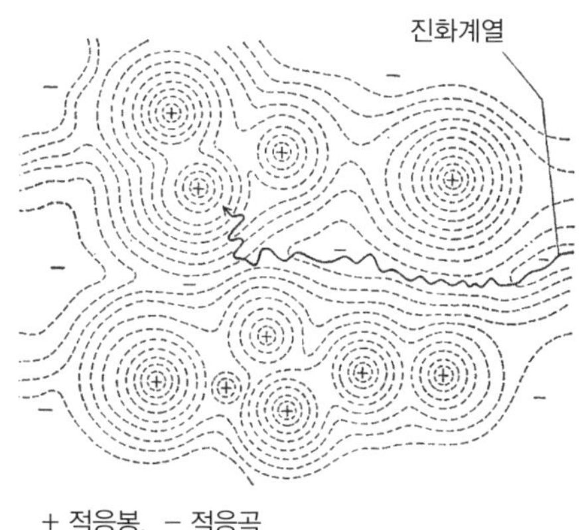

그림 6-1 라이트의 가상적인 적응경관(適應景觀)의 개념도. 유전적으로 규제되는 형질의 적응 봉(峰)을 +로 나타낸다. 진화계열은 일반적으로 자연선택에 의해 가장 가까운 봉우리로 올라가지만 그 과정은 결정적인 것은 아니고, 때로는 돌연변이나 우연에도 지배된다. (Wright, 1922에 의함)

라마르키즘이나 정향진화설에 붙잡혀 환경에 적합한 형태를 목적론적으로 이해하고 설명하는 일이 많았다. 이것이 완전히 불식되어 고생물학자 사이에 자연선택을 전제로 하는 기능형태를 생각하게 된 것은 1960년대 이후의 일이다.

2. 기능형태학의 발전

생물의 외형이나 기관의 구조는 기능과 밀접한 관계로 진화한다. 그러기 위해 형태 변화는 반드시 생물이 걸어온 코스와 관계없이 자주 인연이 먼 생물 사이에 평행진화(parallel evolution)나 수렴(convergence)이 생긴다. 더욱이 화석생물에서는 같은 형태 변화가 시기나 지역을 달리하여 반복하여 일어나는 반복진화(iterative evolution)라는 현상이 나타나는 것이 적지 않다. 여러 가지 수준에서 일어나는 수렴이나 반복 진화는 분류 연구자에게는 매우 성가신 현상이다. 그러나 겉보기 유사성은 결코 무의미한 현상은 아니다. 많은 경우 기능에 공통성이 있으므로 겉보기 유사성이 생기는 것이다. 화석생물의 기능형태 연구에서는 겉보기 유사성을 역으로 추정하는 근거가 된다. 가령 계통분류상 위치가 멀지만 생활양식이 잘 알려진 현생 생물과 몸이나 기관의 형태를 비교함으로써 화석생물의 기능을 이해하고 생활양식을 추정할 수 있다.

사지(四肢)동물 화석의 식성, 운동 능력이나 생활양식은 주로 치열(齒列)과 사지골(四肢骨)의 형태를 역학적으로 해석하여 추정된다. 특히 포유류의 치열은 문치(門齒), 견치(犬齒), 소구치(小臼齒), 대구치(大臼齒)로 분화되어 각각은 육식(肉食), 초식(草食), 엽식(葉食), 종자(種子)식, 과실(果實)식, 충(虫)식 등의 식성과 밀접하게 관련되어 발달하고 때로는 퇴화하기도 한다. 육식동물은 다른 동물을 잡고 고기를 찢기 위해 견치가 크게 발달하지만 이 특징은 분류학상 육식류에 한하지 않고 유연관계가 먼 분류군(예를 들면 유대류)의 육식종에도 알려졌다. 즉 상동(相同) 관계에 있는 견치는 상사형(相似形)으로 발달한 것이다. 초식동물군의 개과는 풀에 포함된 규산(硅酸)으로 구치(臼齒)가 마모되었으나 말이나 코끼리류에서는 독특한 구조와 수평교환(水平交換) 방법이 발달해 있다. 그러나 포유류의 치수(齒數)는 상하(上下)의 악(顎)에 각각 11개(문치 3, 견치 1, 소구치 4, 대구치 3)씩 있는 경우가 가장 많고, 유치(幼齒)에서 영구치(永久齒)로 바뀌는 것은 1회에 한하기 때문에 이 계통적 제약(phylogenetic constraint)에 의해 식성에 따라 다양한 변화를 겪어 온 것이다.

무척추동물 화석은 주로 지질학적 관점에서 연구되어 온 사정이 있어 기능형태 연구는 척추동물에 비하여 크게 뒤져 있다. 그러나 1960년대에 들어와 중대형 분류군을 대상으로 연구하기 시작하여 차츰 소형종이나 미화석에 대해서도 연구가 시작되었다. 역학적 해석이나 수조(水槽) 실험 등도 자주 행하게 되었다. 현생 생물의 형태와 기능의 관계를 적용하는 경험적 방법은 여기서도 유효하지만 고무척추동물 연구자는 그 위에 몇몇 새로운 매력적 연구 방법을 찾아내고 있다. 고생물학에서 시작된 무척추동물의 기능형태학은 현재로서는 현생 생물의 연구에도 영향을 주어 활발한 연구 분야의 하나가 되었다(Savazzi, 1999).

3. 러드윅(Rudwick)의 패러다임(paradigm)

완족류 화석 연구자이면서 과학사가(科學史家)이기도 한 러드윅(M. J. Rudwick)은 종래 귀납적인 연구 방법 대신 가설 연역법을 도입하여 새로운 기능형태의 연구 방법을 제시하였다(Rudwick, 1964). 이것은 일반적으로 패러다임법(paradigm approach)이라고 하는데 특히 현생 생물에 유형을 찾아낼 수 없는 경우에 취할 수 있는 방법이라고 할 수 있다. 이 방법에 따른 사고(思考)의 순서를 요약하면, ① 먼저 화석생물이 보여주는 구조가 어느 기능을 갖는지 가설을 세운다. ② 그 기능을 수행하는 데 가장 적합한 패러다임을 생각한다. ③ 실제 화석을 패러다임과 비교하여 가설의 타당성을 검증한다. 이러한 가설 연역법에 의한 연구는 최근 고생물의 다른 분야에서도 보통 행하고 있으나 귀납적, 경험적 방법이 주류를 이루었던 당시 고생물학의 풍조에서는 상당히 신선한 생각이었다. 여기서 비교 대상으로 상정하는 패러다임은 무기적(無機的)인 자연물이나 인공물이나 상관없다. 많은 인공물은 용도가 분명하여 효율이 좋게 만들기 때문에 이들과 유사한 생물의 특수화한 형상이나 구조는 기능 추정이 쉽다고 할 것이다.

그림 6-2 포티펙텐 타카하시아이(*Fortipecten takahashii*)의 成貝. 대접 모양으로 크게 부푼 우각(右殼-下側)과 편평한 좌각(左殼-上側)으로 이루어짐. 北海道瀧川市 선신통(鮮新統) 産 (x 0.6)

그림 6-3 "빙산(氷山) 전략"과 "설상화(雪上靴) 전략"을 보이는 것으로 생각되는 심해(深海) 이저(泥底)의 단체(單體) 산호. 상단은 日向海盆(수심 약 2,000m)에서 채집된 컵형의 미정종(未定種)이며, 좌측으로부터 윗면, 측면, 하면. 하단은 熊本縣牛深沖産의 오돈토시아투스(*Odontocyathus*)이며, 좌측부터 윗면, 측면, 밑면. (x 0.6)

간단한 인공물에서 기능이나 생활양식을 추정하는 실례를 들어 보자. 중생대 이매패류에서는 그리페어(*Gryphaea*), 네이테(*Neithea*), 이노세라무스(*Inoceramus*)의 일부 종은 한쪽 각이 주발 모양[椀狀]으로 크게 부풀어 있고 다른 쪽 각은 거의 편평한 것이 알려져 있다. 이들 종 사이에 직접적인 계통 관계는 없으므로 이처럼 서로 유사한 반구상(半球狀) 형태는 기능과 관련해서 독립적으로 생긴 것이 틀림없다. 현생 이매패류에 이러한 유형은 없으나 화석을 포함한 퇴적물의 성질을 함께 고려하면 이들 이매패류는 이저(泥底)에 옆으로 움직이는 것은 거의 없고 주발 모양의 한쪽 각으로 물을 포함한 부드러운 저질(底質) 위에 떠 있는 상태로 생활하였다고 생각된다. 부착 생물이나 천공하는 생물의 흔적이 한쪽 편평한 각에 편중되어 있는 것도 이러한 생활 자세를 뒷받침한다. 이러한 이저(泥底) 위에 떠 있는 상태로 생활하는 이매패류 등 무척추동물을 빙산 전략자(iceberg strategist) 또는 컵 모양의

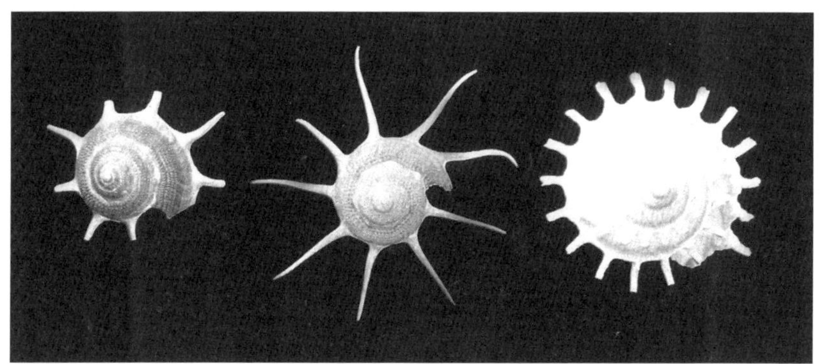

그림 6-4 "설상화(雪上靴) 전략"으로 생각되는 이저(泥底)의 복족류. 左: 구일드포르디아 트리움판스(*Guildfordia triumphans*) 와카야마현 남부, 中: 구일드포르디아 요카 델리카타(*Guildfordia yoka delicata*) 필리핀 세부 섬, 右: 스텔라리스 솔라리스(*Stellaria solaris*) 필리핀 민다나오 섬. (x 0.4)

횡와(橫臥) 생활자(cup-shaped recliner)라고 한다(Jabloski and Bottjer, 1983; Seilacher, 1985). 아직 강력한 패류 포식자가 적었던 중생대에는 이러한 무방비한 생활이 가능했던 것이다. 뒤의 사례 연구에서 취급하는 이매패류인 포티펙텐 타카하시아이(*Fortipecten takahashii*)는 신생대에 드물게 빙산 전략자였다고 생각된다(그림 6-2).

백악기 후기의 초크층에서 산출되는 완족류 중에도 빙산 전략자로 생각되는 반구상 각을 갖는 종이 많이 알려졌다(Surlyk, 1972). 이들은 유기(幼期)에는 다른 완족류와 같이 육경(肉莖)으로 저질(底質) 위에 작은 고형물(이끼의 파편 등)에 부착하여 생활하지만 성장함에 따라 이차적으로 자유생활을 하게 되었다고 생각된다. 더욱 흥미로운 것은 이저(泥底)에 사는 단체(單體) 산호에도 컵 모양의 종이 적지 않다는 사실이다. 연구선(硏究船)에서 심해의 저서동물을 채집하여 조사하기 위해 빔 트롤을 끌면 반구형(半球形) 단체(單體) 산호가 대량 채집되는 일이 있다. 다른 고형물(固形物)은 없고 산호에 고착면(固着面)이 전혀 보이지 않는 것은 이저상(泥底上)에서 자유생활을 했음을 보여주는 것이다.

빙산 전략자가 가끔 반구상의 각(殼)을 취하는 것은 왜일까. 생각되는 것은 이러한 형태를 취함으로써 호흡이나 부유물을 먹이로 취하는 개구부(開口部, 이매패류나 완족류에는 2매의 각이 접하는 면)가 저질(底質)에 매몰되지 않아야 하며 그러려면 개구부가 높은 위치에 있어야 한다. 또한 중심(重心)이 반구상의 각 안에 있으므로 외력(外力)으로 자세가 어느 한쪽으로 기울어져도 '오뚜기'처럼 중력만으로 자연스럽게 자세를 복원할 수 있기 위해서이다.

똑같이 횡와 생활을 하는 무척추동물에서도 여러 개의 둔한 바늘이나 가늘고 긴 돌기(突起)로써 체구가 이저(泥底)에 갈아 앉지 않도록 하는 종(種)을 설상화(雪上靴) 전략자(snowshoe stratigist)라고 한다. 수중 관찰 등으로 확인할 수 있기까지는 가설의 영역에 머물겠지만 복족류인 구일드포르디아(*Guildfordia*)나 스텔라리스 솔라리스(*Stellaris solaris*), 단체(單體) 산호인 오돈토시아투스(*Odontocyathus*)속이 그 후보자라고 생각된다(그림 6-3, 그림 6-4). 이매패류인 스폰딜루스(*Spondylus*)의 예리한 바늘은 외적에 대한 무기라고 해석하는 것이 일반적이었지만 영국의 백악기 초크층에서 산출되는 스폰딜루스 스피노수스(*Spondylus spinosus*)의 아래쪽 각에만 생긴 가냘픈 긴 바늘은 무기의 기능보다는 설상화 전략을 보이는 형태라고 해석된다(Carter, 1972; Jablonski and Bottjer, 1983). 설상화 전략의 해석은 고생대 후기 일부 완족류에 강하게 부푼 경각(莖殼, pedicle valve)에만 발달해 있는 긴 관상(管狀)의 바늘이 생활 자세를 안정시키는 데 도움이 된다는 생각이 있었다(Muirwood and Cooper, 1960; Grant, 1966). 이러한 형태와 기능과의 관계는 분류군이나 시대의 차이를 넘어 성립된다는 점에서 큰 의미가 있다.

기능형태의 해석은 개인의 대수롭지 않은 아이디어가 실마리가 되어 흥미를 끌기도 하지만 잘못된 결론을 이끌어낼 수 있다는 데에 주의할 필요가 있다. 자칫하면 사고(思考)나 설명이 억지가 되든가 목적론이 되기 쉽다는 것, 그리고 형태에 기능이 있다는 것은 실증되지만 기능이 없다고 하기는 어렵다는 것, 기능과는 관계없이 물리적인 제약 등에 따라 유사한 구조가 생긴다는 것, 어느 구조에 전혀 다른 복수의 기능이 있을 수 있다는 것 등이 지적되고 있다. 화석생물의 기능형태에 관한 많은 가설은 하나의 사상(事象)만으로 검증하기는 어렵기 때문에 실험 등도 포함하여 몇몇 관점에서 독립된 방증을 수집하여 적부(適否)를 판정하는 것이 바람직하다. 물론 아무리 매력적인 가설이라도 명백한 반증(反證)이 나온 경우에는 깨끗이 버릴 줄 아는 도량도 필요하다.

4. 포티펙텐 타카하시아이(*Fortipecten takahashii*)의 기능형태 — 사례연구

포티펙텐 타카하시아이라는 것은?

포티펙텐 타카하시아이(*Fortipecten takahashii*)는 사할린부터 동북 지방에 걸쳐 분포하는 제3기 플라이오세(지금부터 500만 년 전경) 지층에서 많이 산출되는 가리비(Pectinidae)과의 멸종종이며 1930년 일본 고생물학의 개조(開祖)인 요코야마(横山又次郎)가 기재 명명한 것이다. 이 종은 성장하면 각의 무게가 1*kg*이나 되는 큰가리비(*Patinopecten*)류인데, 일본에서 가장 유명한 화석의 하나로 손꼽히고 있다. 그러나 근년까지 그 기능형태나 생활양식에 대해서는 거의 연구되지 않았다(그림 6-5).

필자 등이 포티펙텐 타카하시아이에 특별히 흥미를 느끼는 것은 이 종이 신생대 연체동물로는 드물게 빙산(氷山) 전략자가 아닌가 생각했기 때문이다. 이 종의 유기(幼期)에는 형태적으로 큰가리비(*Patinopecten yessoensis*)의 유패(幼貝)와 큰 차이가 없다. 아마도 큰가리비

그림 6–5 포티펙텐 타카하시아이(*Fortipecten takahashii*)의 成貝. 上: 右殼(생시에는 하측의 각), 下: 左殼(생시에는 상측의 각). 유기(幼期)는 큰가리비(*Patinopecten yessoensis*)와 비슷한 편평한 각의 형태를 보이지만, 성장 중기 이후에는 우각이 크게 부풀려지고 중후하게 되어 빙산 전략자가 된다고 생각된다. 표본은 北海道瀧川市 鮮新世 産. (× 0.4)

와 마찬가지로 유영(遊泳) 생활을 했음이 틀림없다. 그러나 성숙 개체의 각은 매우 중후(重厚)하고 반구상(半球狀)을 보여 큰가리비와는 현저히 다른 형태가 된다. 거기서 성장양식을 큰가리비와 자세히 비교함으로써 빙산 전략의 가설을 검토하였다(Hayami and Hosoda, 1988). 역시 포티펙텐 타카하시아이의 고생태와 생활사에 대해서는 그 후 산소, 산소동위원소를 이용한 연구(Nakashima et al., 2004) 등에 의해 새로운 정보가 얻어졌으나 필자 등의 기능형태의 해석은 아직도 유효하다고 생각한다.

큰가리비(*Patinopecten*)류의 형태와 유영 생활

큰가리비류의 각은 타원형의 디스크와 앞뒤의 이상부(耳狀部)로 되어 있고 좌우 각의 형태와 색채가 서로 약간 다르다. 전이(前耳)는 밑에 있는 족사선(足絲腺)에서 모상(毛狀)의 족사(足絲)가 분비하여 지물(地物)에 옆으로 부착(付着)하는 생활양식이 기본이며 적어도 부유 유생기 후에 한 시기(時期)는 모든 종이 이 생활형을 취한다. 그런데 큰가리비류의 일부 현생종은 후기 성장 도중에 족사가 없어지고 사이저(砂泥底) 위를 자유롭게 이동하는 생활로 바뀐다. 그리고 유영력을 획득하여 불가사리 등 포식자로부터 도피 행동을 하는 사실이 알려져 있다. 큰가리비류의 각 형태와 생활양식 사이에는 밀접한 관계가 있다. 예를 들면 물속에서 고속(高速)으로 수평비행을 하는 해가리비(*Amusium*)는 유선형의 얇은 각을 갖고 유영(遊泳) 시(時) 항력(抗力)과 중력을 최소화하려고 훌륭하게 디자인되어 있다.

이야기가 약간 바뀌지만 1977년 베르메아(G. J. Vermeij)는 백악기 천해에서 포식압(捕食壓)이 급격히 증대된 것을 '중생대 해양 변혁'(Mesozoic marine revolution)이라 하고, 피식자(被食者)인 패류의 형태와 생태에 큰 변화가 일어났다고 생각하였다. 실제로 이 학설은 오랫동안에 걸쳐 고생물학자가 밝혀온 광범위한 진화 현상을 잘 설명한다. 큰가리비류의 유영 행동은 유효한 포식자(捕食者)에 대한 전략(戰略)으로 이 그룹은 유영 능력을 획득함으로써 피식자로서 위험한 사이저(砂泥底) 표층에서도 생활할 수 있게 되었다고 생각된다.

포티펙텐 타카하시아이의 성패(成貝)는 매우 중후하기 때문에 유영했다고는 도저히 생각할 수 없다. 별도로 행한 큰가리비류의 유체역학 실험 결과를 외삽(外挿)하면(Hayami, 1991) 각(殼)중량 1*kg*(수중에서는 약 600g), 각고 16cm의 포티펙텐 타카하시아이의 개체가 중력을 상회하는 양력(揚力)을 얻어 유영하려면 최적(最適) 앙각(仰角)을 갖고 헤엄쳤다고 하더라도 초속 1.2m 이상의 속도가 필요하다. 실제로 이보다 상당한 속도로 유영을 할 수 없다면 여력(餘力)을 갖고 유영을 지속하는 것은 불가능하다. 지금까지 관측된 최대 유영 속도는 수평 비행하는 아다무시움 콜베키(*Adamussium colbecki*)의 초속 1.6m이지만 일반 유영종의 속도는 이보다 속도가 느리며 큰가리비류에서는 아마도 초속 0.6m 정도였을 것이다.

큰가리비(*Patinopecten*)류의 성장양식

큰가리비는 외적이 공격해 올 때 각을 급속히 개폐(開閉)하여 디스크의 전배연(前背緣)과 후배연(後背緣)에 있는 두 각의 극간(隙間)에서 수류(水流)를 분출하여 그 반동으로 유영하면서 도피한다. 이는 에너지를 소비하는 불편한 행동이지만 수초 사이 지그재그로 헤엄쳐 수m 정도 위치를 바꿀 수 있다. 그러나 큰가리비는 그 상태를 유지하면서 상사(相似)적으로 성장하면 점차 유영 능력이 떨어질 것이다. 왜냐하면 유영에 필요한 양력은 각의 표면적(또는 각의 직경의 2제곱)에 거의 비례하여 커지지만 수중 중량은 각의 직경의 3제곱에 비례하여 증가하기 때문이다. 이것은 톰슨(Thompson, 1917)이 말하는 "상사물(相似物)의 원리(principle of similitude)"에 해당된다. 만일 동일비율로 성장한다면 양력/

중력의 비는 점차 작아져 얼마 안 되어 전혀 유영할 수 없게 될 것이다. 실제로 어떤가 하면 큰가리비는 성장하면 자주 유영하지 않게 되지만 유영 능력은 죽을 때까지 계속 가진다.

일반적으로 유영성 큰가리비류에서는 성장에 따라 각이나 연체부의 비율이 상당히 변화한다. 이미 지적한 특징을 포함하여 유영종에서 볼 수 있는 주요 경향을 들면

① 각을 상대적으로 얇게 하여 수중 중력을 경감시킨다.

② 각의 전배연과 후배연의 극간을 넓혀 대량의 물을 분출할 수 있게 하였다.

③ 점차로 펴지는 각정각(殼頂角)을 크게 하고 이상부(耳狀部)를 상대적으로 작게 하여 수류의 분출을 효율적으로 높인다[족사(足絲) 부착(付着) 종(種)처럼 각정각이 작으면 전후의 수류의 힘이 떨어져 효율이 떨어진다].

④ 전후가 넓은[종횡(縱橫)의 비가 크다] 각으로 성장하여 양력, 항력의 비를 높인다(Stanley, 1970).

⑤ 폐각근(閉殼筋)의 속근[速筋, 횡문근질(橫紋筋質)의 근섬유(筋纖維)로 이루어져 급속하게 긴축한다]을 상대적으로 크게 하여 강력한 수류를 분출할 수 있게 되었다(Gould, 1971).

⑥ 폐각근의 속근 부분이 각의 내면에 비스듬히 되어 급속한 폐각(閉殼)을 가능케 하였다(Thayer, 1972).

이들은 모두 개체가 성장해도 유영 능력을 유지하는 데 유리하게 조정한 것으로 생각된다. 큰가리비의 성장 후기에도 이들 경향을 어느 정도 인식할 수 있다.

포티펙텐 타카하시아이(*Fortipecten takahashii*)의 상대성장

문제의 포티펙텐 타카하시아이는 어떻게 성장하였을까. 만일 이 종이

그림 6-6 포티펙텐 타카하시아이(*Fortipecten takahashii*)의 화석 산지. 北海道 石狩沼田 지방의 幌新太刀別川 하상(河床)에 노출(露出)된 선신세(鮮新世) 前期의 幌加尾白利加層의 화석층에는 여러 성장 단계를 보여주는 포티펙텐 타카하시아이 화석이 많이 산출된다.

유영하지 않고 빙산 전략자였다고 하면 유영종과는 다른 성장양식을 보였다고 해서 이상할 것이 없다. 유기(幼期)에서 성체(成體)까지 성장하는 것을 계속해서 조사할 수 있는 샘플을 구하기는 어렵다. 다행히 홋카이도(北海道) 중부 다키가와(瀧川)와 이시카리누마타(石狩沼田) 지역에서 좋은 샘플이 채집되었다(그림 6-6). 여러 성장 단계를 보이는 좌우의 각이 각각 100개체 이상을 계측하여 평균적인 상대성장의 경향을 구할 수 있었다. 주요 계측 부위는 각장(殼長-L), 각고(殼高-H), 각후(殼厚-T), 배연장(背緣長-D), 각정각(殼頂角-U) 및 각중량(殼重量-W) 등이다. 비교에 이용한 현생 큰가리비는 오호츠크해 연안의 노토로(能取) 호수(湖)의 「지철양식(地撒養殖)」* 샘플로 똑같이 평균 상대성장을 해석하였다(그림 6-7).

---

* 지철양식(地撒養殖): 육지에서 대량으로 사육한 치패(稚貝)를 자연환경에 살포하여 자란 후에 수확하는 방법

해석 결과, 포티펙텐 타카하시아이의 성장양식은 큰가리비나 다른 유영성종과는 현저히 다르다는 사실이 밝혀졌다. 그 특징을 전기 6개 항목의 유영종의 경향과 대조하면 다음과 같다.

① 각고와 각중량의 관계: 유기(幼期)(각고 70mm 이하)는 거의 등성장(a=3)으로 큰가리비와 거의 다르지 않으나 중기 이후는 큰가리비가 각을 약간 가볍게 하는 방향으로 변화하는 데 대하여 포티펙텐 타카하시아이는 현저히 각을 무겁게 하는 방향으로 성장양식이 급변한다(그림 6-7).

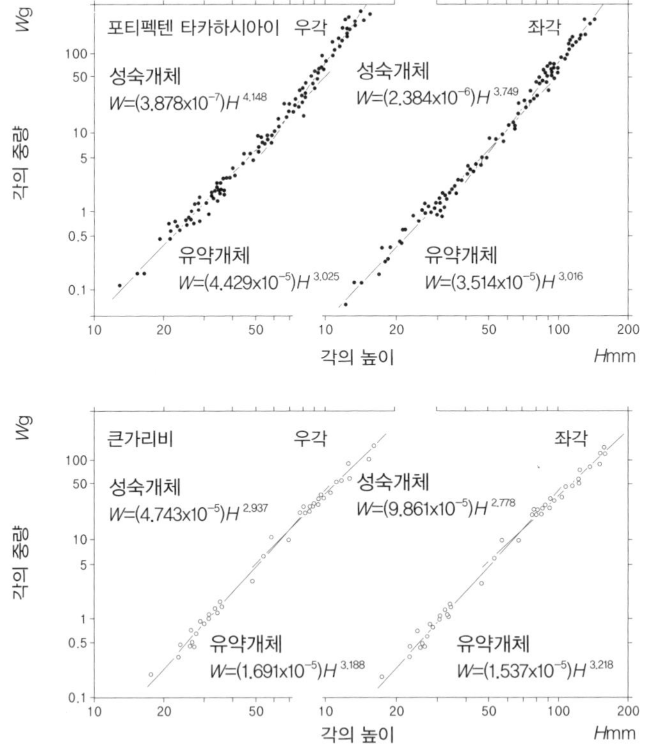

그림 6-7 포티펙텐 타카하시아이(*Fortipecten takahashii*)와 큰가리비(*Patinopecten yessoensis*)의 평균 상대성장. 양대수(兩對數) 그래프로 표시(다만 종축은 횡축에 3배의 눈금으로) 같은 비율로 성장한다면 각의 중량(W)은 각의 높이(H)의 3승에 비례할 것이며, 2종은 유약기(幼若期)에는 거의 같은 상태로 성장하지만, 포티펙텐 타카하시아이는 도중에 성장양식이 변하고 현저히 각이 중후하게 된다. (Hayami and Hosoda, 1988에 의함)

② 전배연과 후배연의 극간(隙間): 포티펙텐 타카하시아이에서도 유기에는 극간이 있으나 중기 이후에는 거의 없어진다(유영하지 않는 큰가리비류에서 극간의 존재는 다른 생물이 침입할 수 있으므로 불리할 것이다).

③ 각정각(殼頂角): 큰가리비에서는 성장함에 따라 커지는데, 포티펙텐 타카하시아이에서는 반대로 작아진다. 또한 이상부(耳狀部)의 상대적 크기는 큰가리비에서는 별로 변하지 않는 데 비하여 포티펙텐 타카하시아이에서는 현저히 커진다.

④ 각장/각고의 비: 큰가리비에서는 성장에 따라 약간 커지지만(옆으로 길어진다) 포티펙텐 타카하시아이에서는 오히려 작아진다(종으로 길어진다).

⑤ 폐각근: 큰가리비에서는 속근(速筋) 부분이 상대적으로 커지지만 포티펙텐 타카하시아이에서는 반대로 지근(遲筋) 부분이 커진다.

⑥ 폐각근(속근)의 부착 각도: 큰가리비에서는 각 내면에 상당히 비스듬히 부착하지만 성장한 포티펙텐 타카하시아이에서는 거의 수직으로 부착한다.

이상의 성장양식을 비교하면 포티펙텐 타카하시아이와 큰가리비의 유패(幼貝)는 서로 비슷하지만 성장함에 따라 형태 차가 커진다는 것을 밝힐 수 있었다. 주목할 것은 포티펙텐 타카하시아이에는 성장 중기 이후에 유영 능력이 저하됨으로써 포식자로부터 방어하기 위해 각이 중후(重厚)하게 되었다고 하는 것이다. 이 종의 각과 폐각근의 성장 과정에서 볼 수 있는 변화는 유영종에 널리 볼 수 있는 경향과 전혀 상반되는 것이다. 특히 각(殼)중량이 급격히 증가하는 경향은 성장 중기 이후에 유영 능력이 급속히 사라진 것을 보여주는 것이다.

포티펙텐 타카하시아이의 적응 전략과 형태 진화

포티펙텐 타카하시아이는 멸종된 종이므로 상대성장의 해석 결과는 생활양식을 보이는 상황 증거 이상의 것은 아니다. 그러나 이들 지식을 종합하면 '빙산(氷山) 전략자 가설'은 일단 검증된 것으로 생각된다. 즉 다음과 같이 생활양식과 형태 진화의 시나리오를 생각할 수 있게 되었다.

포티펙텐 타카하시아이가 유기(幼期)에는 현생 큰가리비와 같이 유영(遊泳)으로 포식자에게서 피할 수 있었으나 성장 중기에 달하면 급히 각이 중후하게 되기 시작하여 유영 행동을 포기하고 횡와형 생활로 바뀌었다. 의인적(擬人的) 표현이 되지만 '먹을 수 있는 것은 먹어 본다'라는 태도가 굳어졌다. 이 전략은 일시적으로 성공하여, 이 종이 북서 태평양 연안에 광범위하게 분포했던 시기가 있었다. 이것은 중생대형 빙산 전략의 부활로 볼 수 있다. 다만 족사 부착형에서 곧바로 횡와형이 된 것이 아니고 유영형의 성장 단계를 거쳐 이차적으로 횡와형으로 변신한 점에서 중생대의 유사 이매패류와 다른 것이다.

포티펙텐 타카하시아이의 조상은 모두 마이오세에 널리 번성한 유영형의 큰가리비류이다. 유영형에서 횡와형으로의 생활양식이 바뀐 것은 짧은 시기에 일어났다고 생각할 필요는 없다. 우선 어느 유영형 종의 성장 말기에 이 변화가 생겨 점차적으로 변화의 시기가 성장 중기로 앞당겨졌을 것이다. 이렇게 생각하는 것은 몇몇 이유가 있다. 실은 포티펙텐 타카하시아이에는 상당히 현저한 지리적 변이가 있다. 시대적 선후 관계가 반드시 분명하지는 않지만 센다이시(仙台市) 부근이나 북해도의 태평양 연안에서 산출되는 포티펙텐 타카하시아이의 개체는 북해도 중부나 사할린의 개체에 비하면 우각의 부풀어진 정도가 약간 약하고 각이 급속히 중후하게 되는 시기가 상당히 늦다. 즉 큰가리비처럼 유영종에서 반구형의 각형으로 진화하는 중간 상태를 보여준다.

5. 자일라허(Seilacher)의 구성형태학(構成形態學)

자일라허의 삼각형

1970년 독일의 자일라허는 이제까지의 기능형태학을 포함한 구성형태학(constructional morphology)이라는 포괄적인 연구의 골격을 제시하였다. 그에 의하면 형태가 기능적 요인 외에 역사, 계통적 요인, 건조(建造) 기술적 요인(구조적)에 의해 규제된다고 한다. 이들을 삼각형의 정점에 표시하고 형태의 형성을 3개의 측면에서 분석하는 연구 분야를 구성형태학이라고 하였다(Seilacher, 1970a: 그림 6-8). 생물이 취하는 형태는 그 생물이 걸어온 계통에서 유전적 규제를 받으며, 기능에도 밀접한 관계를 갖고 진화한다는 것은 쉽게 이해할 수 있다. 이들에 비하여 건조 기술적 측면에는 약간 복잡한 요인이 포함된다고 생각되지만 서로 다른 생물들 사이에 계통적으로나 기능적으로 설명이 되지 않는 형태의 유사[예를 들면 최밀충전(最密充塡)에 의한 벌의 소상(巢狀) 구조]가 생기는 것을 생각하면 이해하기 쉽다. 또한 암모나이트나 노틸러스류에 -ceras라는 어미가 붙는 속명은 원래 이들 분류군의 각(殼)모양이 면양 등의 굽은 뿔을 연상하여 붙인 것이다. 그러나 암모나이트와 면양의 뿔은 형상이 비슷할 뿐 계통적으로나 기능적으로 공통적인 관계가 전혀 없다. 공통적인 것은 건조 기술적인 디자인뿐이다.

자일라허는 생흔화석과 수많은 현생과 화석생물에서 형태와 생활양식 그리고 행동에 대하여 유니크한 착상과 우수한 관찰력을 갖고 참신한 해석을 보여주었다. 정량적 해석은 거의 하지 않았어도 독특하고 효과적 일러스트를 포함한 그의 논문은 이상한 매력과 설득력이 있다. 그가 보여준 형태에 관한 많은 해석은 후에 이론이 나온 것도 있으나 각각 독자적인 관찰과 논리적 사고에서 생긴 것이다.

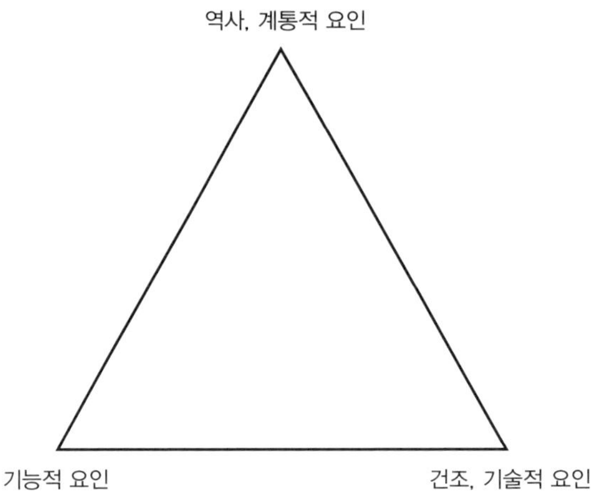

그림 6-8 자일라허에 의한 구성형태학의 삼각형. (Seilacher, 1970a에 의함)

희귀한 지혜를 만남 – 경험담

자일라허 교수는 가끔 일본을 방문하여 많은 일본인과 교류하고 일본 고생물학에도 큰 자극과 영향을 주었다. 그가 처음 일본을 방문한 것은 1968년 여름부터 초가을까지 대학 안식년제를 이용하여 2개월 정도 필자가 근무하던 규슈대학(九州大學)에 체재하였다. 생흔 연구자로서 우수한 성과를 발표하여 이미 고생물학의 명문인 튜빙겐 대학 지질고생물학 교실과 박물관의 교수로 있었으나 아마도 구성형태학의 구상이 떠오르던 무렵이어서인지 일본에서 그를 아는 연구자는 많지 않았다. 이매패류를 연구하고 싶다는 이유로 서툴렀지만, 필자가 급조된 보좌역을 맡게 되었다. 40년 전의 일이어서 기억이 잘 나지 않는 부분도 있으나 필자에게는 기능형태학 연구의 단초가 된 귀중한 경험이었다.

독일 대학 교수의 지위와 자존심은 특히 높다고 들었기 때문에 처음에는 약간 긴장되었다. 그러나 자일라허 교수는 소탈하고 기지와 유머 그리고 호기심이 넘치는 사람으로 도움을 주는 사람을 매우 즐겁게 해주었다. 대학에 오자마자 곧 어시장에 가고 싶다고 하는 것은 이해했으나 하카타 명물(名物)인 노점에 늘어서 있는 붉은 초롱이 아무래도 마음에 든다고 할 때는 이 사람이 무엇을 하려고 일본에 왔는가 의아했다. 며칠 지나서 가고시마 만에서 패류를 채집하겠다고 하여 동행하였다. 여행목적을 자세히 알지 못했기 때문에 별로 준비도 없이 야간열차로 당시는 아직 패류가 풍부했던 지정여관에 갔다. 그 해는 예년과 달리 날씨가 추워 교수와 같이 바다에 오랜 시간 들어가 채집하면 몸이 차가워지는 것을 느낄 수 있었다. 지금 생각하면 교수는 가고시마 만에 살고 있는 우니오(*Unio*)나 가프라리움(*Gafrarium*) 등 각의 외면에 사륵(斜肋, 경사 방향으로 생긴 조각)을 갖는 이매패의 생체를 채집하여 생활양식을 관찰하려고 했던 것이 아닌가 생각된다. 그러나 이때에는 구체적인 목적을 알 수 없었다. 그 후에 아마쿠사(天草) 도미오카(富岡)의 임해실험소(臨海實驗所)에 동행했을 때는 드렛지로 약간 사륵(斜肋)이 있는 농조개(*Paphia*)가 다수 채집되었다. 교수는 수조(水槽)에 이 매패류가 저질(底質) 속에 들어가 행동하는 것을 밤중까지 관찰하고 있었으나 이때에도 아직 그 목적을 잘 알지 못했다.

체재기간의 중간 정도가 되어 교수는 사륵(斜肋)이 있는 이매패의 각 표본을 보이면서 "늑(肋)이 포개(shingle)져 있지요?"라고 필자에게 동의를 구했다(그림 6-9). 내가 의아한 얼굴을 보이니 종이에 'shingle'이라고 써서 보였다. 필자는 이 단어를 알지 못했으나 교수의 손짓으로 "복와상(覆瓦狀)이 되어 있다"는 말이라는 것을 알게 되었다. 그러나 교수가 체일중(滯日中)의 행동과 연구에서 어떤 맥락을 가지고 있었는지 이해할 수 있게 된 것은 수년이 지나 교수의 유명한 이매패류 논문(Seilacher, 1972)의 별쇄를 받고 나서이다.

사니(砂泥) 중에 잠입하여 생활하는 내생(內生) 이매패류는 밑으로 발을 사니에 밀어 넣어 체액으로 그 선단부(先端部)를 부풀게 한 뒤

그림 6-9 기능(機能)적인 사륵(斜肋)을 갖는 이매패의 예. 左의 가리 마쿨로사(*Gari maculosa*)와 右의 솔레쿨투스 디바리카투스(*Solecurtus divaricatus*)는 모두 복와상(覆瓦狀)으로 되어 있고 기울어진 방향의 늑(肋)을 갖고 있어, 밑으로 [저질(底質)에 잠입하는 방향] 움직이기 쉽고, 위로 움직이기 어려운 각의 형태라고 해석됨. (× 0.7)

긴축(緊縮)운동을 반복함으로써 저질(底質) 속을 이동한다. 이것은 부푼 발의 선단부가 닻의 역할을 하여 각체(殼體)가 밑으로 끌려 잡아당겨진다. 그때 각과 저질 사이에 마찰이 생기지만 각표(殼表)에 비스듬한 조각이 비대칭 복와상(覆瓦狀)으로 되어 있어 밑으로는 움직이기 쉽고 위로 움직이기 어려운 구조로 해석되는 것이다(그림 6-10). 다시 *Gari*나 갈맛조개(*Solekurtus*) 등 많은 이매패의 조각을 관찰하니 확실히 그렇게 되어 있다. 패각을 그러한 눈으로 보는 것이 처음이었다. 또한 교수는 이러한 사륵(斜肋)의 간격이 성장에 따라 거의 변하지 않고 변이도 없는 것에 주목하고 기능이 있음을 방증으로 제시하였다. 사이저(砂泥底)에 생활하는 일부 완족류나 갑각류에도 같은 shingle의 조각이 있다. 한편 같은 이매패류에서도 아킬라(트룽카킬라) 카스트렌시스[*Acila* (*Truncacila*) *castrensis*]나 페트리콜라 디베르겐스(*Petricola divergens*)의 지그재그 한 분지상 조각이나 바지락(*Tapes*)의 색채 모양은 변이가 매우

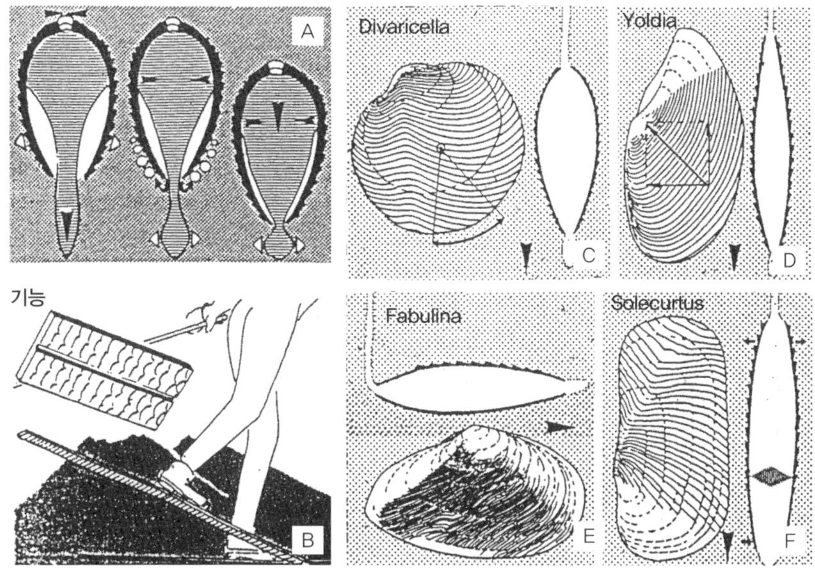

그림 6–10 이매패류 각의 사(斜) 조각(彫刻)의 기능(機能) [저질(底質)로 잠입(潛入)을 도움]
A: 발의 선단부(先端部)를 체액(體液)으로 부풀린 후 급히 발을 긴축시키는 운동을 반복함으로써 사이(砂泥)에 잠입한다. B: 스키판의 밑쪽에 비대칭(非對稱)의 파형(波形)을 만들어 전방으로 나가기 쉽고 후방으로는 움직이기 어렵게 되어 있다. C: 디바리켈라(*Divaricella*)형의 조각. D: 욜디아(*Yoldia*)형의 조각. E: 파블리나(*Fabulina*)형 조각. F: 솔레쿨투스(*Solecurtus*)형의 조각. 화살표는 잠입 방향. 이들 종의 사륵(斜肋)은 단면이 비대칭이어서 잠입 행동에 도움이 되도록 하는 기능이 있다고 생각된다. (Seilacher, 1972, 1984에 의함)

풍부하고 각의 강화(强化) 이외에 특히 기능이 있다고는 생각되지 않는다고 하였다. 이처럼 이제까지 연구자가 생각하지 못했던 형태의 규칙성이나 변이성을 찾아내 그것이 형성된 요인을 철저하게 연구하는 자세를 교수의 연구에서 엿볼 수 있었다. 이 논문은 수많은 연구자에게 형태를 보는 눈을 크게 변화시킨 것으로 생각한다.

1960년대 일본 고생물학 연구는 아직 기재와 분류 그리고 지질학으로의 응용이 거의 전부였다. 교수에게 일본인의 연구를 어떻게 생각하는가 물어보니, "보다 개성 있는 다양한 연구가 있으면 좋겠다"고 하였다. 이것에는 전적으로 동감했다. "일본에는 일본화(日本畵)라고 하는 훌륭한 화법(畵法)이 있는데 왜 이것을 논문의 일러스트에 사용하지 않는가"라는 질문에는 당황했다. 일본화는 극히 일부의 일본인만이 사용하고 후지산(富士山)을 예각으로 묘사하는 것처럼 감각적인 화법을 과학논문에 이용할 수 있다고는 생각하지 못했다. 그처럼 답을 했으나 교수는 납득하지 못했다. 결국 이 문답은 결렬되었다.

그러나 교수의 논문 삽화를 보면 이 질문의 의미를 잘 알 수 있다. 규슈대학에서 매일 지참한 고풍(古風)의 카메라루시다를 사용하여 패류 표본을 스케치하였다. 어느 스케치나 사실적이면서도 예술적인 경지에 달한 훌륭한 것이어서 shingle의 이매패류에서 사륵(斜肋)의 촉감까지 훌륭하게 표현되어 있다. 교수의 논문에 들어있는 삽화는 단순한 스케치가 아니다. 관찰 결과를 시각적으로 설명하는 것이고 자기 설명을 주장하기 위한 효과적 수단이다.

기능형태학의 연구 소재(研究素材)

고생물학에서 형태 연구는 자신이 전문으로 하는 분류군을 소재로 하는 경우와 연구 테마에 무엇보다 적절한 소재를 찾아 행하는 경우가 있다. 기능형태학에서는 소재의 선택이 연구의 성패를 크게 좌우한다. 자일라허와 그의 후계자의 한 사람인 사바지(Savazzi)는 구성형태학 연구에 이매패류를 자주 선택한다(Seilacher, 1972, 1984; Savazzi, 1999). 미국의 스탠리(S. M. Stanley)도 미국 대서양 연안에서 산출되는 이매패류에 대해서 널리 형태와 기능 관계를 해석하고 그 의미를 고찰하였다(Stanley, 1970). 이매패류는 이들 선구적 연구 이후에도 기능형태와 생활 전략 연구가 활발하게 이루어지는 분류군이다.

자일라허는 기능형태 연구에 이매패류가 유리한 이유로서 ① 이매패류의 형태는 공통적인 디자인에서 크게 벗어나지 않는다(예를 들어 두 각을 잃지 않는다). ② 각 개체의 발생 이력을 적절히 반영하는 경조직을 갖는다. ③ 각은 발생적 제약과 기능적 패러다임의 타협을 나타내며, 연체부의 해부학적 특징 또는 생리나 생물 상호작용에 거의 간섭받지 않는다. ④ 화석기록을 포함하면 충분히 분화되어 있어, 가설을 검정하기 위한 평행적 적응 현상을 보이는 많은 실례를 얻는다는 점을 들고 있다(Seilacher, 1985). 그 밖에 식성(食性)이나 체제(體制)가 비교적 단순하고 기본적으로 대칭성을 갖기 때문에 형태와 생태의 관계를 해명하기 쉽다는 점을 들 수 있다.

완족류는 계통적 제약이 있고, 각의 형태나 식성이 이매패류와 유사하여 기능형태학의 소재로서 똑같은 이점이 있으며, 이매패류에 대한 고차 분류군 연구에 자주 이용된다. 무척추동물의 기능형태학(形態學)은 완족류에서 시작되었다고도 할 수 있다. 복족류는 형상이나 식성이 이매패류나 완족류에 비하여 매우 다양하며 일반적으로 기능형태의 해석이나 고찰이 복잡하다. 그러나 형태의 수렴이나 평행진화와 반복진화로 보이는 현상이 많아 이매패류와는 다른 의미로 흥미가 있다. 이제부터 소개하는 분류군은 연구 소재로는 부족하지 않은 분류군이다. 외각성(外殼性)의 두족류는 각각의 분류군(아강이나 목) 가운데 형태의 다양성이 높지 않으나 유영종이 많다고 생각됨으로 수조 실험 등 유체역학적 해석을 통해 생활양식을 복원하거나 각형(殼形)과 유영 능력과의 관계를 연구하는 테마가 있다. 벨렘나이트처럼 내각성(內殼性) 두족류에서는 외형 복원이 어렵다. 극피동물은 원칙적으로 5방사(放射) 대칭(對稱)이라는 계통적 제약이 있으나 상당히 다양한 형태를 보이는 것이 흥미롭다. 그중에서도 각에 밀집된 바늘을 움직여 모래 속을 이동하는 부정형(不定形) 성게류(특히 염통성게류)는 기능형태의 좋은 연구 소재이다(Nichols, 1959; Kanazawa, 1992).

기능형태학에서는 같은 분류군에서도 극단적인 형태나 구조를 보이는 종이 연구 소재로서 유리하다. 그런 것이 기능의 방증을 얻기 쉽고 검증이 용이하여 명확한 결론을 얻을 수 있기 때문이다. 예를 들면 굴조개류는 단단한 지물(地物)에 고착하여 성장하는 것이 많으나 일부 종은 각 내부가 초크질 경량(輕量) 구조를 보여 독특한 생활 전략에 의해 퇴적속도가 큰 이저(泥底)에 적응하고 있다. 각의 외형은 다른 이매패류에 비하면 현저히 부정형이지만 여러 세대의 각이 릴레이식으로 연속되어 위쪽으로 늘어난 현생종이나, 1m나 되는 봉상(棒狀)의 각으로 성장하는 화석종 콘보스트레아(*Konbostrea*)처럼 매우 극단적인 형상을 보이는 종도 있다(Chinzei, 1986b). 큰가리비류에서는 앞에서 설명한 포티펙텐 타카하시아이(*Fortipecten takahashii*)와 해가리비(*Amusium*)는 양극단의 형상을 보이는 예로서 각각 횡와(橫臥) 생활과 유영(遊泳) 생활에 적응한 형태를 보인다. 그러나 이러한 극단적인 형태에는 단점도 생겨 일반적으로 환경이 변화하면 현저히 불리하게 될 것이다. 큰가리비류에서 각이 중후하게 되면 운동 능력이 저하되고, 반대로 얇아지면 강도(强度)가 저하될 것이다. 즉 각의 두께가 변화하는 것에는 이러한 딜레마가 있으며 환경에 따라 여러 가지 중간적인 적응 형태가 생긴다고 생각할 수 있다.

최근 신문에 개복치가 헤엄치는 것을 밝혔다는 보도가 있었다. 이 물고기의 형상을 기하학적으로 해석한 다시 톰슨(D'Arcy Thompson)이 주목한 것처럼 매우 특이하고 약간 유머러스한 모양을 하고 있다. 꼬리지느러미(尾鰭)가 없고 긴 등지느러미와 어깨지느러미가 거의 대칭적이며 상하로 늘어져 있다. 개복치는 이 상하의 지느러미를 사용하여 몸을 기울여 펭귄처럼 헤엄치는 것이다. 모든 분류군을 통해 이러한 생물의 형태적 대칭성이나 규칙성에 주목하여 그 의미를 생각하는 것은 기능형태를 해명하는 동기가 된다고 생각한다.

6. 이론형태학이란 무엇인가

라프(Raup)의 모델

이론형태학(theoretical morphology)은 미국의 라프(D. M. Raup) 등이 컴퓨터를 사용하여 우렁이와 같은 권패(卷貝)에 비슷한 입체 나선의 도형을 그린 것에서 시작되었다(Raup and Michelson, 1965). 계속해서 라프는 나관이 한 번 말리는 데 따른 직경의 확대율(W), 권축(卷軸)에서 상대적인 거리(D), 한 번 말리는 데 따른 권축 방향에의 상대적 변위(T) 등 3개의 매개변수를 변화시켜 부가성장하는 여러 가지 무척추동물의 각에 유사한 입체 나선을 시각적으로 표현하여 보여주었다(Raup, 1966). 예를 들면 복족류는 W, T를 변화시킴으로써 입패(笠貝)형에서 트리플로스테파누스(*Triplostephanus*)형까지 여러 가지 도형을 얻을 수 있다. 완족류나 정상권(正常卷)의 두족류의 각은 대칭면을 갖고 권축 방향으로의 변위가 없는 T=0의 도형이 된다. 이매패류나 완족류에서 2개의 각은 각정부가 서로 중복하므로 충실한 재현은 불가능하지만 W가 매우 큰 나선에 가깝게 된다. 또한 W, D, T를 3개의 축으로 하는 이론적인 형태공간(morphospace)을 생각하면 이들의 분류군은 각각 서로 다른 영역을 점하는데 어느 분류군도 존재하지 않는 공백의 부분도 넓게 남아 있음을 알 수 있다.

라프는 이론적으로 생각되는 형태공간 중에서 실제 무척추동물의 각이 극히 일부의 영역만을 점하고 있는 현실을 어떻게 해석하는가가 이론형태학의 중심 과제라고 하였다. 그 설명으로서 몇 개의 기능적 이유를 들고 있다. 예를 들면 D나 T가 W에 비하여 크면 나관이 떨어진 형태가 되어 각의 강도(强度)가 유지되기 어렵다. 이러한 형태와 기능의 관계를 고려하는 점은, 거의 동시기에 제시된 러드윅의 기능형태학과 공통이다. 그러나 패러다임법에서는 막연하지만 기능적으로 최적의 형태를 상정하고 있는 데 대해서 라프의 이론형태학은 기능적으로 허용되는 형태의 범위를 알게 한다.

라프의 이론형태학 연구는 시각에 호소하는 방법으로 참신한 것이어서 곧 유명해졌으며 고생물학자로서 이를 모르는 자가 없을 정도이다. 그러나 그 후 얼마 지나지 않아 이에 연속적인 연구자가 나타나지 않았으며 라프 자신도 다른 분야로 연구를 바꿨기 때문에 1980년대 중엽까지 이론형태학은 이론 면이나 기술 면 모두 큰 발전은 없었다고 생각된다. 필자는 아직 컴퓨터의 초보자로 이 분야 연구에 아무런 공헌도 못하고 있다. 그러나 가끔 이론형태학의 새로운 발전의 계기가 되는 연구를 눈에 볼 수 있어서 다음에 그 경험을 설명한다.

새로운 재능을 찾아내다 – 경험담

필자가 대학원의 연구를 담당하게 된 첫 해에 W대학에서 한 학생이 연구실로 찾아왔다. 오카모토(岡本隆) 군이었다. PC를 좋아한다고 듣고 있었으나 처음 수개월은 별로 관계가 없는 평범한 테마를 다루고 있었다. 어느 날 아무 생각 없이

"라프의 도형을 PC에 올릴 수 있을까?" 물으니

"할 수 있습니다"라고 대답한다.

"그러면 니포니테스(*Nipponites*)를 그릴 수 있을까?"라고 난제를 농담 반으로 던졌다. 이것은 간단히 할 수 없을 것이라고 생각했었고, 더구나 이론형태학의 새로운 발전의 동기가 될 것으로는 꿈에도 생각하지 못했다.

니포니테스는 너무도 유명한 백악기의 이상권(異常卷)의 암모나이트이지만 뱀이 촉루를 감고 있는 것처럼 기이한 형상을 하고 있다. 그러나 그렇게 말린 방식은 당초부터 지적되었던 것처럼 결코 불규칙한 것은 아니다(Yabe, 1904; Matsumoto, 1977). 성장 전기에는 거의 평면권(平

面卷)이지만 중기 이후에는 좌우로 U자형 내지 Ω자형으로 심하게 사행(蛇行)을 반복하여 기존의 나관을 둘러싸는 모양으로 성장한다. 가끔 필자가 이전에 근무했던 K대학에서 제작한 표본의 모형(母型)이 가까이 있어서 참고를 위해 이제부터 석고 모형을 만들어 대학에 보관된 모식 표본과 함께 검토해 보도록 하였다. 다행한 것은 이 모형의 원표본은 외측의 나관과 내부의 발생(發生) 전기(前期) 부분이 분리되어 잘 클리닝되어 있어 석고 모형으로도 성장에 따른 말리는 양식 변화가 잘 관찰되었다.

몇 주가 지난 뒤 오카모토 군이 갖고 온 프린트된 화상(畵像)을 보고 깜짝 놀랐다. 여러 가지로 궁리한 것으로 보이지만 사행(蛇行)을 반복한 니포니테스의 형태가 자세히 해석되어 컴퓨터 그래픽스로 멋지게 표현되어 있다. 이 화상은 표본의 실측치에 근거하여 9개의 매개변수를 시행착오적으로 조절하여 얻었다고 한다(그림 6-11). 도저히 이런 일이 가능할 것으로는 생각하지 못했다. 더욱 놀라운 것은 이들 가운데 어느 매개변수 일부를 바꿈으로써 니포니테스속 중에서 완만하게 말린 유사종이나 변종의 형태도 표현할 수 있다는 것이다. 즉 개체변이나 진화에 따른 형태 변화 연구에도 컴퓨터 그래픽스가 도움이 된다는 사실을 구체적으로 보여준 것이다. 복잡한 수치 처리나 화상 작성을 시행착오적으로 행하는 일은 요즘 급속하게 연산(演算) 능력이 높아진 PC의 발달과 보급으로 인해 매우 시의 적절한 것이었다. 우선 일련의 결과를 일본어로 정리하여 발표하도록 하였다(岡本, 1984). 필자에게는 아무래도 마음대로 부릴 수 없는 대학원생이지만 대학원의 지도교수로서 감동만 하고 있을 수는 없었다. 재능을 기르고 평가하는 책임이 있다. 젊은이들과 달리 이론과 기술을 새롭게 배우는 것을 포기하고 있을 수 없어, 기본적인 사고방식과 연구의 방법을 때때로 설명하도록 하여 필자 스스로도 가능한 한 이해하도록 하였다.

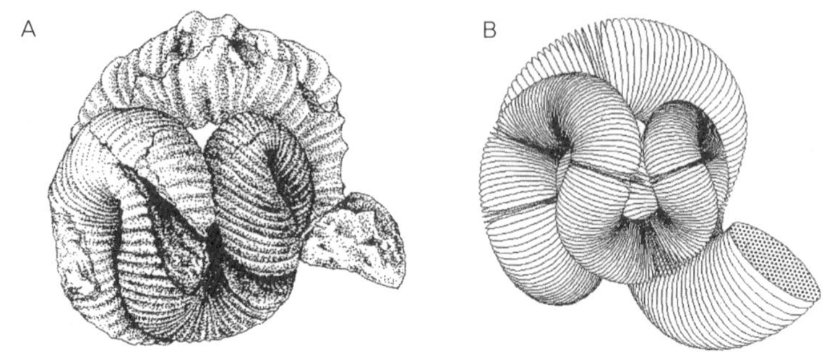

그림 6-11 이상권(異常巻)의 암모나이트 니포니테스 미라빌리스(*Nipponites mirabilis*)의 모식 표본의 스케치(A)와 이론식과 계측치에 근거하여 작성한 computer graphics(B). (Okamoto, 1988a에 의함)

이렇게 성공한 컴퓨터 그래픽스는 우선 화상의 박진성(迫眞性)에 눈을 뜨게 하지만 이론형태학은 창시자인 라프가 말한 것처럼 '비슷한 것 만들기'가 목적이 아니다. 매개변수의 수를 증가하면 실물과의 근사성이 높아지고 보다 복잡한 형태가 표현될 수 있다는 것은 문외한(門外漢)이라도 이해할 수 있다. 그러나 매개변수가 많아지면 일반성을 잃게 되며 다양한 형태를 비교한다거나 상호 관계를 고찰하는 것이 어려워진다. 라프는 부가적으로 등성장하는 나선을 3개의 매개변수로 취해 이들을 3개의 축에 표현해 입체적인 형태공간에 주요 대분류군(大分類群)이 차지하는 범위를 보여주었다. 이것이 다(多)차원이 되면 그렇게 할 수 없다. 적어도 시각적으로 표현하는 것은 불가능하다. 오카모토 군의 최초 논문은 충격적이었고 분명히 라프의 모델을 확장한 것이지만, 표현할 수 있는 형태나 비교에는 한계가 있다. 그러나 젊은 연구자는 자주 놀라울 정도의 속도로 자신의 연구를 발전시킨다. 오카모토 군은 그 후 1년 정도의 사이에 더욱 적용범위를 넓혀 성장하는 나관상의 기술(記述) 방법을 짜기 시작하였다. 그것은 미분기하학을 도입한 것이다(Okamoto, 19889a). 계속해서 이 방법으로 니포니테스 등 이상권(異常巻) 암모나이트의 형성기구와 형태 진화를 설명할 수 있게 되었다

(Okamoto, 1988b, 1988c; 그림 6-12).

이러한 획기적 방법은 부가성장하는 관상체(管狀體)의 나관 반경의 확대율(E), 곡률(C), 비틀린 율(T)이라는 3개의 미분적 매개변수를 사용하여 표현한다. 이들은 종래의 방법에서 사용한 매개변수와 달리 성장 도중에 자유로 변동한다. 3개의 축은 고정된 것이 아니고 성장에 따라 끊임없이 변화한다. 이것은 초등수학에서는 취급하지 않으나 다양한 이상권의 암모나이트를 포함해서 모든 관상체의 형태를 기술할 수 있는 만능적(萬能的) 방법이다. 성장 단계(s)를 그때그때 얻게 되는 나관 반경의 누적으로 표시하고 이것을 횡축에 취해 경시적(經時的) 그래프에 실측으로 E, C, T의 변동을 기입하면 말리는 양식 변화가 잘 이해되어 서로 다른 종의 형태를 시각적으로 비교할 수도 있다. 또한 나관의 형태만이 아니고 그 외면에 생긴 조각의 패턴 변화도 표현할 수 있다. 더욱이 외각성(外殼性) 두족류처럼 기방(氣房)과 주방(住房)으로 되어 있는 나관에서는 간단한 가정을 둠으로써 중심(重心)과 부심(浮心)의 위치가 추정되므로 몇몇 종에 대한 서식(棲息) 자세를 복원할 수도 있다. 이러한 일련의 생각과 연구에 관해 상세한 것을 여기서 서툴게 설명하는 것보다는 본인의 리뷰 논문(Okamoto, 1966; 岡本, 1999)을 참고하기 바란다.

이론형태학에 문제가 되는 것은 수리적 모델과 실제 생물의 형태형성 사이에 정합성이다. 아무리 정치(精緻)한 모델에서도 생물학적으로 있을 수 없는 성장양식을 가상한다면 의미가 없다. 예를 들면 라프의 모델에서는 고정된 좌표축을 설정했으나 이것은 단순히 기술을 위한 인위적 수단이다. 생물은 중력의 방향을 감지한다고 해도 자신의 몸의 비율이나 좌표축을 의식하고 성장하지는 않는다. 복족류 등에서는 성장 도중 나관의 굵기나 나축(螺軸)의 방향이 변화하는 종이나 개체를 자주 볼 수 있다. 미분기하학적 방법은 부등성장하는 종을 포함

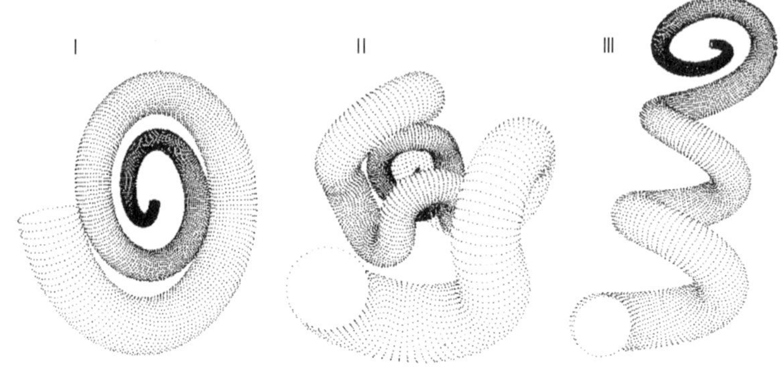

그림 6-12 컴퓨터 시뮬레이션으로 암모나이트의 성장 방향(각구 쪽으로)을 연속적으로 변화시키면 각형이 돌연 변화한다. 각구가 약간 위로 향하면 니포니테스(*Nipponites*)의 초기 성장처럼 평면권(平面卷)의 각 (I), 각구가 횡으로 향하면 니포니테스의 성각(成殼)처럼 사행(蛇行)하는 각 (II), 각구가 약간 밑으로 향하게 하면 유보스트리코세라스(*Eubostrychoceras*)처럼 나선상(螺旋狀)의 각 (III)이 나타난다. 동일 개체의 성장 과정에서 I에서 II로의 변화가 보여, 실제 화석기록에서 III에서 II로의 도약적(跳躍的) 형태 진화가 추정된다. (Okamoto, 1988c에 의함)

하여 여러 양식의 관상체를 기술할 뿐만 아니고 고정한 좌표축 등 인위적 요소를 제거하기 때문에 생물학적으로도 일보 전진한 것이다. 오카모토 군은 이론적으로 추정된 가상의 형태에 근거하여 실제 형태의 형성기구를 이해하려는 것이 이론형태학의 최종 목표라고 한다. 다만 아직 미해결의 문제도 있다. 예를 들면 실제 생물의 나관 형성에는 이미 이용된 공간을 다시 중복해서 이용하는 것은 없다. 교묘히 중복을 피하도록 성장하고 있으나 그 생물학적 배경과 기구는 설명할 수 없다.

7. 최근 고생물의 형태학

1960년대 이후 현생 및 화석 무척추동물의 기능형태학은 러드윅의 패러다임법, 자일라허의 구성형태학, 라프의 이론형태학 등 새로운 개념과 방법이 제기되고 확립되어 이들이 선도한 많은 연구가 발표되었다. 연구 대상도 부가(附加)성장하는 경조직을 갖는 분류군을 중심으로 크게 확대되었다. 구성형태학과 이론형태학은 연구자가 증가함에 따라 기본이념이나 방법론에 있어서도 많은 논의가 있었으나 기능형태학으로 특색 있는 연구 방법을 생각하는 사람도 많아졌다.

러드윅의 패러다임법은 좋은 가설을 생각한 동기나 방법을 평가할 수 있으나 일반적으로 기능의 가설은 하나의 사상(事象)만으로 단순하게 검증할 수는 없다. 기능형태에 한하지 않고 과거 생명현상에 관한 가설의 완전한 검증은 불가능하다. 따라서 많은 현상을 무리 없이 설명할 수 있는 가설은 좋다고 아니할 수 없다. 앞에서 소개한 포티펙텐 타카하시아이 연구에서는 몇몇 독립적인 방증에서 다각적인 '빙산전략의 가설'을 검증했으나(Hayami and Hosoda, 1988), 이러한 연구 방법은 이후에도 계속될 것이다.

자일라허의 구성형태학은 독자적인 감각에 의한 것이므로 다른 사람의 추종이 어렵지만 국제적인 프로젝트로 추진할 수도 있어 그 영향은 매우 크다. 이매패류를 대상으로 시작하여 다른 많은 무척추동물의 분류군에도 마찬가지로 형태의 의미가 연구되었다(Savazzi, 1999). 자일라허 자신도 당초 '삼각형'의 구상에 머물지 않고 1990년대에는 생물이 느끼는 환경을 요인으로 추가하여 사면체를 구상하여 형태 다이내믹스(morphodynamics)를 제안하였다. 또한 생물이 마치 최종적인 형태를 예측하고 성장하는 것처럼 보이는 현상을 '형태 형성의 카운트다운(morphogenetic countdown)'이라 하고 새로운 문제로 제기하였다. 예를 들면 복족류의 몇몇 분류군이 성장하면 각구부(殼口部)가 지물 표면에 밀착하도록 편평해 지지만 미성숙의 각은 상당히 이전의 성장 단계부터 그 준비를 하는 것으로 보인다. 이는 주기적으로 각구부가 두터워져 생기는 종장륵(縱張肋, varix)의 형성 기구와도 관계가 있는 것 같다. 여하튼 카운트다운이 일어나는 원인에 대해 이해하기는 어렵다. 이러한 연구를 포함하여 구성형태학을 목적으로 근년의 동향에 대해서는 우부카타(生形, 1999a)의 리뷰를 참고하기 바란다.

이론형태학은 앞에서 설명한대로 1980년대 말에 오카모토(岡本)에 의한 쾌거가 있었고 이것이 하나의 계기가 되어 새로운 발전이 시작되었다. 컴퓨터 그래픽스에 의한 형태의 해석과 기술(記述), 그리고 상정되는 형태공간 가운데 생기는 여러 가지 변화의 시뮬레이션이 많은 연구자에 의해 이루어지게 되었다. 관상체(管狀體) 외에 수상체(樹狀體)의 분기(分岐) 패턴, 패(貝)류의 각표(殼表)에 나타나는 색채 모양의 패턴 등이 자주 취급되고 있다. 그래픽스의 구체적인 방법은 연구자마다 다른 것 같다. 고도의 수리적 전개를 요하는 형태해석 방법은 응용범위가 넓지만 일반 형태 연구자가 간단히 적용할 수는 없다. 신묘하게 우수한 형태해석 방법이 고안되어도 의외로 보급되지 않는 것은 방법을 알기 어렵다는 이유 때문이다. 이론형태학에서는 수리적으로 바른 해석과 전개가 중요하지만 기술 면만이 아니고 생물로서 형태 형성과의 정합성 등이 방법론상의 문제로 빈번하게 논의되고 있다(生形, 1999b).

근년 고생물학자가 연구 대상으로 하는 경조직의 마이크로 형태는 상당히 자세히 기재, 분류되어 있으나 그 형성기구에 대해서는 많은 문제가 미해결 상태로 남아 있다. 예를 들면 이매패류 등이 만드는 탄산석회를 주성분으로 하는 경조직에는 방해석 또는 아라고나이트로 이루어진 다양한 미세구조가 알려져 10개 이상의 형태형으로 분류되어 있다(Carter, 1990; 小林, 2004). 이들 다양한 생(生)광물의 형태형과 그 조합은 분류군(과 등)에 따라 거의 일정하여 주위 환경으로부터 받는 영향은 적은 것 같지만 각을 분비하는 연체부[연체동물에서는 외투막(外套膜)]의 조직이나 세포의 어떠한 차이로 생기는지 거의 알려지지 않았다.

한편 초파리나 쥐 등의 실험동물에서 전능성(全能性)의 줄기세포(ES cell)를 발견하여 조직, 세포 수준, 더욱이 분자 수준에서 형태 형성의 기구가 탐구되고 있다. 여기서는 논하지 않으나 발생유전학적 견지에서 돌연변이에 의해 형태를 극적으로 변화시키는 유전자의 존재와 진화에서의 역할이 강조되고 있다. 또한 형태 측정학에서는 화상(畵像) 해석 방법이 발달하여 수학을 이용 형태를 수치로 환원하려는 시도도 있다. 이처럼 생물의 형태 형성에 몇 가지 서로 다른 관점에서 연구하여 진화생물학에 공헌하고 있으나 고생물학자가 생각하는 형태학과의 갭이 크고 그 사이에 다리를 놓으려는 연구는 아직 나타나지 않은 것 같다.

8. 생흔화석의 생물학적 연구

생흔화석(trace fossil, Lebensspuren)의 연구는 대상의 성질이나 방법이 체화석(body fossil)의 연구와 크게 다르기 때문에 장(章)을 별도로 하여 설명해야 하는 데 여기서는 고생물의 생활양식에 관련되는 생흔의 형성기구 연구에 대해 간단히 설명한다.

생흔학(ichnology)도 형태에 따라 분류하고 명명함으로써 시작된다. 2차 세계대전 전에 아벨(O. Abel)과 리히터(R. Richter)의 시대에도 생흔화석의 생물학적 의의가 강조되어 고현 고생물학의 일부로서 생흔의 형성기구가 연구되었다. 전후(戰後) 한 시기에는 생흔은 퇴적학적 시점에서 지질시대의 퇴적환경을 나타내는 화석으로 이용되는 것이 많았다. 그러나 근년에는 고생물의 행동을 직접 보여주는 증거로서, 형성기구를 생물학적으로 생각하는 연구가 다시 많아졌다.

생흔화석은 모두 현지성(現地性)으로 생각되지만 그것을 만든 생물이 무엇인지 추정할 수 있는 경우는 거의 없다. 발자국이나 기어간 흔적을 남긴 화석동물이 같은 장소에 체화석으로 산출되는 것은 거의 기대할 수 없다. 생흔과 유해(遺骸)는 보존에 적합한 조건이 크게 다르기 때문이다. 조간대 퇴적물에 소혈(巢穴)을 만드는 현생 생물에서는 간조시 석고나 플라스틱을 부어 형을 취하고 지층 중에 생흔과 형상을 비교하는 방법이 있으나 형성자를 추정하는 케이스는 매우 한정되어 있다. 조하대(潮下帶)에 현생 동물이 만드는 생흔은 표층에서의 특징을 수중 촬영하는 정도이며, 퇴적면 이하의 입체구조까지 아는 것은 기술적으로 어렵다. 많은 경우 생흔의 형태는 현생의 해저에서보다도 오히려 지층중의 것이 인식하기 쉽다.

생흔화석의 명명에는 체화석에 준하여 이명법을 적용하지만 속 이상의 고차 분류 단위는 통상 사용하지 않는다. 형성동물이 불명인 경우가 대부분이기 때문에 분류와 명명은 독립해서 형태만을 근거로 행한다. 그러나 생흔이 어떻게 형성되었는가에 관한 연구가 진척됨에 따라 명명된 다수의 생흔의 속, 종을, 추정되는 성인[형성자(形成者)의 행동양식]에 따라 분류하는 것도 행하게 되어 있다.

자일라허는 캄브리아기부터 제3기까지 여러 환경에서 형성된 생흔화석을 형성자의 행동양식에 따라 분류하였다(Seilacher, 1955). 휴식 흔적(resting traces), 발자국이나 기어간 흔적(trails), 먹이 흔적(grazing trails), 섭식행동에 의한 구조(feeding structures), 거주(居住)에 의한 구조(dwelling structure) 등이다. 이들 생흔은 입도(粒度)와 조성(組成) 그리고 색채가 다소 차이가 있는 개층(個層, 지층의 최소 단위)의 경계면이나 그 직하에 보이는 경우가 많다. 연흔(ripple mark) 등의 퇴적구조와 더불어 발견되는 경우도 적지 않다. 수류(水流)나 생물에 의해 많이 교란된 퇴적물에서는 생흔이 즉시 지워져 보존되기 어렵다.

생흔화석의 형성기구에 관한 연구에는 야외 관찰이 무엇보다도 중요하다. '교차(交差) 단절(斷絶)의 원리'[자른 구조는 잘린 구조보다 신기의 것이라는 지질조사의 기본칙(基本則)]를 적용하고 생흔의 내부와 주변 지층과의 사이에 보이는 퇴적물의 입도, 조성, 구조의 상위(相違)에 착안(着眼)하여 형성 과정을 고찰한다. 여기서는 야외에서 주의해서 관찰함으로써 형성기구로 종래에 생각한 것을 정정하게 된 고타케(小竹信宏)의 연구를 소개한다.

이것은 제4기 지쿠라층군(千倉層群) 시라마즈층(白間津層)에서 산출되는 생흔의 성인에 관한 일련의 연구이다(Kotake, 1989; 小竹, 2001). 보소(房總)반도 남단부에 분포하는 시라마즈층은 매우 새로운 지질시대의 지층으로 희귀한 반심해-심해의 퇴적물로서 이질(泥質)의 지층 중에 주피코스(*Zoophycos*) 등 수종의 생흔화석이 거의 완전한 형태로 산출된다. 주피코스는 거의 수직의 종공(縱孔, 형성동물의 거주공간으로 생각됨)의 둘레를 주프라이트라고 하는 판상의 넓은 물질(배설된 펠레트)의 층이 나선(螺線) 계단처럼 둘러싼 독특한 형상을 보인다. 이는 생흔화석으로 오르도비스기 이후 심해성 지층에서 가끔 산출되고 있다. 이는 보다 소형의 스피로피톤(*Spirophyton*)과 함께 그 특이한 형태가 관심을 끌고 있으나 성인적으로는 저질(底質)에 잠입하여 점토를 섭취하는 동물에 의해 만들어진 구조라고 생각되었다. 유럽에서는 많은 생흔 연구자가 주피코스를 형성시킨 동물이 퇴적물을 먹으면서 갱도를 굴진하고 뒤에 만들어진 공극에 배설물로 채운 것으로 해석하였다.

이러한 생각에 대해서 고타케는 먼저 시라마즈층의 스피로피톤과 주피코스가 같은 동물에 의해 형성되었으며, 그 크기가 다른 것은 형성동물의 성장 단계의 차이에 의한 것임을 보여주었다. 더욱이 주피코스의 sprite의 일부가 흰색의 응회질 펠레트로 만들어진 개체를 발견하고 그 직상(直上)에 얇은 동질(同質)의 응회질층이 존재하는 것으로

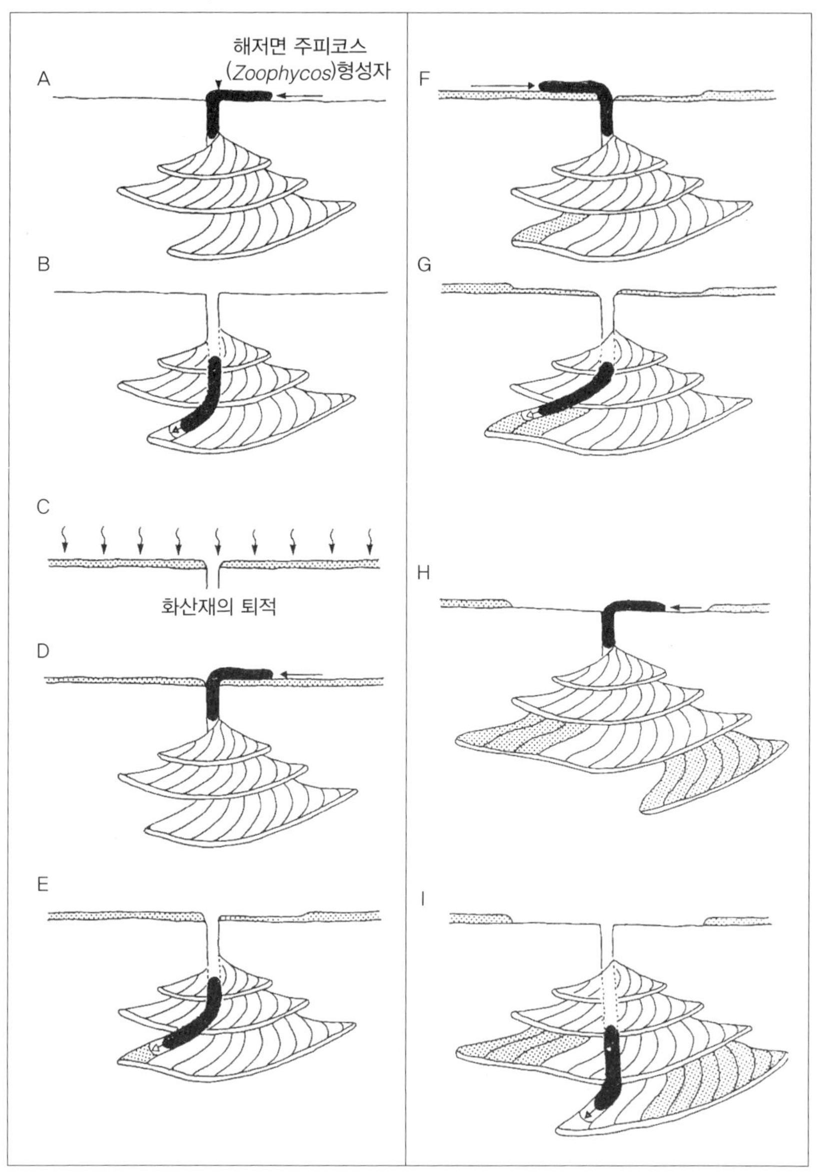

그림 6-13 특징적인 생흔 주피코스(*Zoophycos*)는 이식(泥食)동물이 저질(底質) 중 먹이를 찾아 이동한 자국으로 생각되었다. 그러나 나선상으로 배설된 pellet의 일부가 상위의 응회질층과 같은 성질의 샘플이 발견되어 이를 만든 동물은 해저면상의 침전물을 영양으로 섭취하고 저질 중에 배설한 것임을 밝힐 수 있었다. 개념도에 망상의 부분은 화산재 성질의 pellet, 다른 부분은 이질 pellet. 긴 화살표는 채이(採餌). 짧은 화살표는 배설을 가리킴. (Kotaka, 1989에 의함)

부터 주피코스를 만든 동물은 퇴적물 중에서가 아니고 해저면상의 침전물을 먹고 저질 중에 배설한 것이라는 새로운 해석에 도달하였다. 즉 해저면이 화산재로 덮였던 기간 중에는 부득이 이것을 먹고 배설한 것이다(그림 6-13). 이 형성 기구의 결정적인 증거는 매우 운이 좋아 얻은 것이라고도 할 수 있으나 야외에서 매우 주의를 기울이지 않으면 찾아내기 어려웠을 것이다.

주피코스의 형성자[두점박이화살벌레(모악동물)와 같은 동물이라고 상정됨]는 다른 많은 동물처럼 섭식 장소와 배설의 장소가 크게 분리되어 있었다고 할 수 있다. 이 형성자의 몸은 매우 유연하여 몸을 부풀어서 주위의 퇴적물을 밀어내 저질(底質) 중 터널을 넓게 만들고 꼬리를 옆으로 찔러 넣어 펠레트를 나선상으로 헛뿌리면서 배설하는 행동이 추정된다. 더욱이 터널 주위에 평행한 엽리의 퇴적물이 상하로 변형된 것은 터널이 섭식 행동의 흔적이 아니고 밀어 넓힘으로써 만든 것임을 보여준다. 이 해석에는 형성자의 구부(口部)와 항문(肛門)의 위치 관계가 종래 생각했던 것과는 전혀 반대가 된다. 외국의 연구 중에는 아직 이전의 학설에 잡혀있는 사람이 있는 것 같지만, 필자는 이 야외 관찰에 근거한 새로운 학설 쪽이 압도적으로 앞선 것이라고 생각한다. 같은 생각은 콘드리테스(*Chondrites*) 등의 생흔화석에도 적용할 수 있을 것이다. 생흔화석을 성인에 따라 분류하는 경우 배설에 의한 구조(excreting structure)라는 범주가 추가되어야 한다고 생각한다.

VII 계통과 진화

지구상에 현생 생물과는 매우 다른 생물이 출현하고 사라진 사실은 조금 오랜 시대의 화석군을 보면 분명하다. 생물진화가 단순한 학설로부터 움직일 수 없는 사실로 인식하게 되었다. 화석은 장기간에 걸쳐 진화의 과정을 보여주는 유일한 물적 증거로서 연구되어 왔다. 근년에는 분기분류학이나 분자계통학의 발전에 따라 현생 생물의 계통 관계가 상당히 신뢰성을 갖고 복원할 수 있게 되었지만, 분기도나 분자계통수는 진화의 패턴만을 보여주고 과거 생물의 변천의 실태를 보여주는 것은 아니다. 화석기록에서 추정되는 계통과는 상당히 의미가 다르다. 과거 생물의 형태나 생태 그리고 멸종한 생물을 포함한 진화의 과정은 화석 없이는 추정할 수 없다. 고생물학자는 취급하는 재료의 한계 때문에 진화의 요인론(要因論)에서는 수동적 입장에 있다. 화석이 보여주는 진화 현상에 대하여 요인을 해명하려고 해도 상황 증거를 보여주는 것에 머물며, 결정적인 요인을 제시하기는 불가능하다. 그 대신 장기에 걸쳐 구체적인 진화 과정의 증거가 풍부하기 때문에 여러 요인론이나 계통에 관한 가설을 화석기록에 비추어 어느 정도 검증할 수가 있다. 또한 형태나 다양성의 시간적 변화의 속도와 양식, 멸종의 실태도 고생물학의 독자적인 연구 과제이다.

명확한 정의나 경계가 있지는 않지만 진화는 규모에 따라 편의적으로 소진화(microevolution)와 대진화(macroevolution)로 나누고, 현생 생물학은 소진화를, 고생물학은 주로 대진화를 연구대상으로 하는 것으로 되어 왔다. 소진화는 개개의 종이나 개체군의 진화계열에서 일어나는 유전적 성질이 시간적으로 변화하는 것을, 흔히 같은 장소에서 계속적인 관찰이나 유사(有史) 시대의 자료로 인식한다. 근년에는 종합설(綜合說)에 따른 소진화에 대한 요인론이 널리 받아들여지게 되었다. 화석에서도 소진화의 연장으로 생각되는 현상이 적지만 알려지고 있다. 이에 대하여 대진화는 종 이상의 분류군의 진화로 단순한 소진화가 수직적(시간적)으로 쌓일 뿐 아니라, 수평적(지리적) 넓이가 있으며 종분화나 멸종까지 포함하는 복잡한 과정이다. 소진화와 대진화의 관계는 새로운 진화학의 중심 연구 과제이다. 아마도 대진화의 요인은 다양하고 통일적인 설명이 불가능할 것으로 생각된다. 또한 그 과정을 복원하는 것도 화석기록의 불완전성 등에 막혀, 뜻대로 안 되는 경우가 많다. 그러나 근년에는 진화의 연구법이 현저히 다양하여 고생물학에서도 여러 가지 관점에서 진화를 고찰하게 되었다.

1. 화석에 따른 계통의 복원

1860년대에 생물진화의 개념이 정착되면서 고생물학자는 즉시 화석의 산출 순서에 근거하여 진화계열을 복원하려고 시도했다. 일본에 다윈의 진화론을 처음으로 소개한 힐겐도르프(F. Hilgendorf)는 1866년 독일 남부의 슈타인하임 운석호(隕石湖)의 퇴적물에 포함된 담수 패류화석의 형태 변화를 발표하였는데, 이것은 가장 일찍이 공표된 화석에 의한 진화 연구였을 것이다. 또한 대진화의 대표적 사례가 된 화석은 마(馬)류[기제(奇蹄)류]의 계통이며, 다윈의 진화론을 열렬히 옹호한 것으로 알려진 헉슬리(T. H. Huxley)가 일찍이 시사하였다. 그리고 1879년에는 미국의 마시(O. C. Marsh)가 구체적인 화석기록을 근거로 대강 줄거리를 밝혔다. 그 이후 계통을 복원하여 진화를 실증하는 것이 고생물학의 중요 과제로 생각하게 되었다. 화석기록이 풍부한 분류군에서는 다양성이 밝혀지는 것과 함께 형태의 점진적 변화를 암묵적으로 이해하여 계통을 추정한다.

19세기 말부터 20세기 전반에는 많은 분류군의 계통수(phylogenetic tree)가 제시되었다. 그러나 종수준의 계통수 작성에는 많은 어려움이 따른다. 최근에는 거의 볼 수 없게 되었지만, 이미 제시된 계통수에는 알려진 화석종을 형태에 따라 시대순으로 정리하여 안이하게 작성한 것이 많다. 지리적 분포나 화석기록의 불완전성은 거의 고려하지 않아서 당연히 신뢰성도 낮다. 산발적으로 산출되는 화석종의 조상-자손 관계를 제시해도 검증할 방법이 없기 때문이다. 종수준의 진화에는 계열 내 진화(phyletic evolution), 종분화(speciation), 계열의 멸종(extinction)이 관여하고 있겠지만, 그 안에 종분화를 수반하지 않은 단순한 계열 내 진화를 실제로 증명하는 것이 반드시 용이한 것은 아니다. 한편 속이나 과 수준의 고차 분류군 사이에 계통 관계를 개념도로 보여주는 것은 가능하다. 엄밀성은 없으나 그 나름대로 의미가 있으며 특히 전문 연구자가 심혈을 기울여 고차 분류군의 망라적 계통분류 연구 결과로 작성한 계통수에는 존중해야 할 것이 적지 않다.

계열 내 진화의 복원

고생물학에서는 상정된 진화계열에 따라 시간의 경과에 수반된 형태 변화를 밝히는 연구가 예부터 있어 왔다. 20세기 전기에는 약간 장기에 걸쳐 연속적으로 형태가 변화하는 분류군을 바이오시리즈(bioseries)라고 하여 진화 연구에 재료로 취급하였다. 이 무렵 유럽에서 행한 대형 유공충인 시클로클리피우스(*Cycloclypeus*)속, 사방산호인 자프렌티스(*Zaphrentis*)속, 이매패류인 그리페아(*Gryphaea*)속, 성게류인 미크라스터(*Micraster*)속의 진화 연구는 고생물학의 교과서에도 자주 등장하여 유명한 사례가 되었다. 그러나 이들 고전적인 연구는 편의적으로 구분한 형태종의 비율이 변천한 것을 진화 과정으로 표현한 것이다. 형태 변화의 방향성이 어느 정도 보인다고 해도 차이의 의미를 오해하고, 개체군을 진화의 단위로 하지 않아 진화생물학적으로는 거의 의미가 없다.

종합설에서 진화는 주로 개체군의 유전적변이에 자연선택이 작용하여 일어난다고 생각한다. 따라서 각각의 화석 개체군을 단위로 하여 이것을 쌓아올려 진화계열의 시간적 변화를 밝히는 것이 화석에 근거한 진화 연구의 기본이며 정공법이라고 할 수 있다. 일반적으로 계열 내 진화는 지리적 넓이를 갖고 진행되기 때문에 종의 분포지역을 조사하여 지리적 변이(geographic variation)나 이주(migration)도 배려할 필요가 있다. 그러나 이러한 직접적 정공법을 적용할 수 있는 화석자료는 전체로 볼 때 매우 한정되었다. 거기에 용인할 수 있는 진화이론을 염두에 두고 각각의 화석자료의 특성을 가능한 한 활용하여 진화계열을 복원하게 된다. 하나의 계열 내에서도 여러 가지 원인에 따라 형태가 비약적으로 변화할 수 있으나 화석에서는 형태의 연속적 변화를 인식함으로써 계열 내 진화를 복원하였다고 생각하는 것이 많다.

다소라도 계열 내 진화를 인식하기 쉬운 화석자료에는 다음과 같은 것이 있다(괄호 안에 있는 것은 그 사례가 되는 연구).

① 대양저 퇴적물에 포함된 화석자료: 대양저 퇴적물의 시추 코아에 포함된 미화석에는 연속성이 좋은 상세한 계열진화가 복원된다. 부유성 유공충, 방산충, 규조 등에 계열 내 진화의 좋은 예가 있다(Kellogg, 1975; Malmgren et al., 1983).

② 격리 단절된 지역에 서식하는 고유 생물의 화석자료: 버뮤다 섬이나 오가사와라(小笠原) 제도와 같은 섬은 육패(陸貝)처럼 이주(移住) 능력이 없는 생물에게는 '진화의 소우주'가 된다. 이렇게 폐쇄된 좁은 지역 안에서는 화석자료만으로 진화 과정을 고찰할 수 있는 이점이 있다. 이것은 종분화의 연구에 대해서도 말할 수 있다(Gould, 1969; Chiba, 1999).

③ 분기가 없이 단순한 진화계열을 이룬다고 생각되는 생물의 화석자료: 예를 들면 이매패류인 체사펙텐(*Chesapecten*)이나 모노티스(*Monotis*)는 종분화의 증거나 같은 지역에 평행적으로 생존한 근연종이 없이, 장기간에 걸쳐 거의 연속적으로 형태가 변화했다고 생각된다(Ward and Blackwelder, 1975; Ando, 1987).

④ 장기간에 걸쳐 같은 환경을 보이는 퇴적물 속의 화석자료: 예를 들면 동아시아 페름기의 두꺼운 석회암체에서 산출되는 방추충류에는 몇몇 진화계열이 인식되어 각각의 계열에 대해 연속적인 형태 변화를 알 수 있다(Ozawa, 1975; 그림 7-1).

⑤ 형태에 불연속변이가 있는 종의 화석자료: 화석 개체군의 형태에 다형현상이 인식되는 종에서는 현생 생물의 소진화 연구가 가능하여 표현형의 상대빈도의 변화에 따라 계열의 진화 과정을 복원할 수 있다(Hayami, 1984).

다시 형태 변화가 현저한 경우에는 단일 진화계열을 편의적으로 얼마의 시간종(chronological species)이나 시간적 아종(chronological subspecies)으로 구분하는 것이 있다. 그 구분은 연구자의 판단에 따르는 경우가 많다.

종분화의 복원

진화 과정에서 종분화를 포함하는 경우에는 일반적으로 종수준의 계통 복원이 상당히 곤란하게 된다. 종분화는 항상 생물의 다양성을 증가시키며, 그 기구에 대해서는 많은 이론적 연구가 있다. 현생 생물에서는 종분화의 도상(途上)에 있다고 생각되는 개체군도 알려졌다. 그러나 생식적 격리로 종을 정의하는 한 어느 시점에서 종분화가 완료된 것인가를 밝히기는 어렵다. 과거에 일어난 종분화의 과정을 화석으로 밝히는 것은 고생물학의 매력적인 과제이지만, 여기에도 화석기록의 불완전성이 문제가 된다.

많은 경우 종분화는 조상종의 분포지역 연변부나 역내의 특이한 환경에 소집단이 격리됨으로써 급속히 일어난다고 생각된다. 소집단에서라면 자연선택이나 유전적 부동이 효과적으로 작동하여 모집단과 유전적 성질의 차가 급속하게 확산되기 쉽다. 극단적인 경우에는 한 임의의 자웅이나 수정한 한 마리의 암컷이 격리된 것만으로 종분화가 일어날 수 있다. 이것은 '창설자의 원리(founder principle)'라고 하는 이소적(異所的) 종분화의 유력한 모델이다(Mayr, 1963; 그림 7-2). 이러한 이소적 종분화가 급속하게 일어나는 것은 이해할 수 있으나 실제로 어느 정도의 시간이 필요할까.

급속한 종분화가 일어났다고 생각되는 예로서 아프리카 동부의 빅토리아호에 사는 키츨리도(cichlid)류라고 하는 담수어(淡水魚) 종(種)군이 있다. 이 호수는 형성 후 75만 년 정도 밖에 지나지 않았는데 여러 가지 호수 안의 환경에서 170종에 달하는 담수어류의 고유종이 살고 있다. 이들이 모두 이 호수에 도래한 하나의 조상종에서 분화하고 다시 분화한 종들이 모두 현재까지 살고 있다고 가정하면 평균 10만

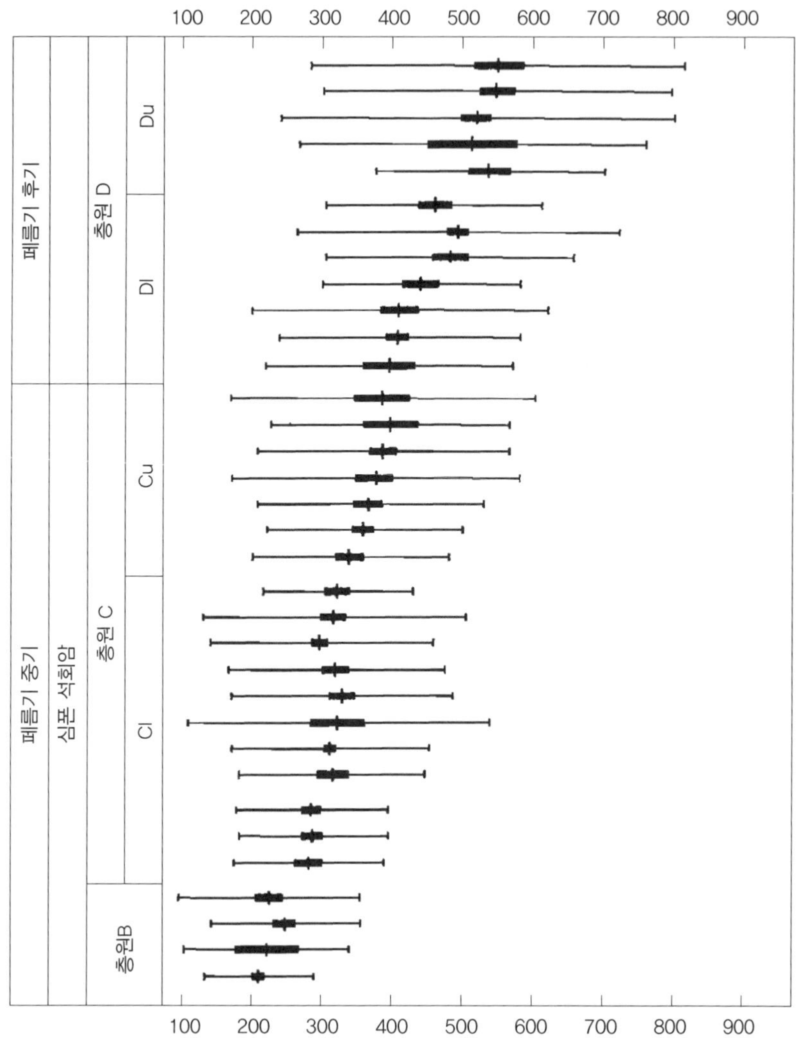

그림 7-1 동아시아 페름기 유공충 레피돌리나 멀티셉타타(*Lepidolina multiseptata*)의 初房 크기의 시간적 변화. 평균치. 평균치의 95% 신뢰구간(굵은 선), 전체의 95%의 개체가 포함되는 이론적 범위(가는 선)를 보여준다. (Ozawa, 1975에 의함)

년에 1회 정도의 빈도로 종분화가 일어난 것이 된다. 빅토리아호 주변의 작은 호수에서는 이보다도 더욱 빠른 4000년 정도에 종분화가 완료됐다고 추정되는 케이스가 있다. 그러나 이러한 국지적 소집단의 급속한 종분화 과정이 화석으로 보존될 가능성은 매우 낮다. 10만 년 이하의 기간은 지질시대의 스케일로서는 일순간에 지나지 않으며 탄소동위원소 등에 의한 정밀한 연대측정이 가능한 현재에 가까운 과거를 제외하면 시간분해능의 한계를 넘는 것이다. 더욱 '창설자 원리'로 상정되듯이 소수의 개체로 구성된 개체군이 화석으로 보존되는 것은 거의 기대하기 어렵다.

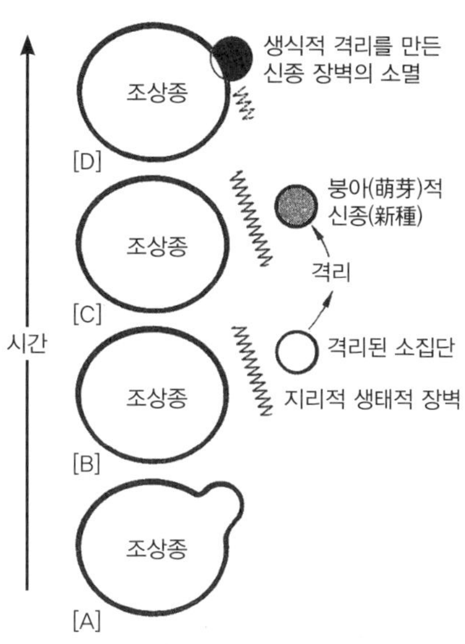

그림 7-2 창설자 효과에 의한 이소적(異所的) 종분화 과정을 보이는 개념도. (Hamilton, 1967에 의함)

이에 대하여 종분화 과정이 화석에서 비교적 잘 인식되는 것은 조상종의 분포지역이 분단되어 2개의 집단이 격리되어 각각 별도로 진화하는 경우가 있다. 이것은 '이소적(二所的) 종분화(dichopatric speciation)'라든가 '아령(亞鈴) 모델(dumbbells model)'이라고 하는 종분화 양식으로 막연하긴 하지만 예부터 상정(想定)해 왔다. 대집단은 소집단에 비하여 화석으로 보존되기 쉽고 유전적으로나 형태적으로 천천히 진화한다고 생각되므로 그것만으로 종분화 과정을 인식하기 쉬운 것이다. 고생물지리학의 장에서 설명하는 것처럼 과거에 일어난 대규모 분포지역의 분단에 따라 많은 진화계열에서 종분화가 일제히 일어나 화석기록에 그 과정을 보이는 것이 있다. 플라이오세[鮮新世]의 파나마(Panama) 지협이 형성되어 바다가 동서로 분단됨으로써 많은 분류군에서 마이오세 후기의 조상종에서 동서 양측에 자매종의 쌍이 생긴 것은 그 좋은 예이다.

고차 분류군의 계통 복원

속이나 과와 같은 고차 분류군은 종과는 달리 인위적으로 정리한 그룹이며 그 자체가 진화하든가 멸종되는 것은 아니다. 따라서 이들 사이의 계통 관계를 보이는 증거는 모두 간접적인 것이다. 그러나 화석의 불완전성에 의한 영향은 종의 경우만큼 심각하지는 않다. 종보다도 고차 분류군이 화석기록에 유리하다고 생각하기 때문이다. 이것은 곧바로는 믿기 어려울지라도 간단한 계산으로 보이겠다.

예를 들면 종(種)이 화석으로 보존되는 확률을 20%라고 하고 3개 종이 1속을, 3개 속이 1과를 구성한다고 가정하자. 그렇다면 속이(3개 종 중에 1종 이상이) 보존될 확률은 $1-(1-0.2)^3=0.48$이다. 더욱이 과(3개 속 중에 1속 이상이)가 보존될 확률은 $1-(1-0.488)^3=0.866$이 된다. 가정한 보존율이나 구성수를 생각해도 종보다는 속, 속보다는 과에 근거하여 다양성이나 진화의 경향을 논하는 것이 유리하다. 따라서 고차 분류군에 근거하여 화석의 다양성을 복원하는 것은 어쩔 수 없으며, 무리라고 할 수는 없다.

화석의 고차 분류군 사이에 계통 관계를 복원하는 데는 다양한 방증을 종합한다. 예부터 의존해 온 방증은 시대적인 선후 관계와 형태 변화의 점이성이다. 여기에는 계통 관계에 있는 고차 분류군 사이에는 중간적 형태를 갖는 종으로 연결되어야 한다는 생각이 바닥에 있다. 예를 들면 시조새는 파충류와 조류의 중간에, 시라칸스나 폐어는 경골어류와 양서류의 중간에 해당되는 형태를 갖고 이들 사이의 계통 관계를 시사한다. 그러나 이러한 대분류군 사이에 이처럼 중간적인 것은 오히려 드물어 별로 기대할 수 없다. 형태의 큰 갭은 어디에나 있어

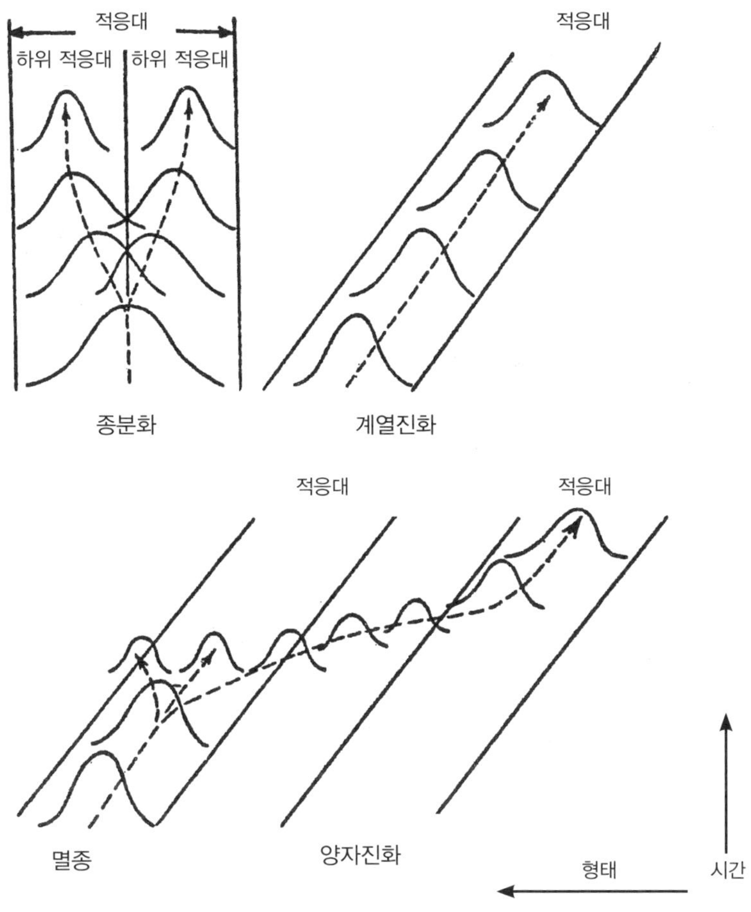

그림 7-3 심프슨(Simpson)에 의한 적응대(適應帶)의 개념도. 진화에는 계열 진화, 종분화, 양자(量子)진화의 세 가지 양식이 있으며, 적응대 사이를 이행(移行)할 때 급속히 큰 형태 변화가 일어남을 보여준다. (Simpson, 1944에 의함)

화석에서는 중간 종이 발견되지 않는 것이 오히려 보통이다. 강(綱)이나 문(門) 등 고차 분류군일수록 형태의 갭은 점차 커지는 경향이 있으며 이를 '미싱링크(missing link, 잃어버린 고리)'라고 한다.

대진화의 양식을 실태와 이론의 양면에서 고찰한 심프슨은 생물이 서로 다른 적응대(adaptive zone) 사이를 이동할 때 급속하게 큰 형태 변화가 일어난다고 생각하여 이를 양자(量子)진화(quantum evolution)라고 하였다(Simpson, 1944, 1953; 그림 7-3). 이러한 생각은 고차 분류군 사이에 형태의 갭이 생기는 원인을 설명하는 것으로서 반세기 이상 지난 현재에도 지지를 받고 있다. 고래류나 박쥐류 등 실제로 신기한 형태의 고차 분류군은 대부분 전조(前兆)나 중간형 없이 돌연 출현한 것처럼 보인다. 적응대 사이를 이동하는 데 수반된 형태 변화는 지질학적 시간 스케일에서는 거의 일순간에 일어난 것이므로 그 과정이 화석기록으로 보존될 것을 기대하기는 어렵다.

큰 형태의 갭이 있는 대분류군 사이의 계통 관계는 형태의 점이성보다도 발생상의 유사성에 근거하여 추정하는 것이 많다. 예를 들면 연체동물과 환형동물은 성체의 형태나 구조는 크게 다르지만 초기 발생(early development)의 유사성에서 비교적 근연이라고 생각된다. 캄브리아기 이후 분화했다고 생각되는 많은 동물 문(門)이 소수의 더욱 고차의 그룹[예를 들면 구구(舊口)동물과 신구(新口)동물]으로 정리된 것도 발생학상의 이유에 의한 것이다.

문(門)과 같이 매우 높은 고차 분류군 사이의 관계는 초기 발생에서도 판단할 수 없는 경우가 많다. 그런데도 모든 생물을 통해 계통 관계가 존재하는 것은 공통의 유전기구가 존재한다는 것에서 입증되고 있다. 근년에는 분자계통 해석이 이 문제를 해명하는 주요 수단이 되어 있다. 고생물 연구는 이처럼 고차의 분류계통 관계의 해석에는 직접 공헌할 수 없으나 화석으로 보존되기 쉬운 대분류군의 출현 시기를 거의 특정할 수 있다. 다세포동물에서 대부분의 문은 캄브리아기 전기에 비교적 짧은 기간에 일거에 출현했다고 알려져 있어 이들이 그 기간에 어떻게 분화했을까는 고생물학에서도 분자계통학에서도 해명하기가 상당히 곤란하였다. 그러나 콘웨이 모리스(Conway Morris, 2000,

2006)의 연구에 의하면 화석기록과 분자 데이터 사이에 있었던 출현 연대의 차이는 축소되었던 것처럼 보인다.

2. 소포가리비(*Cryptopecten*)의 진화현상을 포착하다 — 경험담

이는 야외에서 자주 눈에 띄는 이매패의 이형(二型)현상에서 형태 진화의 과정을 연구한 것이다. 그 결과는 이미 보고하였고(Hayami, 1984) 해설한 것(速水, 2004)이지만 필자로서는 연구의 전환점이 되었던 잊을 수 없는 경험이 있어서 그 경위를 설명하고자 한다.

당시 필자는 규슈대학(九州大學) 지질학 교실의 층서학 강좌의 조수로 근무 중이었으나 이웃 고생물학 강좌에도 자주 출입하였다. 1968년에 고생물학 강좌의 교원이 해외 유학 등으로 손이 모자라 임시로 졸업 논문 지도를 의뢰받았다. 당시는 고생물학의 졸업 논문에도 지질 조사를 하도록 하는 것이 보통이었으나 그 학생이 여학생이었음을 감안해 화석 샘플을 채집하여 해석하는 것을 테마로 하였다. 특히 의도가 있었던 것은 아니지만 이전에 보소(房總)반도 플라이스토세 지조도(地藏堂)층 등에서 많이 산출되는 소포가리비(*Cryptopecten*)의 화석에 연륜과 같은 것이 눈에 띄었던 것이 생각나 다수의 개체를 계측, 집계하여 성장륜의 주기성을 조사하도록 하였다.

연구 자료를 얻기 위해 규슈에서 학생과 보소(房總)반도 지조도(地藏堂)층의 화석 산지에 가서 채집을 시작할 무렵 이상한 현상을 보게 되었다. 몇몇 산지의 소포가리비의 화석 개체군에는 명료하게 구분되는 2개의 형(型)이 있고 중간적인 개체는 하나도 보이지 않는다. 한쪽 형은 방사륵이 높고 각(角)이 져 있으나 다른 형은 방사륵이 낮고 둥그스름한 모양이다. 거기에 더해 패류(貝類) 소년이었던 고교생 시절 미우라(三浦)반도의 조가시마(城ヶ島)나 와카야마현(和歌山縣)의 다쓰가시마(辰ヶ濱)의 아미호시바(網干場)에서 채집한 소포가리비의 현생 표본을 생가(生家)의 창고에서 찾아내어 조사해 보니 역시 불연속적인 이형(二型)이 있다. 다만 이형의 상대빈도는 화석 샘플과 현생 샘플 사이에 상당히 다른 것으로 생각되었다. 이 이형은 마작(麻雀)의 패처럼 손가락 끝으로 만지는 것만으로 판별할 수 있을 정도로 형태의 차가 있으나, 방사륵의 형상 외의 형질[예를 들면 각의 외형, 크기, 색채, 이상부(耳狀部)의 형태, 방사륵 수]에는 특히 차이를 인식할 수 없어 별종으로는 보이지 않는다. 그러나 이 시점에서는 이 현상이 무엇을 의미하는가를 알지 못했다.

1년 정도 지나서 이전에 진화학을 공부할 때 알았던 '나방의 공업암화(工業暗化)'나 '무당벌레의 소진화'가 이 현상과 유사하다는 생각이 나의 범용한 뇌리를 어렴풋이 스쳤다. '나방의 공업암화(工業暗化)'라는 것은 자연선택의 좋은 예로서 많이 교과서에 나와 유명한 진화 현상으로 영국의 공업지대에서 산업혁명 이후 매연으로 수목이 검게 됨에 따라 수십 년간 포식자인 새에 발견되기 쉬운 담색형의 개체가 많은 집단이 암색형의 유리한 개체가 많은 집단으로 치환되었다는 생태유전학의 시나리오이다(Ford, 1964). '무당벌레의 소진화'도 유전학자가 행한 연구로 특히 나가노현(長野縣) 스와(諏訪) 지방에 다형(多型)을 보이는 무당벌레 집단에 표현형의 비(比)가 방향성을 갖고 변화하는데 기후의 온난화에 따라 한랭지에 많은 '홍형(紅型)'의 개체가 감소하고 난지(暖地)에 많은 '이문형(二紋型)'의 개체가 증가한다는 사실을 약 40년간에 걸친 관찰 결과를 분석하여 밝힌 것이다(駒井, 1963). 당시 현생 생물의 소진화의 실증적 연구는 대부분 이처럼 표현형 빈도의 시간적 변화를 다루었다.

그림 7–4 크립토펙텐 베시쿨로수스(*Cryptopecten vesiculosus*)의 二型현상. 크립토펙텐 베시쿨로수스 개체군에는 角이 진 높은 방사륵(放射肋)을 갖는 개체와, 완만하게 낮은 방사륵을 갖는 개체가 공존한다. 사진은 伊勢灣口(三重縣安乘沖)에서 채집된 다수의 개체를 고륵형(高肋型–左)과 저륵형(低肋型–右)으로 나눈 샘플. (x 0.5)

소포가리비에서도 마찬가지로 단일 진화계열 속에서 표현형이 치환되는 현상이 일어나는 것이 아닐까 만일 그렇다면 중간형이 없는 진화가 설명된다. 현생과 화석의 많은 개체에서 조사할 수 있으면 지질시대에서 현재까지 장기간에 걸쳐 진화 과정을 추적할 수 있을 것이다. 유전학과 고생물학, 소진화와 대진화를 연결하는 자료를 제출할 수도 있을 것이다. 이형(二型)의 우열관계 등 유전적 배경이 결정되면 (실제로는 현재에도 알 수 없다) 유전자 빈도의 시간적 변화를 계산하여 집단유전학과 공동의 자리에서 진화를 논의할 수 있을 것이다. 이러한 사소한 발견에서 비롯된 꿈은 부풀려졌다.

설명이 늦어졌으나 소포가리비(*Cyryptopecten vesiculosus*)는 일본 열도의 난류역(暖流域)으로부터 동지나해에 널리 분포하며, 천해(淺海)의 사저(砂底)에 사는 패류군집으로 자주 우점종으로 되어 있는 가리비

(Pectinidae)과의 소형(小型)종이며, 현생 개체군에는 반드시 2개의 표현형이 공존(共存)한다(그림 7-4). 화석도 플라이오세[鮮新世] 전기 이후 일본열도 각지에 천해성 사질(砂質)의 지층에서 많이 산출된다. 이렇게 좋은 조건도 있어 종의 전(全) 생존 기간과 전(全) 분포지역에 걸치는 자료를 수집하고, 이형(二型)의 상대빈도 변화를 중심으로 진화 과정을 복원하려고 생각하였다.

화석자료는 수년 걸려 이제까지 산출기록이 있는 전국의 산지를 돌아 채집하였다. 헛걸음으로 끝난 것도 적지 않았으나 거의 혼자 힘으로 약 25개의 상당히 양호한 샘플을 수집할 수 있었다. 이렇게 목적이 확실한 화석 채집은 이제까지와는 분발한 점에서 차이가 있다. 의미가 있는 이형(二型)의 상대빈도를 알기 위해 예정의 개체수를 얻기까지 열심히 노력한 것이다. 또한 채집물을 현장이나 숙소에서 헤아리는 것만으로 즉석에서 상대빈도를 알 수 있다. 그러나 이 종은 천해(수심 50~200m)에 살고 있기 때문에 생체 자료를 수집하여 이형의 관계를 확인하는 데는 생각보다 오랜 시간이 필요했다. 기회가 있을 때마다 동경대학 해양연구소의 단세이마루(淡青丸)를 이용하고, 미사키(三崎)의 임해(臨海)실험소에도 부탁하여 조사선(調査船)을 빌려 드렛지(dredge)로 채집을 하였다. 그리고 전국의 많은 연구자와 수집가의 협력도 얻었다. 그 결과 겨우 이 종의 풍부한 서식지를 확실히 알게 되었으며, 2개의 표현형이 완전한 동소성이라는 것과 생식 시즌이 일치한다는 사실을 확인하였다. 화석과 현생의 자료를 종합하여 이형(二型)의 상대빈도의 상세한 지리적 변이와 시간적 변화를 밝힐 수 있었다(그림 7-5). 연구 결과를 요약하면 다음과 같다.

① 소포가리비의 단일 진화계열을 플라이오세 전기까지 소급할 수 있었다.

② 본래부터 존재했던 표현형(야생형, 野生型)은 고륵형(高肋型)이였

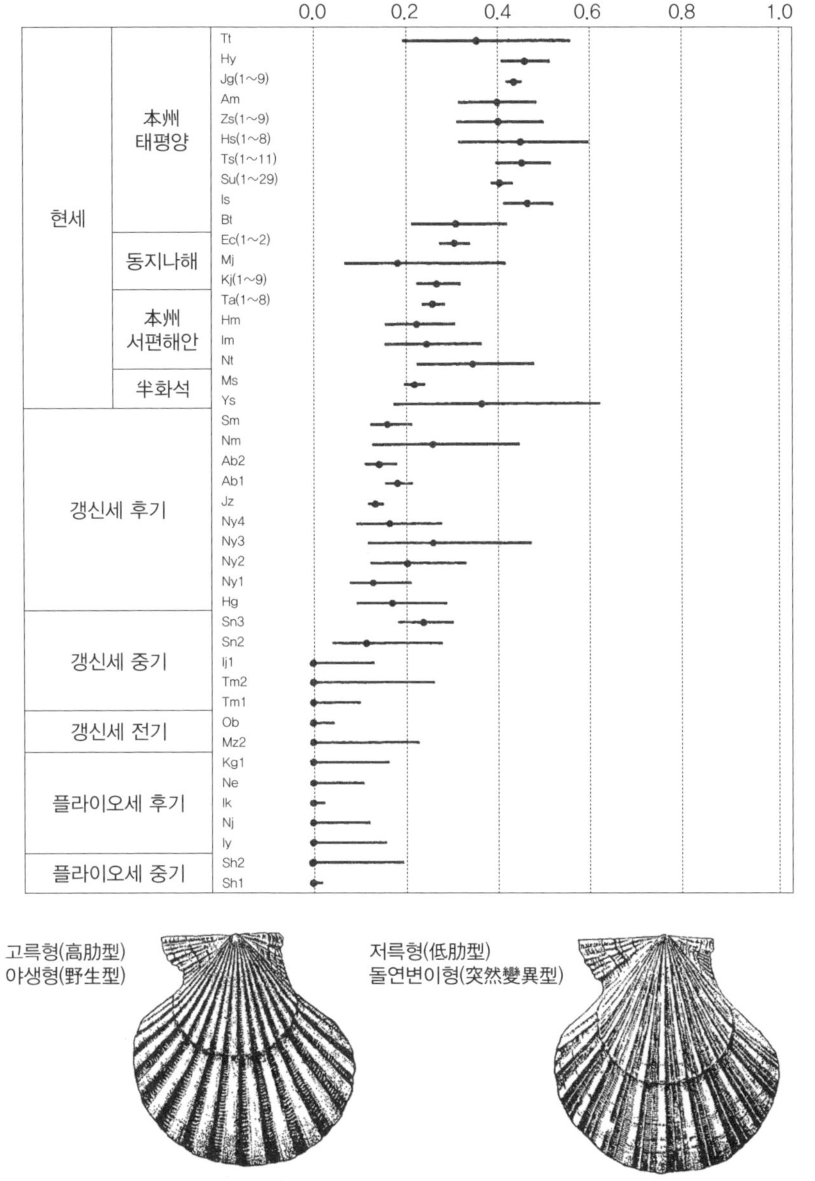

시대	지역	샘플
현세	本州 태평양	Tt, Hy, Jg(1~9), Am, Zs(1~9), Hs(1~8), Ts(1~11), Su(1~29), Is, Bt
현세	동지나해	Ec(1~2), Mj
현세	本州 서편해안	Kj(1~9), Ta(1~8), Hm, Im, Nt
현세	半화석	Ms, Ys
갱신세 후기		Sm, Nm, Ab2, Ab1, Jz, Ny4, Ny3, Ny2, Ny1, Hg
갱신세 중기		Sn3, Sn2, Ij1, Tm2, Tm1
갱신세 전기		Ob, Mz2
플라이오세 후기		Kg1, Ne, Ik, Nj, Iy
플라이오세 중기		Sh2, Sh1

가로축: 0.0, 0.2, 0.4, 0.6, 0.8, 1.0

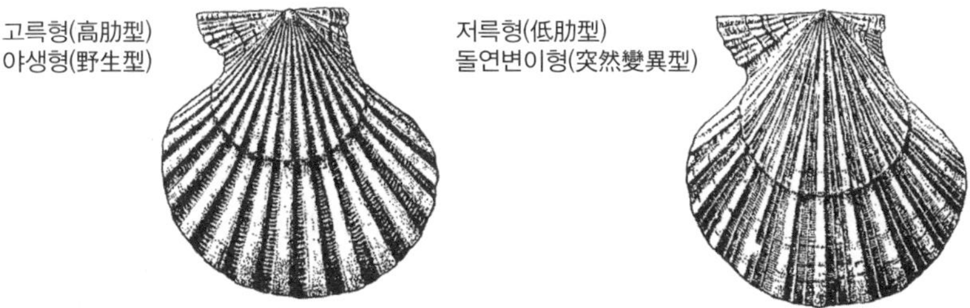

그림 7-5 이형현상을 보이는 크립토펙텐 베시쿨로수스(*Cryptopecten vesiculosus*)의 진화. 저륵형(低肋型) 돌연변이형(突然變異型) 개체의 상대빈도의 지리적 그리고 시간적 변화를 보인다. 저륵형 개체는 갱신세 중기에 처음으로 출현하여 현재에는 혼슈 태평양 안에 40~45%까지 증가했다. 현생 샘플은 Tt(房總沖)로부터 Nt(能登沖)까지 서남 일본을 오른쪽으로 돌아, 화석 샘플은 거의 시대순으로 배열되어 있다. 횡선(橫線)은 상대빈도의 95% 신뢰구간을 보인다. 스케치는 실물의 약 1.5배. (Hayami, 1984에 의함)

고 저륵형(低肋型)은 돌연변이형으로 생각할 수 있다.

③ 플라이스토세 중기(약 50만 년 전)에 개체군 가운데 돌연변이형 개체가 출현하여 어떤 원인에 의해 이들이 증가하면서 현재까지 이르렀다.

④ 이 진화 과정은 유전자 빈도에는 연속적이라도 형태상에서는 비약적이었다. 즉 고륵형이 저륵형으로 형태가 점진적으로 변하는 것이 아니고 고륵형이 저륵형에 치환되는 것으로 진행되었다.

⑤ 이 표현형의 치환은 간토(關東)나 동부(東部) 지방 연안에서 현재 40~45%에 달하지만 규슈(九州), 동지나해, 동해 연안에서는 이것보다 낮고 진화가 약간 지체되어 진행한다.

⑥ 그 외의 형태형질은 이형(二型)의 상대빈도와는 무관계로 시간적, 지리적으로 다소 변화하고 있다. 예를 들면 방사륵 수는 약간이지만 확실히 감소하고, 각(殼)의 크기는 후기 플라이스토세 이후 약간 소형화하며 연륜으로 추정된 수명도 짧아지는 경향이 밝혀졌다.

그 후 소포가리비의 이형 관계에 대해서 독립적으로 아로자임 분석, 생식소(生殖巢)의 조직학적 해석, DNA의 염기배열 해석 등을 했으나 어느 것이나 이형 사이에는 생식적 격리는 없다[동종(同種)이다]라는 당초의 추정이 지지되었다. 이 소포가리비의 진화는 현생 생물의 소진화에 비교하면 차원이 다른 긴 기간(50만 년 이상)의 현상을 취급하였으나, 규모로는 계열 내의 소진화 영역에 불과하였다. 형태의 비약은 있지만 종합설로 충분히 설명할 수 있는 현상이다. 이형의 유전적 배경과 진화의 요인(자연선택인가 유전적 부동인가)은 아직 밝혀지지 않았기 때문에 처음에 생각한 꿈은 아직 반도 실현하지 못했으나 고생물의 진화에 정면에서 도전한 흥미로운 연구가 되었다고 생각하고 있다.

다시 말하면, 방사륵의 강한 차이로 구별되는 개체군 내의 이형 현상은 소포가리비에 한하지 않고 펙티니데(Pectinidae)과의 몇몇 종에서도 인식된다. 특히 볼라클라미스 히라세이(*Volachlamys hirasei*)의 이형은 예전에는 별종이나 아종으로 취급될 정도로 형태의 차가 크다. 이 종의 조상종도 플라이스토세 화석 개체군에는 고륵형(高肋型)의 개체만으로 구성되어 있어 소포가리비에 다소 유사한 표현형 치환 과정이 생각된다.

3. 고생물학자의 진화학설

종합설을 받아들이기까지

19세기 말부터 20세기 초에 걸쳐 일부 고생물학자는 계통을 추구하는 것만이 아니고 진화의 기구에 대하여 강한 관심을 보였다. 획득형질(獲得形質) 유전설(遺傳說), 정향진화설(定向進化說), 종족노쇠설(種族老衰說) 등이 인기가 있어 자연선택을 기조로 하는 신(新)다위니즘과 자주 대립하였다. 그러나 1930년대가 되어 자연선택설은 입자유전학과 결부되어 착실히 발전하는 데 비하여 고생물학자가 믿었던 진화학설은 모두 근거를 얻지 못해 자연선택설을 축으로 하여 확립된 종합설 앞에서 전면적인 패배를 당했다. 더욱이 근년 분자생물학은 유전물질의 실체를 환원적으로 밝혀 DNA에서 단백질로 일방적인 유전정보의 전달기구(소위 central dogma)로 인해 목적론적(目的論的) 진화학설, 생기론적(生氣論的) 진화학설을 완전히 부정하도록 만들었다. 20세기 전반에 고생물학자 사이에서도 발 빠르게 '진화의 법칙'이나 형태 변화의 경향에 대해 검토해야 할 문제로 제기했으나, 근거가 있는 진화이론으로부터 너무 먼 것이었다. 1950년경에는 고생물학자로 독자적으로 진화이론을 전개한 사람은 앞에서 소개한 심프슨(G. G. Simpson)과 대(大)돌연변이설을 제안한 독일의 신데볼프(O. H. Schindewolf) 등 극히 소수였다. 다만 현재 생각하면 대부분의 고생물학자가 혼미했던 진화기구론(進化機構論)에 몰두하지 않고 기재, 분류 연구를 철저히 한 것이 현명했는지 모르겠다. 이 사이 화석생물의 다양성이나 시공(時空)적인 분포에 관한 방대한 지식이 축적되어 그 후 진화생물학의 발전에도 기여했기 때문이다.

종합설은 집단 유전학과 개체군 개념에 근거하여 1930년대 후반

BOX 6

하디-웨인버그의 법칙

1908년 하디(G. H. Hardy)와 웨인버그(W. Weinberg.)는 독립적으로 집단의 유전적변이가 유지되는 기구(機構)를 수식을 사용하여 증명하였다.

二倍體 생물이 任意 교배하는 집단에서 1對의 대립형질을 만드는 유전자를 A, a라 하고, 이들의 상대빈도를 p, q라고 한다 (단 $p + q = 1$).

임의 교배는 $(pA + qa)^2 = p^2AA + 2pqAa + q^2aa$를 의미하므로 1세대 후의 3개 유전자형의 비는 $p^2 : 2pq : q^2$가 된다.

헤테로 개체에는 A와 a의 유전자가 같은 양 포함되므로 이때의 유전자의 상대빈도는

A의 빈도: $p^2 + 1/2 \cdot 2pq = p^2 + pq = p(p + q) = p$

a의 빈도: $1/2 \cdot 2pq + q^2 = pq + q2 = q\ (p + q) = q$

로 되어, 1세대 前과 전혀 변하지 않는다.

즉 移住, 돌연변이나 자연선택이 없으면 집단의 유전자 빈도는 아무리 여러 세대가 지나도 변화하지 않고 진화는 일어나지 않는다.

이 법칙은 멘델 유전에 근거해서는 극히 당연한 것이지만, 그때까지의 혼합유전설에서는 설명할 수 없었던 변이가 유지되는 기구를 수리적으로 설명하고, 그 후에 발전하는 집단 유전학에 처음으로 기초가 되었다는 점에서 의의가 있다.

에서 1940년대 전반에 걸쳐 유전학자인 도브잔스키(T. Dobzhansky), 분류학자 마이어(E. Mayr), 비교생물학자 헉슬리(J. S. Huxley), 고생물학자 심프슨(G. G. Simpson) 등 여러 분야의 연구자가 합의에 근거하여 구축된 진화학설이다. 계속해서 생태학, 세포학, 식물학의 유력한 연구자도 이 학설의 발전에 협력하였다. 상당히 폭넓은 학설로서 세부에서는 개인적인 견해차가 있으나 '돌연변이에 의해 생긴 개체군의 유전적변이에 자연선택이 작용하여 진화가 일어난다'라는 기구론(機構論)이 그 골자이다. 더욱 자연선택 외에 당초부터 진화의 부차적 요인으로 유전자 빈도의 기회적 부동(機會的 浮動, random genetic drift)을 생각하였으며 그 역할에 대해서 의견이 갈라지지만 부동에 따른 진화도 개체군의 유전적변이를 통해 일어나는 것에는 변화가 없다. 반복적으로 일어나는 돌연변이도 유전자 빈도를 변화시키지만 그 속도는 자연선택에 비하면 일반적으로 늦다는 것이 알려졌다. 1950년대에 포드(E. B. Ford) 등 영국의 생태유전학자가 여러 가지 분류군에서 유전적 다형을 보이는 개체군의 표현형 빈도가 시간적으로 변화하는 것을 조사하여 자연선택이 자연계에서 현실적으로 일어나고 있는 현상임을 실증하였다.

1960년대가 되어 많은 고생물학자는 이제까지 목적론이나 생기론에 포로가 된 진화학설이 근본적으로 잘못이었음을 알게 되어 종합설을 받아들이게 되었다. 예를 들면 쥐라기의 굴조개류인 그리페아(*Gryphaea*)는 각이 강하게 너무 말려, 빙하기의 큰뿔사슴(*Megaceros*)은 뿔이 너무 거대화되어 멸종했다고 생각했다. 그러나 이들 정향진화의 좋은 예로 생각되던 현상도 전면적으로 재검토되어 다시 자연선택설[성(性) 선택을 포함]로 설명하였다(Hallam, 1968; Gould, 1974). 1970년대에 비로서 종합설은 고생물학에서 진화 연구의 기본이념이 되었다. 그러나 대진화를 단순히 소진화의 축적이라는 종합설에 만족하지 못하는 연구자도 적지 않았다. 일부 고생물학자는 개체군의 유전적변이를 통해 소진화가 일어나는 것은 인식하면서도 그것만으로는 대진화(특히 고차 분류군 사이에 일어나는 것처럼 큰 형태 변화)는 설명할 수 없다고 생각하여 독자적인 진화학설을 제안하게 되었다.

BOX 7

자연선택에 따른 유전자 빈도의 변화

1930년대에 집단유전학이 발전하고 계속해서 종합설이 형성된 것은 멘델에서 비롯된 입자유전학과 다윈 등에 의한 자연선택설이 수식을 통해 설명할 수 있다는 점에 크게 힘을 얻었다. 자연선택설에 따라 집단의 유전자 빈도의 변화를 설명하면 다음과 같이 된다.

대립유전자 A와 a가 있으며 A가 a에 대해 우성(優性)이라고 한다. A와 a의 상대빈도를 p, q라고 하면 3개의 유전자형 AA, Aa, aa의 상대빈도는

$p^2 : 2pq : q^2$ (단 $p + q = 1$)

이다. 이때에 우성형질을 나타내는 표현형의 상대빈도는

$p^2 + 2pq = (p + q)^2 - q^2 = 1 - q^2$

가 된다. 열성(劣性)형질을 나타내는 표현형의 상대빈도는 물론 q2이다.

표현형에 자연선택이 작용하면 aa개체가 1세대마다 s만을 선택하면 (s는 선택계수) 1세대 후의 각 유전자형의 상대빈도는

$p^2 : 2pq : q^2 (1-s)$

가 된다. 그러면 1세대 후의 a 유전자 빈도는

$q_1 = pq + q^2 (1 - s)/1 - sq^2 = q (1 - sq)/1 - sq^2$ ($1 - sq^2$ 나누는 것은, 집단이 작아짐으로, $p + q = 1$를 유지하는 데는 이렇게 해야 한다)가 된다. 1세대 후에 q가 얼마나 변화했는가를 $\triangle q$라고 하면

$\triangle q = q_1 - q = \{q (1 - sq)/1 - sq^2\} - q = -sq^2(1 - q)/1-sq^2$

이 된다. 이것이 유명한 $\triangle q$의 식이지만, s는 일반적으로 1에 비하여 작으므로

$\triangle q = -sq^2(1 - q)$

가 된다. 실제로는 $dq/dt = - sq^2(1 - q)$의 미분방정식으로 취급하는 경우가 많다. 이에 따라 현실에서 알려진 진화 현상으로부터 s의 크기를 대충 계산하면 된다. 역으로 aa의 개체가 AA 및 Aa 개체에 비하여 유리한 경우에는 s가 −의 값을 갖는다고 생각하면 된다.

단속설(斷續說)과 종선택설

1972년에 엘드리지(N. Eldredge)와 굴드(S. J. Gould)가 제안한 단속설(punctuated equilibria theory)은 대진화 문제에 대한 고생물학자의 재도전이었다. 그들은 생물의 형태는 평상시 생체항상성(homeostasis)이 작동하여 안정적이지만 종분화가 일어나는 때에는 급속하게 변화한다고 하고 그것이 대진화의 주요 원인이라고 생각하였다. 마이어(Mayr)의 '창설자의 원리'는 격리된 소집단의 급속한 유전적 변화에 따라 종분화가 일어난다는 모델이지만 이것을 형태 변화에도 확장 적용하여 진화의 패턴을 설명할 수 있다고 생각한 것이다. 단속설은 진화의 양식만이 아니고 요인까지도 설명했으므로 진화학계에 풍운을 몰고 왔으며 그 후 십수 년에 걸쳐 빈번히 찬부 양론의 논쟁이 있었다.

우선 고생물학자는 여러 가지 분류군에서 형태의 시간적 변화가 실제로 점진적인가 단속적인가를 검토하였다. 그 결과에 대해서도 여러 견해가 있으나 단세포 생물의 진화계열에서는 점진적인 형태 변화가 일반적인 데 대하여 종분화를 포함하는 다세포동물의 클레이드(clade, 단계통군)에서는 단속적인 형태 변화가 많이 알려져 있다. 또한 어윈과 안스테프(Erwin and Anstey, 1996)가 정리한 바에 의하면 1972~1995년 사이에 공표된 화석생물의 형태 진화 연구에서 종분화가 없는 단순한 계열 내 진화에서는 점진적 변화가 26예, 단속적 변화가 6예 알려졌는데 대하여 종분화를 포함한 그룹에서는 점진적 진화가 6예, 단속적 변화가 20예가 있다고 하였다. 점진인가 단속인가를 양극화시키는 것에는 이론이 있으나 적어도 형태 변화의 양식에 대해서 단속적 변화를 어느 정도 인식해도 좋은 것으로 되었다.

단속설에 대하여 여러 가지 평가와 비판이 있다. 자세한 것은 하야미(速水)와 치바(千葉, 2004)의 평론을 참고하기 바란다. 많은 비판은 급속한 형태 변화의 요인을 일의적으로 종분화에 결부시킨 것에 집중

표 7-1 형태 변화의 양식을 보여주는 양호한 화석기록의 사례

분류군(속명)	지역(시대)	계통적 규모	전거
방산충(*Pseudocubus*)	南氷洋(제4기)	종내 계열	Kellogg(1975)
방산충(*Pterocanium*)	중부태평양(제4기)	종분화를 포함하는 그룹	Lazarus(1986)
유공충(*Globorotaria*)	인도양(신생대 후기)	2종에 걸치는 계열	Malmgren et al.(1983)
유공충(*Lepidolina*)	東아시아(페름기)	장기에 걸친 종내 계열	Ozawa(1975)
이매패(*Cryptopecten*)	일본(선신세-현세)	이형이 있는 종내 계열	Hayami(1984)
이매패(*Chesapecten*)	미국 동부(중-선신세)	5종에 걸친 계열	Ward&Blackwelder(1975)
이매패(*Gryphaea*)	영국(쥐라기)	4종에 걸친 계열	Hallam(1968, 1982)
이매패(*Monotis*)	일본 주변(트라이아스기)	4종에 걸친 계열	Ando(1987)
이매패(다수의 속)	미국(마이오-현세)	19종의 종내 계열	Stanley and Yang(1987)
이매패(다수의 속)	서구(쥐라기)	19종내 또는 종간 계열	Hallam(1975)
복족류(*Suchium*)	일본(선신세-현세)	종분화를 포함하는 그룹	Makiyama(1924) 외
복족류(*Poecilozonates*)	버뮤다(제4기)	종분화를 포함하는 그룹	Gould(1969)
복족류(*Mandarina*)	小笠原諸島(제4기)	종분화를 포함하는 그룹	Chiba(1996, 1999)
복족류(다수의 속)	케냐(신생대 후기)	종분화를 포함한 다수의 계열	Williamson(1981)
암모나이트(*Kosmoceras*)	영국(쥐라기)	2종의 계열	Brinkmann(1929)
암모나이트(다수의 속)	서유럽(쥐라기)	19종내 또는 종간 계열	Hallam(1975)
암모나이트(*Reesidites*)	北海道(백악기 후기)	2속에 걸치는 계열	Reyment(1975)
암모나이트(*Nipponites*)	北海道(백악기 후기)	2속에 걸치는 계열	Okamoto(1989)
태충류(*Metrarabdotos*)	카리브 지역(신제3기)	9종을 포함하는 그룹	Cheetham(1987)
완족류(*Gypidula*)	미국 동부(데본기)	3종에 걸치는 계열	Makura&Anderson(1973)
완족류(*Eocoelia*)	영국(실루리아기)	종에 걸치는 계열	Ziegler(1966)
삼엽충(*Phacops*)	영국 동부(데본기)	종분화를 포함하는 그룹	Eldredge(1972)
삼엽충(다수의 속)	영국(오르도비스기)	다수의 종내 계열	Sheldon(1987, 1990)
개형충(*Cythere*)	일본(마이오세-현세)	다수의 종내 계열	Tsukagoshi(1990)
섬게(*Micraster*)	서유럽(백악기 후기)	종분화를 포함하는 그룹	Ernst(1970) 외
섬게(*Protenaster*)	호주(신생대)	4종을 포함하는 그룹	McNamara(1985)
포유류(*Hyopsodus*)	와이오밍(에오세)	종분화를 포함하는 그룹	Gingerich(1976)
포유류(長鼻類)	舊세계와 북미(신생대)	다수의 속을 포함하는 그룹	Maglio(1973)
포유류(馬科)	북미(신생대)	다수의 속을 포함하는 그룹	Simpson(1951) 외

되었다. 종분화는 물론 형태의 다양화가 생기는 실마리가 되지만, 종분화에 동조하여 급속한 형태 변화가 일어난다는 증거는 얻을 수 없

다. 그 외에 종분화에 따라 형태가 변화한다고 인식하는 것은 고생물학자가 이전부터 형태의 차이로 종을 식별해 온 것이라는 이야기와 순환하는 것이 아닌가 하는 비판도 있다. 단속설의 제안자나 지지자도 한동안 시간이 지나면서 단속적 진화의 원인으로 종분화를 강조하지 않게 되었다. 따라서 이 학설은 진화의 기구론에서 패턴론으로 누그러지게 되어 논의도 점차 결말을 보는 느낌이 있다. 형태 변화에 현저히 지속(遲速)이 생기는 원인은 이미 심프슨(Simpson)의 우수한 학설[적응대 사이의 이행(移行)에 수반한 양자(量子)진화]이 있으며 반드시 종분화와 동조시킬 필요는 없다(그림 7-3). 결국 단속설의 제안은 진화학계에 자극을 주어 대진화의 양식을 연구하도록 촉진시켰으나 단속적 형태 변화의 원인을 일의적(一義的)으로 설명하는 것에는 성공하지 못했다.

1975년에는 스탠리(Stanley)가 종선택(species selection)의 개념을 제시하여 화제가 되었다. 그는 개체에 작용하는 자연선택과 대응하는 계층적 종수준의 선택을 상정하고 이것이 대진화의 요인이 되는 것으로 생각하여 단속설을 다른 관점에서 지지하였다. 즉 종분화에 따른 다양한 종에 고차의 선택이 작용함에 따라, 자연선택에 의한 계열 내 진화에 비해 훨씬 급속한 큰 형태 변화가 일어난다고 생각하였다(Stanley, 1975, 1979). 그 방증으로 급속하고 큰 형태 변화는 종의 다양성이 높은 분류군에 일어난다는 것을 들고 있다.

그러나 종선택설에 대해서도 여러 가지 비판이 있다. 우선 유전자, 개체, 개체군, 종, 클레이드(clade) 등 서로 다른 수준에 유사하게 작용한다는 것을 상정하는 것[굴드(Gould)는 이것을 계층론(階層論)이라고 함]에 대한 유효성이 의심된다. 또한 고차(高次)의 선택도 동시(同時), 동소(同所)에 공존하는 생물의 구성원에 대해 상대적으로 작용하는 것이 된다. 근연(近緣)의 서로 다른 종이 공존하면서 생태적으로 경합하는 것은 생각할 수 있으나, 분포지역이 일치하지 않는 것이 보통이다. 동소

(同所)에 공존하지 않는다면 선택은 작용하지 않을 것이다. 또한 종은 분류학적 단위이지만 진화의 단위는 종이 아니고 개체군이다. 이렇게 단속설과 같은 비판이 있어 종선택설도 대진화의 요인으로서는 일반적으로 인정받지 못하고 있다. 다만 진화 요인에 이처럼 계층적인 아날로지(analogy)를 생각하는 것이 가능한가의 여부는 앞으로 검토할 필요가 있다.

소진화와 대진화의 관계는 여전히 미해결이다. 그러나 조절유전자 등 대규모의 돌연변이에 의해 도약진화 가능성을 별도로 하면 상당히 급속하게 보이는 대진화도 미시적으로는 개체군의 유전적변이를 통해 진행되는 것으로 생각해야 한다. 일반적으로 자연선택은 점진적이며 완만한 진화를 일으키지만 특별한 상황에서는 매우 강력하게 작용하여 급속한 형태 변화나 종분화를 일으키는 것은 아닐까. 예를 들면 적응대(適應帶) 사이를 이행(移行)할 때 포식자와 피식자 사이의 에스컬레이션(escalation), 적응방산에 따라 새로운 생태적 니치(niche)를 개척할 때 등에서는 일상(日常)의 상태에서는 생각할 수 없는 강한 선택이 작용하여 형태가 급속하게 변화할 가능성이 있다. 그런 생각을 하면 많은 고생물학자가 추구해 온 대진화를 획일적으로 설명하는 독자적인 요인과 같은 것은 원래 존재하지 않은 것이 아닌가 생각된다.

정보(情報) 고생물학

정보 고생물학(information paleontology)이라는 것은 필자도 자주 듣던 명칭은 아니지만 근년 고생물 연구 동향을 다소라도 아는 이는 어떠한 것인지 상상할 수 있지 않을까 생각한다. 여기서는 기존의 화석기록(fossil record) 등의 정보에 근거하여 생물의 다양성이나 형태, 생태의 시대적 변천 등의 양식(pattern)이나 추이(trend)를 간접적으로 생각하는 연구를 일괄하여 정보 고생물학이라고 한다. 진화 속도나 분류군의 출현율, 생존 기간, 적응방산, 멸종에 관한 통계적 연구도 여기에 포함된다. 현생종에서 알려진 정보를 포함하여 분석하는 것도 적지 않다. 정보를 분석함으로써 이제까지 알려지지 않았던 양식이나 경향이 나타나는 것도 있으나 기존에 또는 새로운 개념이나 학설을 검증하는 수단으로서도 이 방법이 사용된다. 자연사과학 중에서도 고생물학에서만 발전한 유니크한 연구 방법이다.

이러한 기존의 화석기록에 근거한 고생물 연구는 반드시 최근의 컴퓨터의 보급이나 정보과학의 발전에 따라 시작된 것은 아니다. 20세기 중엽에 출판된 심프슨의 저서(1948, 1953)를 보면 각각 대분류군에 대해 지질시대의 흥망사가 방추형으로 표현되어 다양성의 변천이나 속의 출현율, 더욱이 진화 속도에 관한 논의가 전개되었다. 그러므로 방법으로서는 이때부터 이미 시작되었다고 할 수 있다.

고생물의 시대적 변천을 연구하는 것은 필연적으로 이제까지의 많은 연구자에 의해 집적된 분류학적 그리고 층서학적 연구 성과에 의존한다. 특히 1953년부터 현재까지 계속해서 출판되고 있는 『Treatise on Invertebrate Paleontology』는 화석으로 보존된 해서무척추동물의 아속(亞屬) 이상의 분류군에 대해 각각의 전문 분류 연구자가 모식종, 표징, 생존 기간, 지리적 분포를 기록하고 있어 이러한 연구에 가장 이용하기 쉬운 신뢰도가 높은 정보원이다. 분류군의 출현, 멸종이나 생존 기간을 통계적으로 취급하는 데는 화석에 의한 상대연대를 기준화한 시간 스케일(scale)에 의존해야 한다. 이것은 동위원소를 이용한 지질시대의 편년 성과를 인용함으로써 가능해졌다. 다만 육성 퇴적물은 상세한 시대결정이나 해성층과의 대비가 어렵기 때문에 식물이나 육상동물의 화석기록은 해서동물과 같이 취급하지 않는 경우가 많다.

기존의 화석기록을 목적에 따라 정리 분석하여 변천의 양식이나 경향을 밝히려는 연구는 1970년대 이후 미국에서 급속하게 발전하였다. 1975년 창간되어 기재, 분류 외의 생물학과 고생물학의 연구를 대상으로 하는 『paleobiology』라는 전문잡지가 있다. 여기에 게재되는 논문의 상당수가 기존의 화석기록을 정보로 이용하고 있다. 변천의 양식에 초점을 두고 분석하고 연구한 논문집도 몇 개 간행되어 있다(Hallam, 1977; Valentine, 1985; Raup and Jablonski, 1986; Larwood, 1988; Jablonski et al., 1996). 최근에는 화석기록에 근거한 고생물학의 다양한 문제가 정보 고생물학의 연구대상이 되었다.

당초 유럽이나 일본의 연구자는 대개 이러한 동향에는 냉담했다. 『Treatise』 등이 보여주는 기존의 체계를 전면적으로 신뢰하여 분류군

수 등을 집계하는 연구를 '이차적인 안이한 탁상의 연구'라고 보고 평가하지 않았기 때문인지도 모르겠다. 현재도 미국 이외에서는 이러한 종류의 연구는 많지 않으며 그러한 연구 자세에 대해 찬반 양론이 있다. 장래 만일 일차자료에 근거한 연구가 드물고 정보에서 출발하는 이차 연구만이 발전한다면 버블 경제처럼 학문의 공동화가 일어나지 않겠는가. 그러나 근년에는 이것을 수단으로 기존의 학설을 검증하기도 하고 새로운 개념을 제안하기도 하여 "남의 샅바로 씨름한다"는 말처럼 탁상 연구에만 머물러 있다고는 생각되지 않는다. 현재 별로 관심이 없는 연구자도 조금이라도 동향을 살필 필요가 있을 것이다.

고생물학에 이러한 독특한 연구 방법이 도입된 배경에는 일차자료에 근거하여 직접적으로 진화를 연구하기 어렵기 때문이다. 말할 것도 없이 화석기록은 매우 불완전하게 편중되어 있다. 조상종-자손종의 직접적인 계통 관계를 실증할 수 있는 화석자료가 매우 한정되어 있어, 최근에도 고생물의 진화를 정면으로 다루는 연구가 별로 눈에 띄지 않는다. 계통과 진화 외에도 고생물학의 역사 과학으로서의 숙명인 인과관계의 해명에는 곤란한 부분이 많다. 그러나 고생물학에는 200년 이상 쌓여 온 화석생물의 형태와 시간적 공간적 분포에 관한 방대한 정보가 있다. 직접 밝혀지고 있는 개개의 사상(事象)은 단편적이지만 무엇을 목적으로 하는가에 따라 정보를 적절히 정리하여 분석하면 전체로서 큰 흐름이나 경향을 알 수 있을 것이다. 이러한 간접적 방법의 연구는 일반적으로 패턴론에 머물고 생물의 변천이나 사건의 요인에 직접 참여하는 것은 기대할 수 없으나 상황 증거를 찾아내고 강화하는 것은 어느 정도 공헌이 될 것이다. 다만 화석기록에는 여러 가지 자연 및 인위적인 편견(bias)이 포함되므로 이용하는 데는 대상의 성질을 충분히 주의해서 분석할 필요가 있다. 실제로 편견을 고려함으로써 반대로 혼미한 상태를 초래하는 문제도 있다. 여기서는 고생물학에 관한 몇 개의 과제에 대한 연구를 개관한다.

1. 다양성의 변천

생물의 분류학적 다양성(taxonomic diversity)은 본래 단위 시간에 생존하는 종(species)의 수로 표현해야 한다. 그러나 화석에서는 특히 자세한 연구를 제외하면 종의 정확한 생존 기간을 알 수 없는 경우가 많아 동일 지질시대에 생존한 종의 수를 알기는 매우 어렵다. 대부분 대분류군에서, 차선책으로 각 시대에 알려진 속(genus)이나 과(family)의 수에 근거하여 다양성의 변천을 추정한다. 최근 이 문제를 다룬 심프슨은 포유류의 각 목(目)에 대해 신생대의 각 시대[世]에 알려진 종(種)의 수와 무척추동물의 몇몇 그룹에 대해서 각 시대[紀]에 출현한 속(屬)의 수를 근거로 흥망사와 진화 속도를 논하였다(Simpson, 1948, 1953). 또한 단순히 분류군의 수만이 아니고 그 추이(推移)에도 주목하고 있다. 예를 들면 암모나이트는 트라이아스기에 12과, 쥐라기에 23과가 알려졌으나 단순한 과의 수가 증가한 것이 아니고 트라이아스기 말에 대량멸종을 면한 유일한 과에서 다시 적응방산으로 나타난 결과이다. 이처럼 다양성의 변천에도 여러 가지 양식(樣式)이 있으나. 그것은 개별적인 과제라고 하여 우선은 화석기록에서 시대마다 어느 분류군의 수를 집계함으로써 다양성의 변천을 논할 수 있게 되었다. 근년에는 세프코스키 등이 화석기록이 있는 모든 해서동물의 과가 소멸되고 번성하는 양상을 시대별로 집계하여 고생대 이후 각 시대를 통한 다양성의 변천을 개략적으로 밝혔다(Sepkoski and Hulver, 1985; Sepkoski, 1992; 그림 8-1). 또한 식물이나 척추동물을 포함한 주요 대분류군에 대하여 각각의 전문

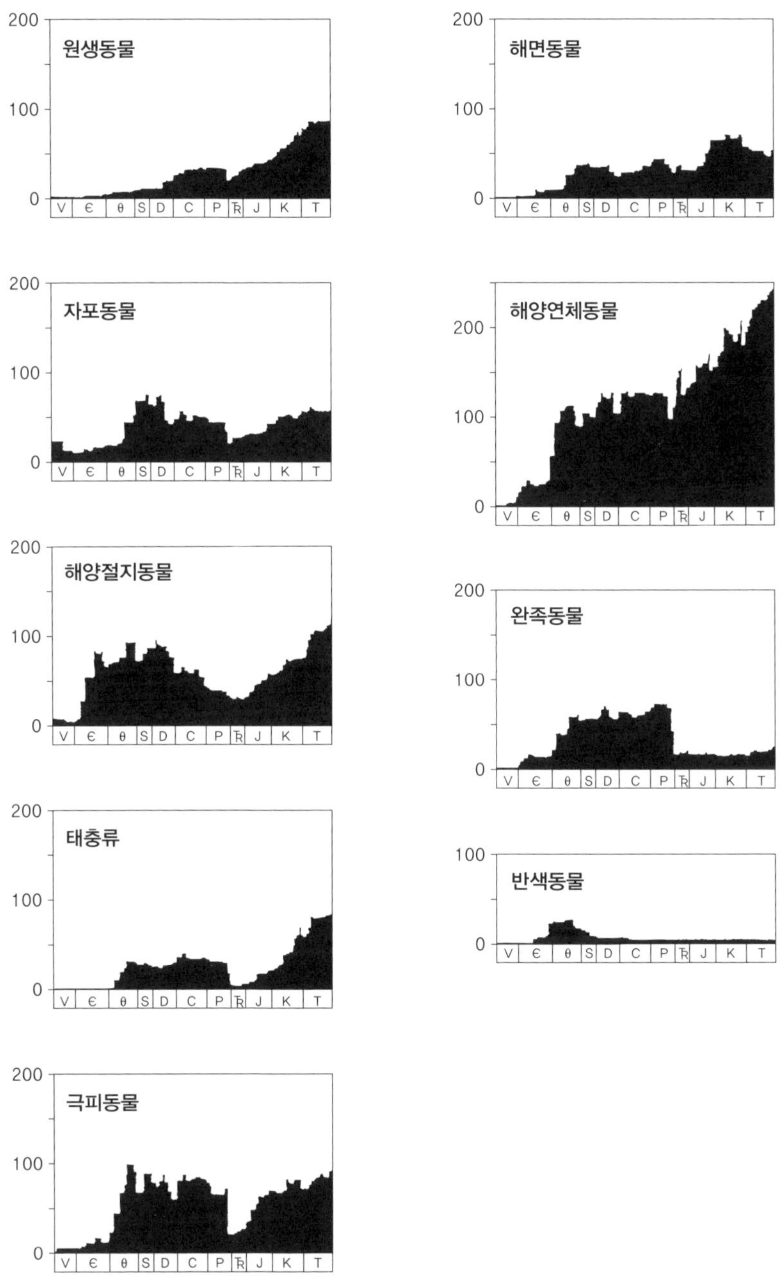

그림 8-1 주요 동물의 고차 분류군을 구성하는 과수(科數)의 추이. 下列의 문자는 벤드紀에서 시작하는 각 지질 시대[紀]의 약호. (Sepkoski and Hulver, 1985에 의함)

연구자가 생존과 멸종의 양식을 분석하여 결과를 보여주었다(Larwood, 1988; Benton, 1993). 이들이 집계한 화석기록은 대규모의 적응방산이나 대량멸종 등 생물의 역사상 일어난 극적인 사건을 구체적으로 보여준다. 명확한 결론은 얻지 못했으나 대량멸종의 주기성에 관한 가설을 검토하기도 하였다(Raup and Sepkoski, 1984; Raup, 1996).

속이나 과는 분류 연구자가 주관적으로 설정한 분류군이어서 그것을 인정하는 데는 개인차가 있으므로 그들의 수를 근거로 하여 대분류군 사이에 다양성을 비교하는 것에 이의가 있을 수 있다. 서로 다른 대분류군의 속이나 과를 동등하게 취급하는 것도 문제가 있을 수 있다. 그러나 같은 대분류군에 대해 서로 다른 지질시대 사이에 다양성을 비교하는 경우에는 그러한 문제는 없다고 할 수 있다. 또한 긴 기간에는 그만큼 많은 분류군이 출현하고 소멸할 것이다. 일반적으로 채택된 지질시대[(기(紀), 세(世), 계(階) 등]의 기간은 길이가 현저히 다르므로 최신 동위원소에 근거한 편년 등을 참고하여 집계의 단위가 되는 시간의 길이를 균일화할 필요가 있다.

다양성 검토에 한한 것은 아니지만 정보 고생물학에 따라다니는 문제는 화석기록에 포함된 여러 가지 편중성이다. 화석기록의 시대적, 지역적 편재나 화석화작용에 따른 차별적 보존과 같은 자연에서 일어나는 편중성도 있지만 화석기록에는 더욱 많은 인위적 편중성이 추가된다. 예를 들면 큰 종이나 사람 눈에 띄는 종은 발견, 기재, 명명되어 화석기록으로 되기 쉬우나 소형이어서 눈에 잘 띄지 않는 종은 아직 미기재 상태로 잠자고 있을 가능성이 높을 것이다. 분류형질이 많은 고차 분류군은 세분되기 쉬운 것도 생각할 수 있다. 문제에 따라서는 해석 결과가 전혀 무의미한 것으로 끝날 가능성이 있다. 자연과 인위(人爲)에 따라 화석기록에 여러 가지 편중성이 생기는 것을 피할 수 없으나 이것을 정보로서 이용할 경우에는 편중성에 대한 적절한 배려와 그 영향을 가능한 한 줄이도록 노력해야 할 것이다.

정보 고생물학과는 약간 다른 견지에서 행하는 이론적 연구가 있다. 즉 굴드(Gould et al., 1977)는 완족류의 각 목(目)에 속하는 속의 수로 흥망사를 나타내기 위해 컴퓨터로 임의로 창출한 가상적 분류군의 도형과 비교하여 감쇠평형 모델(damped-equilibrium model)이라고 하는 다양성 변천 양상을 상상하였다. 즉 분류군의 멸종과 새로운 분류군의 출현이 거의 평형상태에 달하여 생태학에서 말하는 환경의 수용 능력이 어느 개체군 성장과 유사한 양상을 상상한다. 더욱이 몇몇 이유에서 이 평형상태는 고생대 전반에 달성되었으며, 그 이후 다양성에는 큰 변화가 일어나지 않았다고 한다. 이 모델은 캄브리아기에 주요 동물 문이 대부분 이미 존재했었음을 보여주는 바제스 동물군의 재(再)연구에 의해 지지된다고 생각한다(Gould, 1989). 앞에 설명한 진화 속도(분류 속도)의 논의(van Valen, 1973)에서도 각각의 시점(時點)에서 속이나 과의 수가 포화상태에 있음을 전제로 한다.

생물 다양성의 변천은 화석기록을 각 지질시대마다 분석하면 곧 복원될 것으로 생각할지 모르겠으나 실제로는 그렇게 간단한 문제가 아니다. 생명의 탄생 이래 종의 다양성은 전체로서는 점차 증대되어 현재에 이른 것으로 생각하는 것이 일반적이었다. 자연과 인위적으로 편중되어 있기도 하지만 백악기 이후 기재 명명된 속이나 종의 수가 급증하는 것은 사실이다. 지질시대에서 시대별 길이의 차이와 각 시대별 지층이 노출된 면적의 차이를 고려해도 이 경향은 크게 달라지지 않는다. 여러 차례 대량멸종에 따라 일시적으로 격감된 적은 있으나 곧 회복되는 경향도 분명히 알 수 있다. 문제는 이 경험적 다양성 변천의 양상이 앞에서 설명한 감쇠평형 모델과 크게 다르고 아마도 정반대의 경향을 보이는 것이다.

시그노(Signor, 1985)에 의하면 다양성의 변천은 분석 대상을 어느 계급의 분류군으로 하느냐에 따라 크게 달라진다고 한다(그림 8-2). 목의 수는 오르도비스기 이후 100~130개 정도에서 변화하지만 이것은 감쇠평형 모델에 가까운 것이라고 하겠다. 한편 대상으로 하는 분류계급을 과, 속, 종으로 내려감에 따라 실제로 알려진 변천의 양상은 평형이 아니라 점차 증가하고, 더욱이 급증의 양상을 보이기도 한다. 종과 속의 수는 현재 추정하여 구한 것이지만 어느 정도 신뢰해도 좋을 것이다. 이 경향이 일어나게 된 원인은 두 가지를 생각할 수 있다. 그 하나는 앞에서 말한 대로 종보다는 속, 속보다는 과, 과보다는 목이 화석 기록으로 좋다는 점이다. 실제로 고차 분류군에 속하는 종수의 평균값은 지질시대가 오래된 것일수록 적어진다. 물론 여기에는 여러 가지 인위적인 편중성이 있을 것이다. 다른 하나는 보다 본질적인 문제로서 종이나 속의 다양성도 형태의 이질성을 구별하여 고찰할 필요가 있음을 암시하고 있다. 바제스 동물군은 현저한 형태의 이질성을 보여, 분

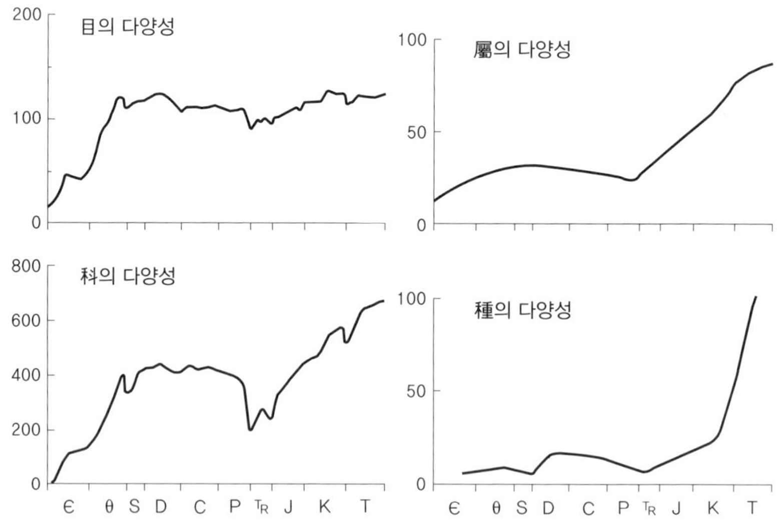

그림 8-2 해양 무척추동물의 다양성 변화. 취급된 분류계급에 따라 패턴이 달라짐에 주의. 속과 종의 다양성은 실수(實數)가 아니고 현재 다양성에 대한 비율(%)을 계산으로 추정한 것이다. 下列의 문자는 캄브리아기에서 시작하는 각 지질시대 (紀)의 약호. (Signor, 1985에 의함)

명히 문(門)이나 강(綱) 수준의 다양성을 나타내고 있지만 종(種)처럼 저차 분류군까지 다양화가 일어났을까 하는 것은 별개의 문제이다. 이 점에 대하여 연구자의 의견이 나누어진다.

지구표층의 환경은 계속 크게 변화하고 있으나 수용할 수 있는 생물의 종이나 분류군의 수도 일정하지 않고 변화한다고 생각된다. 예를 들면 현재 지표에서 열대는 냉온대에 비하여, 천해저는 심해저에 비하여 단위 면적당 종의 다양성이 분명히 높다. 이러한 종의 다양성 변천은 단순한 화석기록상 숫자만이 아니고 여러 가지 편중성이나 지구 규모의 환경변화를 고려하여 판단할 필요가 있다.

다양성 변천에 직접 관계는 없으나, 지질시대에 있어서 생물의 생활공간의 변천도 검토되고 있다. 예를 들면 화석기록과 화석생물의 기능형태학적 특징에 근거하여, 해저면 상하에 저서생물이 생활하는 범위[티어링(tiering)이라고 함]가 시대와 더불어 확대해 왔다고 추정되었다(Ausich and Bottjer, 1985). 그러나 최근에는 고생대에도 현재와 맞먹는 서식 범위가 알려졌으며, 고생대 말의 대량멸종기에는 상하 모두 축소되었다고 생각된다.

2. 진화 속도의 추정

심프슨이 분류하고 정의한 것처럼 화석기록에서 비교적 용이하게 구할 수 있는 진화 속도(evolutionary rate)에는 개개의 진화계열에 대하여 단위시간에 일어난 형태 변화의 정도로 나타나는 형태적 속도(morphological rate)와 개개의 고차 분류군에 대하여 종이나 속이 교체되는 속도로 나타나는 분류적 속도(taxonomic rate)가 있다.

형태적 속도와 크기의 변화

형태적 속도의 실용적인 단위로서는 유전학자 홀데인(Haldane)이 고안한 다윈(darwin)이란 단위를 사용하는 것이 일반적이다. 시간과 더불어 변화하는 양적형질[일반적으로는 특정 부위나 체(體) 전체의 계측치]을 x, 시간을 t라고 하면, 최소 시간에 일어난 변화량은 dx/dt로, 계측치가 t년 간에 x_1에서 x_2로 변화했다고 하면 1년의 변화는 $(\log_e x_2 - \log_e x_1)/t$가 된다. 홀데인(Haldane)은 $t=10^6$년, $x_2=ex_1$ 때의 진화 속도(100만 년에 계측치가 e배가 되는 속도)를 1다윈(darwin)으로 정의하였다(Haldane, 1949). $(1.001)^{1000}=2.717$이며, 이것은 드물게 e와 거의 같으므로 1다윈은 실질적으로는 1000년에 대해 0.1%의 등비(等比) 급수적으로 증대하는 것이 된다. 예를 들면 오자와(Ozawa, 1975)가 밝힌 동아시아의 방추충류인 레피돌리나 멀티셉타타(*Lepidolina multiseptata*)의 진화계열에서 현구형의 초방(최초의 방실)의 직경이 페름기의 약 2000만 년 사이에 약 2.5배 증대되었으므로 그 평균적 형태 속도는 약 0.047다윈(47m Darwin)으로 계산된다. 역으로 계측치가 시간과 더불어 감소하는 진화계열에서는 다윈값이 마이너스가 된다. 이 형태적 속도가 얼마나 진화의 의미가 있을까는 별도로 하고 여러 가지 양적형질의 시간적 변화에 적용할 수 있다. 그러나 몸 크기의 소형화(小型化)는 상당히 급속하게 일어나는 것이 많다고 생각되어, 의미 있는 진화 속도를 산출할 수 있는 사례는 별로 많지 않은 것 같다.

몸 크기나 특정 기관의 크기는 화석생물에서도 보존 상태와 거의 관계없이 가장 용이하게 정량적 자료를 얻을 수 있다. 서유럽의 쥐라기 지층은 보존 상태가 좋은 무척추동물 화석을 풍부하게 포함하기 때문에 형태 변화의 양식과 진화 속도를 추정하는 데 좋은 조건을 갖추고 있다. 할램(Hallam)은 약 7000만 년 간 퇴적된 쥐라기 지층에서 암모나이트 종으로 정의된 60개 정도의 화석대(化石帶)를 인식하였다. 1

화석대당(當) 절대시간을 100만 년으로 생각하고, 이매패류 41계열, 암모나이트 19계열에 대하여 몸의 크기 변화에 따른 형태 속도를 산출하였다(Hallam, 1975). 얼마간 믿기 어려운 부분이 있지만 이들 전체 진화계열에서 대형화가 보인다고 한다. 필자의 계산으로는 대형화 속도가 이매패류에서 15~396mda, 암모나이트에서 35~2,700mda이었다. 암모나이트류는 이매패류보다 신속하게 대형화되는 것이 많은 것으로 보였다.

다윈값이 +로 일정하면 몸의 크기는 지수 급수적으로 증가하지만, 이것이 매우 장기간에 걸쳐 계속된다고는 생각되지 않는다. 다윈값의 대소에 관계없이 자손의 몸 크기는 어쩔 수 없이 단기간에 커지기 때문이다. 실제로 급속히 대형화하는 계열은 단시간에 멸종하던가 아니면 곧 속도가 떨어져 대형화가 한계에 이르게 되어 있다. 이 속도는 고차 분류군에 속하는 종의 몸 크기가 대수(對數) 정상(正常)분포가 되기 쉽다는 것, 몸 크기의 변이가 유전과 환경인자의 상승효과에 의한다고 생각하는 것은 양립(兩立)하지만 산출된 값이 장기간에 걸친 형태 변화를 얼마만큼 나타내는가는 의문이다.

분류적 속도와 생존 기간

어느 대분류군에서 다양성이 일정하게 유지되고 그 구성원 모두(속, 과 등)가 같은 확률로 멸종한다고 가정하면 어느 시기에 생존한 분류군은 마치 방사성 동위원소 붕괴처럼 일정한 반감기를 갖고 감소할 것이다. 즉 감소된 부분(部分)은 새로이 출현한 것으로 보충되어 다양성이 유지된다고 생각한다. 이 분류군의 교대(交代) 양식을 이용하여 진화 속도를 측정하는 몇 가지 방법이 고안되어 있다(Simpson, 1953; Kurten, 1972; Raup and Stanley, 1978). 모든 고차 분류군의 구성원이 같은 확률로 멸종한다는 것을 전제로 하고 반감기(half life)의 길이나 분류군의 평균 생

표 8-1 주요 고차 분류군의 분류적 속도

	과	속	종
양치식물	20	–	–
규조류	–	50	90
코콜리스류	–	25	–
와편모조류	–	20	55
유공충류(小型底性)	–	20	–
유공충류(浮遊性)	–	30	100
유공충류(大型底性)	–	50	–
개형충류	10	25	–
필석류	–	30	–
태충류	7	–	–
완족류(관절류)	–	45	–
완족류(무관절류)	–	25	–
軟甲類	12	30	–
삼엽충류(舊고생대)	20	80	–
삼엽충류(新고생대)	10	35	–
섬게류	10	25	–
사방산호류	10	25	–
암모나이트류(고생대)	20	35	–
암모나이트류(중생대)	75	150	–
노틸로이드류	15	30	–
복족류(고생대)	4	20	–
이매패류	8	20	–
연골어류	12	25	–
극어류	–	30	–
경골어류	15	30	–
파충류	30	–	–
포유류	30	150	–

단위는 마이크로 맥아더(ma). 1맥아더는 500년 사이에 구성원의 반수가 교대되는 속도로 정의된다. (van Vallen, 1973, table 1에서 일부를 발췌)

존 기간(mean longevity)으로 진화 속도가 표현된다(표 8-1).

밴 베일런(van Valen)은 화석기록이 풍부한 대분류군(강, 목)의 총계 25,000에 대한 속이나 과의 생존 기간의 길이를 집계하였다. 생존 기간을 횡축으로, 속이나 과의 수를 대수(對數) 스케일(scale)의 종축에 취하여 빈도분포의 그래프를 작성하였다. 그 결과 모든 대분류군이 오른쪽 아래로 직선적 관계가 있음을 알게 되었다(van Valen, 1973; 그림 8-3).

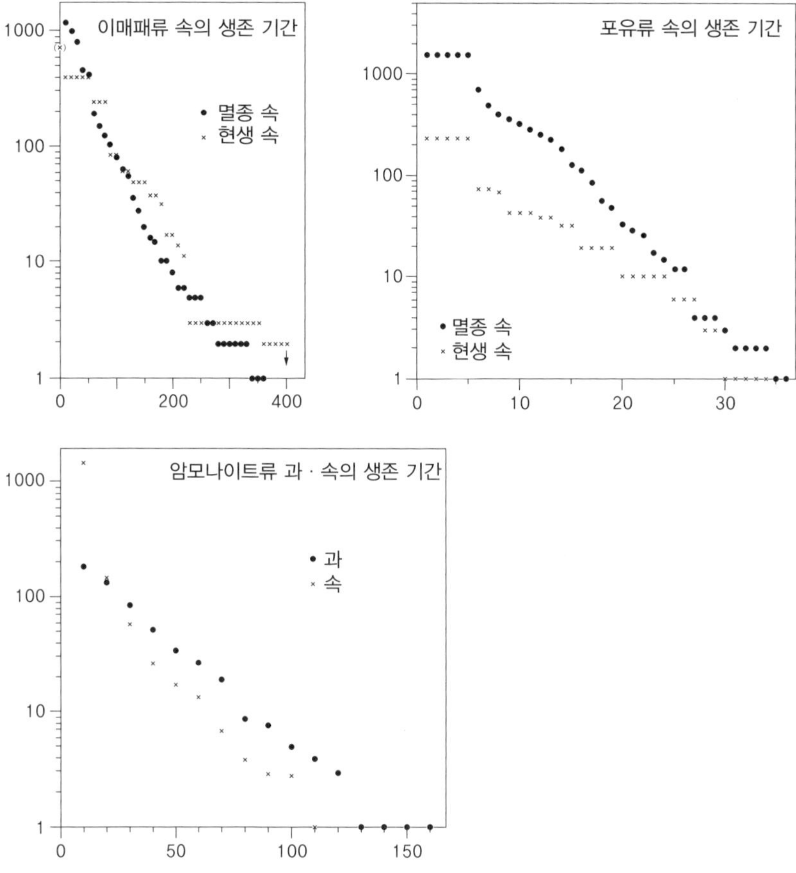

그림 8-3 이매패류, 암모나이트류, 포유류의 분류군(屬)의 생존 기간. 횡축은 생존 기간이며, 종축은 대수(對數) scale로 나타낸 속수(屬數). 모두 오른쪽 아래로 기우는 직선적 관계를 얻을 수 있었으며, 속의 교대는 거의 같은 확률로 일어났음을 보인다. 횡축의 scale을 같게 취하면, 직선의 기울기는 이매패류, 암모나이트류 포유류의 순으로 급해지며, 분류적 속도에 차이가 있음을 알 수 있다. (van Vallen, 1973에 의함)

이것은 개개의 대분류군 중에서 속이나 과가 실제로는 거의 같은 확률로 멸종한다는 것을 나타낸다. 현재 살아 있는 분류군은 생존 기간을 2배로 계산해도 이것은 적절할 것이다. 이 오른쪽 아래로 직선의 기울기는 대분류군 사이에 크게 다르며, 암모나이트류나 포유류와 같은 일반적으로 '진화가 빠른' 대분류군은 이매패류 등 다른 무척추동물에 비하여 현저히 급경사를 이룬다. 밴 베일런은 500년에 1/2의 속이나 과가 교대하는 분류적 속도를 1맥아더(macarthur, ma)로 정의할 것을 제안하였다. 이것은 매우 급속한 교대가 되므로 실용적 단위로는 1/1000의 맥아더(mma, 밀리 맥아더)나 1/100만의 맥아더(μma, 마이크로 맥아더)를 사용하고 있다. 예를 들면 포유류나 암모나이트류에서는 과의 분류적 속도가 크고(25~30μma 이상), 삼엽충, 완족류, 섬게류, 유공충류에서는 중 정도(10~15μma), 이매패류, 이끼류에서는 속도가 작은(10μma 이하) 것이라고 알려졌다. 이것은 이제까지 연구자가 품고 있던 인상이나 앞에서 설명한 형태적 속도의 경향과도 어느 정도 일치하는 것 같다. 그러나 이 속도는 분류형질이 많은 분류군은 크고, 또한 분류형질이 적은 분류군에서는 작다는 통계 결과도 있다(Schopf et al., 1975). 분류적 속도에는 이러한 인위적인 편중이 영향을 주는 것을 피할 수 없다.

유전적 속도(분자진화 속도)

심프슨은 유전적 성질의 변화 속도도 정량적으로 나타낼 수 있을 것으로 생각하고, 이상적인 진화 속도로서 유전적 속도(genetic rate)를 상정(想定)하였다(Simpson, 1953). 이 예상은 분자생물학의 발전에 따라 실현하게 되었다. 일반적으로 분자진화는 서로 다른 분류군이 공통 조상에서 분기한 후, DNA 염기배열 차이가 같은 속도로 확장되었다는 것을 가정하고 산출한다. 키무라(木村資生)는 아미노산의 각(各) 좌위(座位)에서 일어나는 1년당 10~9의 염기 치환을 분자진화 속도의 단위로 하여 이것을 1폴링(pauling)이라고 제안하였다(Kimura, 1969). 분자진화에 근거한 유전적 속도는 형태적 속도나 분류적 속도에 비하여 인위적인 영향을 받지 않고 보다 본질적 의미를 갖는 진화 속도임에는 틀림없다. 분자시계는 이 속도가 좌위(座位)마다 일정하다는 가설이다. 화석에서는 분자적 성질을 알 수 있는 경우가 거의 없지만 계통의 분기 연대는 화석기록에서 추정할 수 있으므로 고생물 연구는 분자계통수에 시간 눈금을 넣을 수 있다는 것과 더불어 유전적 속도의 산출에도 간접적으로 공헌하게 된다. 유전적 속도와 그 외 2개의 진화 속도 사이에 어떠한 관계가 있을까는 아직 밝혀지지 않았다.

3. 진화의 추세

19세기 말부터 20세기 전기에 걸쳐 고생물학자는 화석에서 볼 수 있는 형태의 시간적 변화에 여러 가지 경향이나 추세가 있음을 인식하고 이들을 '진화의 법칙'으로 칭하였다. 필자가 학생 시절에는 이미 평가가 나빴으나 드페레(C. Deperet)가 정리한 '16법칙'이나 페트로니비치(B. Petronievics)가 정리한 '24법칙'이 교과서나 대학 강의에 올라와 있었다. 이들 가운데는 '진화 불가역(不可逆)의 법칙(Dollo's rule)'처럼 생물학적으로 자명(自明)한 것, 과학적 설명이 어렵지만, 현상으로서는 인식되는 것, 전혀 지나치게 환상적인 것으로 생각되는 것 등이 섞여 있어 일률적으로 평가하고 비판하기가 어렵다. 종합설이 보급된 이후에는 목적론이나 생기론에 의한 진화 설명이 거부되어 '진화의 법칙'에 대한 관심이 적어졌으나 약간의 문제를 제기한 채로 남아 있는 법칙도 있다. 여기서는 '진화의 법칙' 가운데 유명하여 문제가 많은 '코프의 경험법칙(Cope's rule)'에 대해 약간 고찰하려고 한다.

이것은 미국의 고척추동물학자인 코프(E. D. Cope)가 인식한 경험법칙으로, 동물의 진화 계열에서 시간이 지날수록 몸의 크기가 대형화하는 경향을 말한다. 화석기록을 살펴보면 말(馬)류, 공룡류, 방추충류 등과 같이 고차 분류군은 전체적으로 몸의 크기가 대형화하는 것처럼 보이는 것이 많다. 또한 종수준의 진화계열에서도 형태적 속도에 관련해서 생각되는 것처럼 대형화의 실례가 매우 많다. 그러나 예외도 많아 개형충류, 삼엽충류, 양서류 등에서는 몸의 크기가 큰 종이나 분류군은 그들 생존 기간의 전반(前半)에 집중되어 있다. 진화계열 내에서 소형화는 대형화에 비하면 급속하게 일어나는 것 같고 소형화의 과정이 자세히 조사되거나 속도를 측정한 예가 거의 없는 것 같다. 그러나 소형화가 대형화에 비하여 일어나기 어려운 근거도 발견할 수 없다.

이 경험법칙의 당부(當否)를 화석기록에서 검증하는 것은 반드시 용이한 것은 아니다. 일반적으로 고차 분류군의 몸 크기 분포는 현저히 비대칭(非對稱)으로 대수(對數) 정상(正常)분포에 가깝다. 히스토그램의 정점은 몸 크기가 작은 쪽으로 기우는 것이 보통이다. 따라서 확률로서는 고차 분류군의 출현 시에는 비교적 소형종이 많고 다양성이 증가하는 데 따라 변이의 폭이 넓어져 대형종이 포함되는 경우가 많다. 실제 화석기록에도 거의 고차 분류군의 최초의 종은 비교적 소형이다. 대형종은 눈에 잘 띄므로 몸 크기의 평균값이 변화하지 않아도 그때그때의 대표적인 종을 연달아 보더라도 전체가 대형화된 것처럼 착각하게 된다고 생각된다.

코프의 경험법칙에 대한 의미를 검토한 스탠리는 이러한 인위(人爲)에 의한 영향은 있으나 대형종은 특수화한 것이 많고 소형종에 비하여 새로운 분류군의 조상이 될 가능성은 낮으며, 자손으로 남지 않고 멸종되기 쉽다고 지적하고 있다(Stanley, 1975). 일반적으로 대형종은 소형종에 비하여 세대(世代)가 길고 개체수가 적은 것도 멸종하기 쉬운 것과 관계가 있지 않을까 생각된다. 그러나 자블론스키(Jablonski)는 확률론의 입장에서 고차 분류군이 소형종에서 시작하는 것은 별로 특기해야 할 것은 아니며, 대형종과 소형종 사이에 생존 기간의 차이는 없고 코프의 경험법칙은 전혀 망상에 불과하다고 한다(Jablonski, 1996). 이 문제는 인위적 편중성이 걸려 있어 실제 화석기록과 확률론의 양면에서 검토할 필요가 있다.

4. 화석에서 본 생물 상호작용

근년 생물 상호작용(biotic interaction), 특히 포식(捕食)-피식(被食) 관계가 진화에 큰 영향을 준다는 사실을 강조하게 되었다(Tevesz and McCall, 1983). 포식자와 피식자의 관계가 화석기록에 직접 나타나지는 않으나 화석종의 행동이나 식성은 형태에 반영되는 경우가 많아 현생종과의 유사한 형태로 추정할 수 있다.

1977년 베르메이(Vermeij)는 '중생대 해양 변혁(Mesozoic marine revolution)'이라는 제목의 학설을 제시하였다. 이것은 중생대 후기(백악기)에 패(貝)류의 각을 파괴, 천공(穿孔)하는 강력한 포식자[捕食者, 패식성(貝食性)의 어류, 십각(十脚)류, 복족류, 옥패류 등]가 급증했기 때문에 피식자(被食者) 측도 이에 대항하는 전략으로 형태나 생태에 큰 변화가 일어났다고 생각한다(Verneij, 1977). 이처럼 포식자와 피식자 상호 간에 서로 능력을 높이려고 하는 현상을 에스컬레이션이라 하고 이를 진화생물학의 중요 연구 프로그램의 위치에 두고 있다(Vermeij, 1987). 전략이라고 해도 효율적인 포식이나 포식자로부터 도피하기 위한 두뇌나 학습을 가정할 필요 없이 행동을 통한 형태의 자연선택이 작용한다고 생각하는 것만으로도 충분하다. 이 학설은 패류의 기능형태나 생태의 방향성 변화를 통일적으로 설명하는 것으로 높이 평가되고 있다. 학설의 검증에는 물론 일차적인 연구가 중요하지만, 한편으로는 화석기록의 분석에서도 대개 지지할 수 있으므로 정보 고생물학적 연구의 성공 예로서 설명한다.

여러 지질시대의 패류군(특히 복족류와 이매패류)을 비교하면 중생대 후기를 전후해서 형태와 생태에 큰 변화가 있음이 주목된다. 전부터 존재했던 분류군에 새로운 분류군이 많이 추가되었기 때문이기도 하지만 이 변화를 기능형태학적으로 보면 매우 흥미롭다. 버메이는 복족류에 몇몇 기능적 의미가 있는 형태군을 설정, 고생대 이후 여러 지질시대의 복족류군에 대하여 각각의 형태군에 속하는 종의 상대빈도를 구하여 자신의 학설을 검증하고 있다(Vermeij, 1983). 이용하는 화석기록에는 산출하는 복족류 전체를 두루 기재 분류한 고금의 모노그래프를 다루어 인위적인 편중성을 어느 정도 피하고 있다. 그 결과 백악기에는 비후(肥厚)한 각구부(殼口部)나 종장륵(縱長肋), 예리한 바늘 등의 무장적(武裝的) 조각(彫刻), 좁고 긴 각구(殼口) 등, 고생대에서 중생대 전반(前半)의 복족류군에서는 결코 보이지 않았던 형태를 보이는 종이 출현 증가하여 전체 구성이 변함을 보여주었다. 반대로 각의 강도가 낮아졌다고 생각되며, 말림이 풀린 종, 제혈(臍穴)을 갖는 종은 상대빈도가 저하되고 있다.

이매패류에서는 트라이아스기 이후에 한쪽 각을 암석이나 자갈에 고착시킨 종, 각표(殼表)에 강한 방사륵(放射肋)을 갖는 종, 각(殼)의 내연(內緣)에 거치(鋸齒)를 갖는 종이 여러 고차 분류군에 독립적으로 출현, 점차로 이들의 비율이 증가하고 있다. 이러한 형태 변화는 모두 각의 강도를 높이는 것으로 포식에 대한 방어 능력을 높이기 위한 것으로 생각된다. 더욱이 백악기가 되면서 긴 수관(水管)을 발달시켜 사이저(砂泥底)에 잠입 생활을 하는 종이 급증했다. 수관의 발달은 각의 내면에 투선만입(套線灣入)에 반영되기 때문에 화석으로도 인식할 수 있다. 중생대에는 평탄한 사이저(砂泥底)에 횡(橫)으로 스며들어 생활하는 이매패류가 적지 않았으나 신생대-현세에는 유영(遊泳) 능력을 갖는 종 외에는 거의 알려지지 않았다. 강력한 포식자가 증가하여 이러한 무방비의 생활은 허락되지 않았을 것이다. 백악기에 시작되는 옥패류에 의한 천공(穿孔)이나 게류에 의한 것으로 생각되는 패각(貝殼) 파쇄(破碎)의 기록도 이 학설을 지지하고 있다. 근년에는 화석층 중 패각의 파편이 백악기와 제3기 사이에 다르다는 것이 지적되어 그 원인을 알기 위해 패각의 파괴와 마모의 실험도 하고 있다(Oji et al., 2003).

5. 화석에서 본 적응방산(適應放散)

어느 분류군이 다양한 환경에 적응하여 급속한 형태 분화가 일어나는 것을 적응방산(adaptive radiation)이라고 한다. 고척추동물학자 오스본(H. F. Osborn)이 포유류 화석 티타노테리움(*Titanotherium*)의 진화양식에서 얻은 개념인데 적응방산으로 생각되는 현상은 여러 가지 고저(高低)의 분류군에 일어났음을 화석기록이 보여준다. 생물의 역사에서 가장 현저하고 흥미로운 적응방산(適應放散)은 캄브리아 폭발(Cambrian explosion)이다. 이는 대규모의 급속한 삼배엽성(三胚葉性) 해서동물의 다양화로서 복잡한 체제를 갖는 여러 가지 체강(體腔)동물이 캄브리아기에 비교적 단기간에 일제히 출현한 것이다. 유명한 캐나다 바제스 동물군(캄브리아기 중기)의 연구가 계속되고, 그린란드의 시리우스 바제스 동물군이나 중국의 징강(澄江) 동물군(모두 캄브리아기 전기)의 연구는 현재로 연결되는 동물의 주요 문이 매우 오랜 시기에 이미 출현했음을 밝혀주고 있다. 생물은 조금씩 진화하여 점차로 고등 분류군이 출현했다고 하는 이전의 견해가 완전히 부정되는 것이다. 캄브리아 폭발에 대해서는 많은 연구와 평론이 있으며 이제까지의 지식의 개요는 진세

이(鎭西, 2004)의 리뷰를 참고하기 바란다. 이 시기에 대규모의 적응방산이 일어났다는 사실은 의심할 수 없으나 캄브리아기 전기의 화석기록이 급격히 풍부하게 된 원인에는 화석화가 쉬운 인산석회나 탄산석회의 경조직을 갖는 동물이 출현한 것에도 관계가 있을 것이다. 화석기록이 없어 입증하기 어렵지만 삼엽충 등의 경조직을 갖는 동물이 출현하기 이전에는 연체성(軟體性) 다세포동물의 시대가 있었다고 생각하는 연구자가 적지 않다.

이러한 대(大)적응방산에 앞서 선캄브리아시대 말 벤디안(Vendian)기에는 에디아카라(Ediacara) 생물군(Vend 화석)이라는 수많은 이상한 화석군이 세계 몇 곳에서 발견되고 있다. 이 생물군은 거의가 편평한 엽상(葉狀)의 형태를 보이는 종으로 구성되었으며, 분화(分化)한 조직이나 기관(器官)으로 보이는 것은 없고 캄브리아기 이후 어느 동물군과 계통 관계가 있는지 알 수가 없다. 자일라허는 이들은 세균류와 공생하며 체(體)표면으로 호흡하고 영양을 섭취하는 군체성 생물로서 캄브리아기 이후의 동물과 직접적인 계통 관계는 없다고 생각하였다(Seilacher, 1989). 그러나 에디아카라 생물군 중에는 분명 해면동물의 골침(骨針)골이나 자포(刺胞)동물의 바다조름류로 생각되는 화석도 포함되어 있어 완전한 생물의 교대극(交代劇)이 있었다고는 할 수 없다. 캄브리아기 최(最)전기인 토모티안(Tommotian)의 미소(微小) 동물군을 포함하여 은생이언과 현생이언의 경계부(境界部) 생물상과 그 변천은 이후의 연구를 기다릴 것이 많다.

신생대 초기에 알려진 포유류의 급속한 분화와 발전도 강(綱) 수준의 적응방산이다. 이것은 팔레오세와 에오세 초기 두 번에 걸쳐 일어났다. 이는 생태계의 정점에 군림했던 대형 파충류가 백악기 말에 멸종한 생태적 공백에서 일어난 것이 그 배경이다. 포유류는 중생대에 대부분 야행성 소형종으로 구성되었으나 백악기 공룡류의 멸종을 기회로 여러 환경에 진출함으로써 다양화되어 수많은 새로운 목이 출현한 것이다. 또한 유태반류의 포유류가 살지 않았던 오스트레일리아 대륙에는 유대류가 분화하여 여러 가지 환경에 적응하였다. 이것은 목(目) 수준의 적응방산이다.

화석기록을 해석함으로써 대량멸종 직후에 일어난 적응방산은 멸종 또는 쇠퇴한 고차 분류군을 새로운 고차 분류군으로 치환한 것으로 알려졌다. 고생대 말 사상 최대의 대량멸종기에는 해서무척추동물의 90% 이상의 종이 멸종했다고 한다. 이 시기에 많은 고차 분류군의 화석기록이 끊어져 멸종에 가까워지면서 드물게 살아 남은 생물군도 적지 않다. 번성했던 완족류는 급속히 쇠퇴하고 그 생태적 적소에는 유사한 식성과 체제를 갖는 이매패류가 적응하였다고 생각된다. 암모나이트류는 고생대 말만이 아니고 데본기 후기나 트라이아스기 말에도 멸종의 위기를 맞이하였으나 그때마다 겨우 살아 남은 종에서 새로운 목 수준의 적응방산이 시작되어 곧 다양성이 회복되었다. 적응방산은 여러 분류군에 여러 가지 규모로 일어났으나 그 배경에는 생태적 적소에 공백이 생겨 경쟁하는 분류군이 적었음을 생각하게 된다. 또한 종래에는 불모지였던 환경에 새로운 생활 전략을 개발한 분류군이 널리 적응한 것이라고 할 수 있는 예도 적지 않다.

6. 멸종의 화석기록

멸종의 인식

화석에 근거하여 생물의 멸종을 처음으로 인식한 사람은 퀴비에라고 알려졌다. 그는 매머드, 큰뿔사슴, 팔레오테리움 등 대형 포유류 화석의 全 골격을 복원하고 이들이 현재 지구상에 살고 있는 어느 종과도 다른 멸종한 동물임을 밝혔다. 종이나 분류군의 멸종이 널리 인식되면서 고생물학자는 멸종의 원인에도 관심을 갖게 되었다. 20세기 전반에는 반복발생설의 영향도 있어서 종족의 흥망과 개체의 일생 사이에 유사성을 생각하기도 하고 멸종의 전조(前兆)나 유전물질의 노화를 상정하는 종족노쇠설(racial senescence)이 넓게 퍼져 있었으나 과학적 근거는 전혀 얻지 못했다. 분자생물학에서 유전물질의 노화가 명확하게 부정된 결과, 종이나 고차 분류군에 수명과 같은 것은 있을 수 없고 적어도 일반적으로 어느 시기에 멸종이 일어나는 공통적인 요인은 생각할 수 없게 되었다.

멸종(extinction)이라는 것은 생물 개체군이 자손을 남기지 않고 지구상에서 사라지는 것이다. 고생물학에서는 지질시대에 생존한 종이나 고차 분류군의 화석기록이 끊어짐으로써 멸종을 인식한다. 이것은 그 종이나 고차 분류군에 속하는 최후의 개체군이 사라지는 것이다. 일본열도의 따오기처럼 종의 일부가 분포지역에서 사라지는 멸종은 지역 멸종(local extinction)이라 하고, 분류군이 다른 분류군으로 변하여 존속하는 경우는 의(擬)멸종(pseudoextinction)이라 하는 데, 둘 다 이론상으로는 멸종했다고 보지 않는다. 많은 경우 실제로 의멸종을 진짜 멸종으로부터 분별하는 것은 어렵다. 지질시대에 일어난 개개의 멸종에는 각각 어떠한 구체적 원인이 있을 것이지만 그것을 직접 알아내는 방법은 없다. 근년에는 개개의 멸종을 모두 우연히 일어난 것으로 보고 멸종을 확률론의 견지에서 취급하는 것이 오히려 보통이 되었다. 앞에서 설명한 밴 베일런의 분류적 속도 연구에서는 각각의 대분류군을 구성하는 속이나 과가 거의 같은 확률로 멸종한다는 것을 전제로 한다. 한편에서는 이것을 실증하고 있다. 단 이것은 다양성의 변화가 적은 통상기(通常期) 멸종의 패턴이고 대량멸종에는 해당되지 않는다. 대량멸종은 많은 분류군이 일제히 단절되는 것처럼 일어나는 것으로 생각되는 것이다.

화석기록으로 본 대량멸종

지질시대에 일어난 대량멸종(mass extinction)의 실태(시기, 규모, 양식, 범위)는 모든 화석기록을 통해 인식된다. 근년 많은 지구과학자는 지질시대에 일어난 여러 차례 생물의 대량멸종 사건에 대하여 대운석의 충돌, 큰 규모의 화산활동, 해양 무(無)산소 사건 등 여러 가지 요인들을 생각하여 그 증거를 찾고 있다. 그러나 이러한 지구과학적 사건과 생물계의 변혁을 결부시키는 학설은 현재로는 시간적 정합성 외에 근거가 없는 것 같다.

대량멸종은 캄브리아기 이후 현생이언에 여남은 차례 인식된다. 특히 오르도비스기 말(O/S), 데본기 후기(F/F), 페름기 말(P/T), 트라이아스기 말(T/J). 백악기 말(K/T)의 5회(Big five 또는 5대량멸종이라고 함)의 사건은 매우 현저하다. 이때에 지구상의 동물 다양성과 분류군 구성에 큰 변혁을 가져왔다. 이들 사건의 충격 강도는 몇몇 산출 방식에 따라 멸종률(extinction rate)을 계산하는데, 실제로 멸종한 분류군(과나 속)의 전체 분류군에 대한 비율로 나타내는 것이 일반적이다. 종의 멸종률은 이들의 간접적 계산으로 얻어진다. 해서동물에서는 페름기 말에 사상 최대의 대량멸종이 있었으며, 51%의 과, 82%의 속, 90%의 종이 단기간에 사라졌다고 한다. 정말로 해서동물계에 매우 큰 위기였다. 백악기 말의 사건은 페름기 말에 비하면 멸종률은 상당히 낮으나 공룡 등 육상동물이 말려든 대량멸종이기 때문에 그리고 그 후 육상생물계에 준 영향이 매우 크기 때문에 유명하다. 대량멸종의 시기와 규모는 같은 화석기록의 정보에 근거한 것이므로 연구자 사이에 견해의 차이는 적은 것 같다.

대량멸종은 지구 전체의 환경 수용 능력(carrying capacity)이 크게 떨어짐으로써 일어난다고 하는 것은 분명하다. 그러나 그렇게 만든 원인이 무엇인가에 대해서는 검증이 가능한지 어떤지는 별도로 대충 헤아려도 30가지 이상의 학설이 있다. 이에 관련된 논문은 1,000편 이상이다(Hallam and Wignall, 1997). 어느 정도 지지를 받고 있는 요인론(要因論)을 크게 나누어 보면 ① 뉴웰(Newell, 1967) 등의 대규모 해수면 저하가 원인이라는 설, ② 심버로프(Simberloff, 1974)와 스코프(Schopf, 1974)가 제안한 판게아(Pangaea) 초대륙이 형성됨으로 생긴 대륙붕 면적의 축소가 원인이라는 설, ③ 알바레스(Alvarez et al., 1980)의 대운석의 충돌설, ④ 스탠리(1984) 등의 기후 변동(특히 온도 저하)이 원인이라는 설, ⑤ 매우 큰 규모의 화산활동이 원인이라는 설, ⑥ 해양의 무(無)산소 사건이 관계된다는 설 등이 있다. 더욱이 이들 사건을 복합한 설이 있어, 마치 전국시대(戰國時代)와 같은 양상을 보이고 있으나 현재로는 결말을 지을 분위기는 없는 것 같다.

①은 가장 일반적이고 평이한 학설이고 생물이 번성한 대륙붕 지역이 없어지는 것이 원인이라고 하는 것으로 거의 모든 대량멸종과 대규모 해퇴의 시기가 일치한다는 것이 주요 근거이다. ②의 학설은 맥아더 등에 의한 종면적(種面積) 관계의 이론적 뒷받침이 있으나 판게아가 성립된 무렵인 P/T 멸종 이외에는 설명이 되지 않는다. ③은 과학계에 큰 충격을 준 학설로서 백악기 말 대운석이 충돌한 사실을 입증하는 많은 사실로 지지를 받고 있다. 그러나 이 시기의 대량멸종은 순간적인 것이 아니고 상당히 그 이전부터 해서동물의 다양성이 감소했다는 사실 때문에 대부분의 고생물학자는 이 지구과학적 사건만으로 모든 멸종을 설명할 수는 없다고 생각한다. ④의 학설은 P/T, K/T 멸종의 충격이 천해의 열대동물에 현저하다는 사실과 조화적이므로 ①의 요인과 복합적이라고 생각된다. 그러나 빙하기에는 대량멸종이 일

어나지 않았다. ⑤에는 K/T 멸종을 인도의 데칸고원에 분포하는 대량의 현무암이 분출하였기 때문이라는 설로서 태평양 중부에 맨틀 대류의 상승에 의한 대규모 화산활동을 상정하는 설이다. ⑥은 주로 해면의 상승기에 해수의 대류가 약해짐으로써 일어난다고 생각하고, 5대 멸종보다도 규모가 작은 백악기 중에 일어난 멸종의 원인으로서 생각하고 있다. 이들 요인론(要因論)에 대해서는 핼럼과 위그널(Hallam and Wignall, 1997), 히라노(平野, 1993, 2006) 등의 평론을 참고할 수 있다.

필자는 이들 요인론에 시비할 입장이 아니지만, 몇 마디 고언(苦言)을 한다면 이들 요인론에 공통적인 약점은 동시성(同時性) 외에 이들 지구과학적 사건과 대량멸종을 결부시키는 적극적인 증거가 아무것도 없다는 사실을 지적할 수 있다. 동시성은 필요조건이지만 충분조건은 아니다. 과학 연구에서 상관관계를 인과관계에 관련지어 잘못된 결론을 이끌어낸 예는 너무도 많다. 연구자가 자신의 학설에 맞는 방증을 취하여 '까마귀 날자 배 떨어진다'는 식의 추론뿐이어서는 문제가 아무리 해도 해결되지 않을 것이다. 정보 고생물학의 연구자는 대부분 대량멸종의 원인에 대해 성급한 결론을 내리지 않는다. 우선 화석기록을 분석하고 멸종 사건의 실태와 생태학적 배경을 이해하는 것이 선결문제라고 생각하는 것 같다. 예를 들면 같은 대분류군 중에서도 생활환경, 식성, 번식 전략, 몸 크기, 이동 능력 등의 차이로 어떠한 차별적 멸종이 일어날 것인가를 검토하는 것은 요인을 좁히는 효과가 있을 것이다. 필자도 이 문제는 다면적 상황 증거를 얻어 종합적인 판단을 하더라도 늦지 않을 것으로 생각한다.

IX 살아 있는 화석

1. 살아 있는 화석이란 무엇인가

화석은 실제로 생명을 잃은 것이어서 '살아 있는 화석(living fossil)'이란 말은 모순된 표현이지만 다윈이 『종의 기원』에서 오리너구리나 폐어처럼 '현재는 멀리 고립되어 있는 이상한 형태를 보이는 생물'을 living fossil로 표현한 것이 처음이라고 생각된다. 명확한 정의는 아니다. 현재는 이러한 미싱링크(missing link)에 위치하는 것 같은 생물보다는 ① 지질시대에 번성했으나 현재는 희귀하게 살아 남은 유존형(遺存型)의 분류군, 또는 ② 예부터 같은 형태를 오랫동안 계속 유지하여 온 장수형(長壽型) 분류군에 대하여 일반적으로 사용한다. 메타세콰이아(*Metasequoia*)나 시라칸스처럼 오랫동안 화석으로만 알려져 있던 분류군이 후에 살아 있는 것이 판명된 경우도 적지 않다. 새우처럼 화석으로는 알려지지 않았어도 형태가 원시적이라는 이유로 살아 있는 화석으로 생각되는 생물도 있다.

살아 있는 화석은 간접적이지만 과거의 생물을 살아 있는 상태로 관찰할 수 있기 때문에 진화생물학적 의의는 매우 크다. 화석으로 보존되기 어려운 연체부의 특징은 물론 근연(近緣)의 화석생물을 이해하는 데 많은 도움이 되기 때문이다. 다만 형태가 변하지 않았다고 하여 서식환경, 생식전략, 생태적 적소까지 변하지 않았다고 생각할 수는 없다. 이들의 속성이나 둘러싼 환경은 시대와 더불어 변화하였을 가능성이 있으며, 안이하게 확대 해석은 할 수 없다. 또한 분자적 성질은 형태의 정체(停滯)와는 관계가 없고 돌연변이와 유전적 부동에 따라 시간과 함께 변화했을 가능성이 높다. 이것은 분자 진화의 관점에서 추정하는 것이지만 현재로서는 고생물에서 확인할 방법은 없다.

2. 다양한 살아 있는 화석

살아 있는 화석은 여러 가지 고차 분류군에서 많은 종이나 속이 알려져 있다. 비교적 대형종이나 분류군에 살아 있는 화석이 많은 것은 눈에 띄기 쉽기 때문일 것이다. 앞에 든 조건에 맞는 살아 있는 화석의 예는 유명하지 않은 것이나 소형의 것이 포함된다면 상당한 수에 달할 것이다. 예를 들면 이매패류에서만도 솔레미아(*Solemia*)속, 쿠쿨레아(*Cucullaea*)속, 델렉토펙텐(*Delectopecten*)속, 아케스타(*Acesta*)속, 핌브리아(*Fimbria*)속, 알티카(*Arctica*)속, 폴라모미아(*Pholamomya*)속, 드라시아(*Thracia*)속 등 많은 속명을 즉석에서 떠올릴 수 있다. 이들 대부분은 현생 속 가운데는 형태적으로도 분류학적으로도 고립되어 있어 구성종의 수가 비교적 적은 특징이 있다. 1속 1종 내지 소수의 종인 것이 많고 그중에는 1과 1종의 것도 드물지 않다.

유명한 살아 있는 화석의 형태와 생활양식에 대해서는 각각의 연구자에 의해 상세하게 연구가 진행되고 있으며 적절한 해설도 있으므로(예를 들면 Eldredge and Stanley, 1984) 여기서는 몇몇 대분류군에서 현저히 알려진 실례를 하나씩 들어본다.

• 깅코(*Gingko*, 은행)**속** [나자식물인 은행류의 1종]

은행류의 화석은 전(全) 북구(北區)의 쥐라기 이후 지층에서 자주 산출되지만 현생종으로는 깅코 빌로바(*Gingko biloba*) 1종뿐이며 중국 원산으로 생각되지만 천연으로는 알려지지 않았다.

• 메타세콰이아(*Metasequoia*)**속** [나자식물 구과류 1종]

백악기 후기부터 플라이오세까지 전 북구에 많이 알려져 1941년에 고식물학자인 미키(三木茂)가 속명을 부여하였다. 이미 멸종되었다고 생각했으나 같은 해에 중국 쓰촨성(四川省)과 부베이성(湖北省) 경계 지역에서 소수가 자생(自生)하고 있음을 발견하였다. 그 후 미국에서 종자(種子)로 육성한 묘목이 각지에 배포되었다. 낙엽성(落葉性) 잎이 대생(對生)하는 것에서 다른 삼목과(杉木科) 식물과 구별된다.

• 경골해면(硬骨海綿, Sclerosponges)**류** [해면동물 경골해면강 수종(數種)]

고생대-중생대에 중요한 조초성(造礁性) 생물이었던 층공충(層孔虫)류가 살아 남았다. 석회질 골격과 규질의 골침을 갖고 표면에 성상구(星狀溝)라고 하는 독특한 구조가 있다. 1969년 자메이카의 산호초 크레바스에서 처음으로 발견되어 유명하게 되었다. 인도-서태평양에도 산호초에 은생적(隱生的) 환경에 2종이 살고 있다(그림 9-1).

• 네오필리나(*Neopilina*)**속** [연체동물 단판강의 2종]

단판강은 고생대에 번성한 가장 오래된 화석기록이 있는 연체동물의 한 강인데 멸종되었다고 생각되었으나 1952년 덴마크의 조사선 카라테아호가 동태평양 코스타리카의 심해저에서 현생종을 발견하였다. 산갓조개 모양의 각을 갖고 있지만 연체부의 체제에는 복족류와 같은 비틀린 모양이 없고 사다리 모양의 신경이나 5쌍의 아가미를 갖는 등 체절적인 구조를 갖추고 있다. 그 후 동태평양의 심해에서 이 속과 베마(*Vema*)속의 수종이 기재되었다. 연체동물의 기원과 계통을 고찰하는 데 중요하다.

•**플류로토마리데**(Pleurotomariidae)**과** [연체동물 복족강의 약 20종]

각구부(殼口部)에 긴 자국과 짝을 이루는 아가미를 갖는 원시적 복족류의 일군으로 고생대 후기-중생대에 번성했으나 현재는 서태평양, 카리브해 등의 한정된 바다의 반심해에 각각 수종이 알려졌다. 패각이 아름다

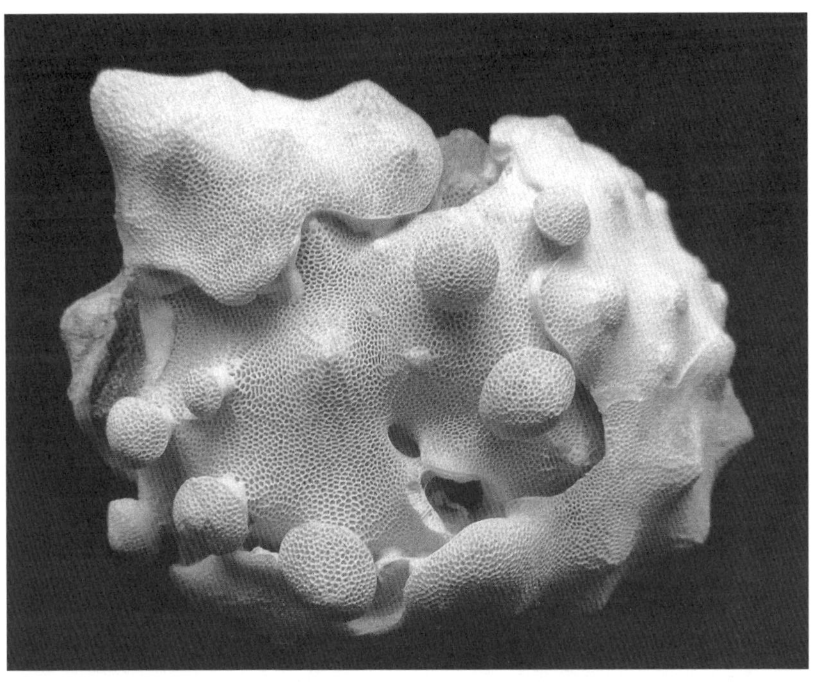

그림 9-1 해저동굴 등에서 은생적(隱生的) 환경에서 살고 있는 경골 아스트로스클레라(*Astrosclera*). 산지: 파라오 제도(諸島), 마라칼島 근처 샨데리아 동굴. (x 0.7)

워 수집가의 인기가 높아 근년 확실한 수종이 추가되었다(그림 9-2).

• **네오트리고니아**(*Neotrigonia*)**속** [연체동물 이매패강 4종 정도]

삼각패(三角貝)과는 특징적인 접번(蝶番) 구조를 갖는 이매패류의 분류군으로 중생대에 세계의 따뜻한 바다에 널리 번성했으나 백악기 말에 급속히 쇠퇴하여 현재는 오스트레일리아 대륙 주변의 천해에 수종이 알려졌다(그림 9-3).

• **나우틸루스**(*Nautilus*)**속** [연체동물 두족강 5종]

노틸로이드(Nautilioid) 아강의 화석은 캄브리아기 후기 이후 각 시대에 알려져 있으나 현생(現生)의 것은 화석기록이 거의 없는 나우틸루스(*Nautilus*)속만이다. 열대 서태평양 반심해에 살며 야간에 해면 가까

그림 9-2 미카도트로쿠스 베이리키아이(*Mikadotrochus beyrichii*). 산지: 千葉縣 保田沖 (東京灣). (x 1)

이 부상하여 활동하는 것이 알려졌다.

• 리물루스(*Limulus*, 투구게)**속** [절지동물 검미(劍尾)류 5종]

검미류는 고생대에 다양한 속과 종이 알려졌으나, 페름기 이후는 기본적으로 형태가 거의 변화하지 않았다. 인도양-서태평양, 북미 동쪽 해안에 한정된 해역에 잔존한다. 일본에서는 세도나이카이(瀨戶內海)와 키타큐슈(北九州)에 서식지가 있다.

• 마나와(*Manawa*)**속** [절지동물 갑각류 개형충류 3종]

고생대에 번성했던 개형충인 Palaeocopida목에 속하는 유존(遺存)종으로 생각된다. 1949년 뉴질랜드에서 배갑(背甲)이 기재된 후 1987년에는 생체도 채집되어 연체부가 밝혀졌다. 오키나와에도 플라

그림 9-3 네오트리고니아 마가리타세아(*Neotrigonia margaritacea*). 산지: 오스트레일리아 빅토리아. (x 2)

이오세-현생의 배갑이 발견되어 연구되었다.

•네얼레파스(*Neolepas*)**속** [절지동물 갑각류 만각류 2종]

현존하는 민조개삿갓(거북손과) 아목(亞目) 중에 가장 원시적인 특징을 보이는 분류군으로 자료는 1979년 이후 잠수 조사선 알빈호(號)에 의해 동태평양 해령과 마리아나 배호해분(背弧海盆)의 열수 분출역(噴出域)에서 채집되었다. 심해의 열수 분출역에서는 만각류의 유존종의 보고(寶庫)이며 그 외에는 완흉목(Verrucomorpha, 目)과 따개비 아목(亞目)의 원시적인 종이 발견되고 있다.

•에피오플레비아(*Epiophlebia*)**속** [절지동물 곤충류 2종]

원시적인 날개(翅)의 구조를 갖는 희귀한 잠자리로 일본과 히말라야의 계류지에 1종씩 알려졌으며 식물의 잎사귀에 매달려 날개를 접고 휴식을 취한다.

•링귤라(*Lingula*)**속** [완족동물 무관절강 수종]

무관절류는 캄브리아기 전기부터 현재까지 존속되어 온 장수형(長壽型) 화석이다. 특히 링귤라 속은 오르도비스기 이후 매우 장기에 걸쳐 형태가 크게 변하지 않은 상태로 생존을 계속하고 있다. 이 속은 일본에서는 아리아케해(有明海)나 무쓰만(陸娛灣) 등 내만(內灣)의 이저(泥底)에 산다(그림 9-4).

•유병 해백합(有柄 海百合, stalked crinoids)**류** [극피동물 관절류 여남은 종]

고생대-중생대에 번성한 화석이지만 신생대에는 비교적 적다. 현생종은 반심해 이하에 분포가 한정되어 있으나 일본 근해에는 상당히 많은 종이 분포한다.

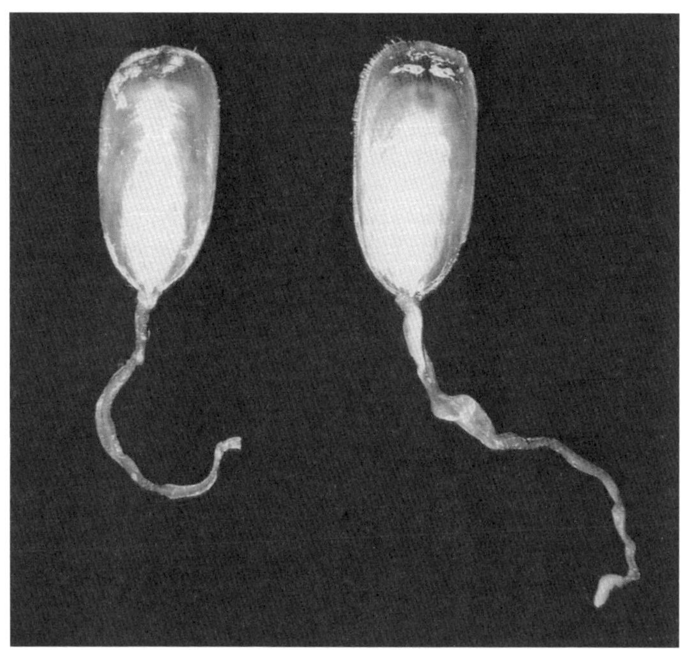

그림 9-4 링귤라 아나티나(*Lingula anatina*). 산지: 福岡縣柳川市沖端 (有明海). (x 1)

• **브랑키오스토마**(*Branchiostoma*)**속** [원색동물 두색(頭索)류 수(數)종]

발달된 위새강(圍鰓綱), 심장이 없고 폐쇄혈관계(閉鎖血管系)와 체절적(體節的) 근육(筋肉)을 갖는 원시적 척색동물이며 천해의 사이중(砂泥中)에 많은 종이 산다. 화석은 거의 알려지지 않았으나 캄브리아기 중기의 바제스 셰일에서 산출되는 피카이아(*Pikaia*)가 약간 유사한 형태를 보인다.

• **라티메리아**(*Latimeria*)**속** [경골어(硬骨魚)강 총기(總鰭)류 1종]

고생대 중엽부터 중생대에 걸쳐 번성했던 시라칸스류의 유존(遺存)종이며 1938년 이후 마다카스카르와 코모로의 연안에서 가끔 포획되었다. 인도네시아에도 살고 있다는 보고가 있으며, 경골어류와 양서류의 관계를 연구하는 데 중요하다.

• **렁피시**(lungfish) [경골어강 폐어(肺魚)류 수종]

고생대 중기에 화석으로 많이 알려졌으나 그 후에는 쇠퇴하였다. 남미, 아프리카 대륙의 담수에 살며, 아가미에서 변화한 폐로 공기 호흡한다. 시라칸스류와 함께 사지동물로의 진화를 생각하는 데 중요하다.

• **메갈로바트라쿠스**(*Megalobatrachus*)**속** [양서강(兩棲綱) 공추(空椎)류 1종]

일본 특산의 거대한 도롱뇽은 퀴비에가 밝힌 스위스산 마이오세의 화석종과 유사한 형태를 보인다. 막부 말(幕府末)에 일본에 온 의학자 시볼트가 三重縣에서 발견하여 생체를 네덜란드로 갖고 돌아갔다고 한다.

• **스페노돈**(*Spenodon*)**속** [파충(爬蟲)강 훼두(喙頭)류 1종]

고생대 후기-중생대의 화석으로 알려진 원시적인 도마뱀의 유존종(遺存種)으로 형태는 거의 변하지 않았다. 두개정부(頭蓋頂部)의 송과체(松果體)에도 광수용(光受用) 세포가 있다. 뉴질랜드의 몇몇 섬에 남아 있다.

• **디델피스**(*Didelphis*)**속** [포유(哺乳)강 주머니쥐 수종]

유대(有袋)류의 공통 조상에 가깝다고 생각되는 원시적 포유류의 1속. 주머니쥐는 예전에 세계적으로 널리 분포하였으나 현재는 남미와 북미의 한정된 지역에 소형이 수종 남아 있다.

• **투파이아**(*Tupaia*)**속** [포유(哺乳)강 투파이류 약 20종]

동남아시아에 분포하는 소형 포유류의 1속인데 뾰족한 쥐처럼 식충목과 영장목의 중간에 위치한다고 생각되지만 현재에는 독립된 목(目)으로 분류된다.

3. 살아 있는 화석을 둘러싼 문제

살아 있는 화석은 앞에서 든 예처럼 형태는 물론 생활양식이나 생활환경도 현저히 다양하다. 많은 종이나 속이 매우 장기간에 걸쳐 같은 형태를 유지하고 고집스럽게 생존한 공통적인 원인이 있을까? 일부 종에서 강한 생명력, 에너지 절약 생활, 환경변화에 대한 내성(耐性), 개체의 긴 수명이 강조되고 있으나 전체로 통일된 설명은 아닌 것 같다. 좁은 지역이나 해역에 분포가 한정되어 있는 종이 많고 멸종에 임박한 종도 있으나 개체 수는 반드시 적은 것은 아니다. 다만 다윈도 말한 것처럼 살아 있는 화석이 격렬한 생존경쟁에서 버려짐 당하는 일이 적은 환경, 예를 들면 경합자가 적은 섬이나 포식압(捕食壓)이 낮다고 생각되는 심해저에 많이 살아 남은 사실이 주목된다. 육상 포유류가 없는 갈라파고스에서는 코끼리거북이나 이구아나 등의 파충류가, 뉴질랜드에서는 날지 못하는 조류가 각각 육상 생태계의 주역이 되어 있다. 장기에 걸쳐 다른 수계(水系)에서 격리된 바이칼호에는 서식 동물의 70% 이상이 고유종이며, 이들도 살아 있는 화석동물군으로 볼 수 있다. 특이하게 격리된 환경에서는 일반적으로 적응도가 낮은 종이나 분류군이라도 오랫동안 계속 살아 있을 수가 있을 것이다. 말하자면 유형(流刑)을 당한 생물이 장생하는 것이다. 근년에 발견된 해저 동굴의 동물군은 몇몇 살아 있는 화석으로 보이는 종이 포함되어 있어서 그 특이한 생태계가 이 문제를 고찰하는 데 암시를 준다.

수많은 장수형의 살아 있는 화석에서는 매우 장기에 걸쳐 형태의 진화가 정체되어 있다. 생물은 진화하는 것이 당연한데도 이것은 왜일까? 분자 수준의 진화에서 유전적 성질은 돌연변이와 유전적 부동에 의해 끊임없이 거의 일정한 속도로 변화한다고 되어 있으나 형태를 조절하는 유전자는 예외일까? 이런 논의에서 생각되는 것은, 라이트(Wright)에 의한 적응경관(adaptive landscape)의 개념도(그림 6-1)를 이용하여 문제를 설명하면 다음과 같다. 유전적으로 규제된 형질을 종횡축(縱橫軸)에 취하고 등고선을 그려 넣은 지형도와 같은 적응도(適應度)를 여러 높이의 봉우리와 그들 사이에 곡(谷)으로 표시할 수 있다. 생물 개체는 일반적으로 자연선택에 따라 가장 가까운 적응봉으로 올라가지만 봉우리가 낮거나 사면의 경사가 완만한 경우(선택압이 낮은 경우)에는 비적응적 요인(돌연변이 및 유전적 부동)에 따라 사면을 내려가 다른 봉우리로 올라가게 될 것이다. 그러나 봉우리가 높고 고립되어 있으면 그 개체군은 다른 봉우리로 이동할 것도 없이 그 봉우리에 오랫동안 머물게 될 것이다. 장기에 걸쳐 형태가 변화하지 않은 살아 있는 화석은 그러한 생물이라고 생각된다. 단 환경변화에 따라 적응지형도는 끊임없이 변화할 것이므로 동일한 적응봉(適應峰)이 매우 오랫동안 존재하는 것은 별도로 설명이 필요할 것이다.

형태 변화의 정체(停滯)는 안정화 도태(stabilizing selection)에 의해서도 일어날 것이다. 양적형질이 변이하는 개체군에서 평균적인 개체가 적응도가 높고 평균에서 벗어난 극단적인 개체가 제외되기 쉬운 경우, 부(負)의 선택에 따라 돌연변이의 효과를 부정하는 형태의 생체항상성(生體恒常性, homeostasis)이 일어날 것이다. 또한 헤테로(hetero) 개체가 양쪽의 호모(homo) 개체보다도 적응도가 높은 경우에는 유전자 빈도의 평형이 이루어짐으로써 형태의 정체가 일어난다고 생각된다. 다만 개체군을 둘러싼 환경은 계속 변하기 때문에 이들 요인에 따라 단기간의 정체는 설명할 수 있다고 해도 수천만 년이나 계속되는 긴 정체는 설명하기 어렵다(千葉, 1994). 소진화와 대진화의 관계와 마찬가지로 '소(小)정체'와 '대(大)정체'의 관계도 미해결의 문제로 남아 있다.

살아 있는 화석이 속한 분류군이 번성했던 지질시대에는 다양성이 높았어도 현재는 분류학적으로나 형태적으로 고립되어 있어 일반적으로 종수는 많지 않다. 앞에서 설명한 바와 같이 스탠리(Stanley)는 돌연변이로 생긴 개체군의 유전적변이에 자연선택이 작용하는 것과 같이, 종분화로 생긴 다양한 종에 종수준의 고차의 선택(종선택)이 작용하여 형태가 급속하게 변화한다고 생각하였다. 반대로 종의 다양성이 낮은 분류군에서는 종선택이 작용하지 않아 급속한 형태 변화가 일어나기 어렵다고 생각하여, 살아 있는 화석은 그의 종선택설을 지지하는 방증이라고 하였다(Stanley, 1979). 예를 들면 폐어(肺魚)류는 종의 다양성이 높았던 고생대 중기에는 크게 형태의 변화가 있었으나 살아 있는 화석이 된 중생대 이후는 종수가 적고 형태적으로 거의 변화하지 않았다. 그러나 종선택설에는 단속설과 마찬가지로 형태 변화가 종분화에 동조하여 일어난다고 생각하는 점에서 문제가 있다. 또한 고차의 선택이 생각된다고 해도 복수의 종이 동시(同時) 동소(同所)에 살고 있지 않으면 선택은 작용하지 않는다. 다시 말하면 살아 있는 화석에는 정말로 종분화가 일어나기 어려운가, 일어나더라도 형태가 변하지 않는다고 할 수 있는가 하는 의문이 남는다.

이처럼 살아 있는 화석에 미해결의 문제가 많다. 형태의 정체와 낮은 다양성의 관계에 관하여 많은 연구자가 의견을 말하고 있으나 현생 생물을 대상으로 하면서 이처럼 의견이 나누어지는 것은 희귀하다. 더욱이 개체군에 유전적변이가 없다면 진화는 일어나지 않으므로 살아 있는 화석은 유전적변이가 없는 것이 아닌가라고 생각하는 경향이 있다. 현재로는 형태의 변이에 관하여 그러한 경향은 알려져 있지 않은 것 같지만 이후 분자 수준의 해석에 따라 검토해야 할 과제라고 생각한다.

4. 해저동굴에서 발견된 '살아 있는 화석군집' — 경험담

야외과학의 연구에서는 미지(未知)의 자연을 탐구하는 것만큼 마음을 들뜨게 하는 것은 없다. 유구(琉球)열도의 비교적 낮고 평탄한 섬들은 신생대 후기의 유구석회암 속에 지하수가 스며들어 많은 종유동(鐘乳洞)을 만들었다. 현재 산호초 주변에는 후빙기의 해면 상승에 따라 침수된 다수의 석회동굴이 있다. 이들 해저동굴의 깊은 속은 오랫동안 사람의 발이 닫지 않았다. 그러나 스쿠버 다이빙 기술의 발달과 숙련된 다이버의 협력을 얻어 이 미지의 세계에 사는 동물군의 다양성과 생활양식을 조금씩 밝힐 수 있었다(그림 9-5).

필자 등이 해저동굴의 동물을 연구한 것은 1980년대 말에 국립과학박물관의 카세(加瀨友喜) 박사가 다이버로부터 오키나와 이에지마(伊江島)에서 해저동굴의 깊은 곳에 복족류인 네리톱시스 로둘라(*Neritopsis rodula*)가 다수 살고 있다는 정보를 얻고 그것을 확인한 것이 발단

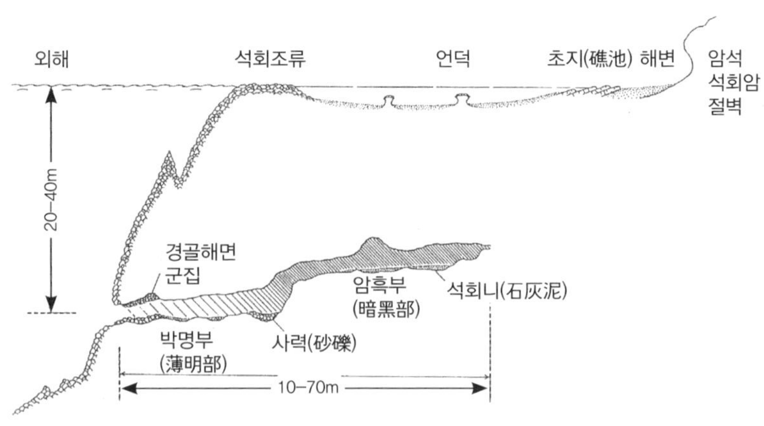

그림 9-5 유구(琉球)의 해저동굴의 개념도. 이 지역의 해저동굴은 琉球 석회암 중에 지하수가 스며들어 형성된 종유동(鐘乳洞)이 후빙기 해수면 상승으로 침수된 것이다. 많은 동굴 입구 부근에는 경골해면(硬骨海綿) 군집이 살고 있는 것 외에 깊숙한 암흑부(暗黑部)에도 미소(微小) 패류 등으로 구성된 특이한 군집이 발견된다.

이 되었다. 네리톱시스(*Neritopsis*)속은 앞에서 설명한 오키나에비스류(Pleurotomariidae)만큼 유명하지는 않지만 중생대에 번성한 특징 있는 권패(卷貝)로서 현재는 인도양-서태평양과 카리브해에 각각 1종만이 살고 있는 전형적인 살아 있는 화석이다. 일본에서도 쥐라기와 백악기의 화석종이 알려졌으나, 다른 천해성 패류와 공존하며 특수한 서식환경이나 생활양식을 보이는 증거는 없다. 그 후예의 끝이라고도 생각되는 종(種)이 이처럼 은생(隱生)적 환경에 겨우 살아 남은 것은 매우 흥미로운 일이다.

필자가 이 동물군에 중요성을 마음에 두는 것은 그 무렵 집중적으로 연구하던 프로페아무시데(Propeamussidae)과의 이매패류 각(殼)이 많이 있다는 카세(加瀨) 박사로부터의 정보와 그리고 제공받은 동굴의 저질(底質) 샘플을 실체 현미경으로 들여다 볼 때였다. 이 과는 전체가 살아 있는 화석으로 보이는 고풍(古風)의 특징을 갖고 있다. 현생종은 모두 심해성이라는 선입관이 있었기 때문에 이에 속하는 다양한 종이 다이버가 잠입할 정도의 천해에 대량으로 서식한다는 것은 생각지도 못했다. 더욱이 놀라운 것은 이 석회니(石灰泥)의 저질(底質)에 포함된 조립물질의 대부분이 흔한 천해저에서는 볼 수 없는 작은 동물의 유해가 들어있다는 사실이다. 안이 밀폐된 해저동굴은 수류가 약하므로 외부로부터 육지 쇄설물이 운반되는 일이 적고, 후빙기의 수천 년 간 그곳에 서식한 패류 등의 각이 파손되거나 마모되지 않고 조용하게 퇴적되어 있다. 이러한 퇴적물은 이제까지 보지도 듣지도 못한 것이다. 동굴 벽면의 부착물이나 저질의 표층을 샘플링하여 1mm 정도의 체로 거르니, 대량의 유해(遺骸)가 섞인 생체(生體)를 얻을 수 있었다. 대부분 저서동물의 몸 크기는 매우 작아 생물량(biomass)은 미미하지만 종의 다양성은 상당히 높고 종에 따라서는 개체수도 많다. 이러한 조건을 갖춘 동굴은 어디에도 없었으나 탐색의 범위를 유구열도 전역에 그리고 더욱 해외까지 넓혀보니 유사한 환경을 보이는 동굴이 몇몇 발견되고 새로운 지식을 많이 얻게 되었다.

그러는 사이 언제나 조사에 지원을 해준 宮古島의 다이빙 상점에서 기묘한 형상을 보이는 큰 굴조개의 각(殼)이 탁상에 재떨이로 사용되는 것이 카세 박사의 눈에 띄었다. 굴조개의 종류는 형상이 일정하지 않아 동정이 어렵지만 분명히 자주 보던 종과는 각의 특징이 다르다. 가까운 섬의 해저에서 주웠다는 다이버의 말에서 서식 장소를 탐색한 결과 이 굴조개는 유구열도 각지의 많은 해저동굴 입구의 천반(天盤)이나 내걸린 암반 직하의 얇고 어두운 요소(凹所)에 수 개체 내지 수십 개체가 고착생활을 하고 있음을 알게 되었다. 채취한 표본을 분류학적으로 자세히 조사해 보니 이 굴조개는 백악기부터 마이오세까지 따뜻한 해역(海域)에 번성했었으나 그 후 멸종됐다고 생각했던 피크노돈테(*Pycnodonte*)의 신종임을 알게 되었다. 결국 피크노돈테 타니구치아이(*Pycnodonte taniguchii*)라고 정식 명명하여 기재하였다(Hayami and Kase, 1992; 그림 9-6). 마제형(馬蹄形)의 외형, 배연을 따라 긴 고착면(固着面), 완대(頑丈)한 좌각 내면에 붙어 있는 얇은 우각, 우각 외면에 생긴 방사상으로 갈라진 금, 배연 가까이에 있는 둥근 폐각근흔 등 어느 것을 보드라도 백악기 화석종과 매우 비슷하다. 이 종의 각은 동굴의 패각으로서는 예외적으로 대형이지만 연체부는 이상하게 작고 양각 사이의 좁은 틈에 알맞게 되어 있다. 그 후 필리핀의 몇 곳 외에 오가사와라(小笠原) 제도(諸島)의 아니지마(兄島) 파라오, 바누아투, 피지, 통가, 푸켓의 동쪽 등에도 피크노돈테의 분포가 확인되었으나 이 해역(海域)에도 동굴의 입구와 같은 엷은 어두운 환경[아니지마(兄島)에서는 제2차 세계대전 중 침몰한 배의 내부]에 한정되어 서식하고 있다. 흥미로운 것으로는 이 굴조개는 경골해면(硬骨海綿)의 아스트로스켈레라(*Astrosclera*)속(그림 9-1), 완족류인 *Thecideidina*류나 프레눌리나(*Frenulina*)속, 고

그림 9-6 피크노돈테 타니쿠치아이(*Pycnodonte taniguchi*)의 완모식(完模式) 표본. 左: 左殼 內面, 右: 右殼 外面. 산지: 沖繩縣宮古諸島下地島 西岸의 해저(海底)동굴. 피크노돈테(*Pycnodonte*)속은 백악기 중엽에서 제3기 중엽까지 테티스해역에 번성한 후 멸종되었다고 생각했던 것이지만 그 하나의 유존종(遺存種)이 西태평양 각지의 산호초 주변의 은생(隱生)적 환경에 살아 남아 있음이 알려졌다. (x 0.5)

착성 단체산호 등 특정의 무척추동물과 많은 동굴에서 공존하고 있다. 이러한 동물군은 말하자면 '살아 있는 화석동물군'이다.

해저동굴에 경골해면(硬骨海綿)과 같은 살아 있는 화석이 많이 서식하게 된 것이 어떤 이유일까? 하나의 유력한 가설은 잭슨(J. B. C. Jackson) 등이 보여준 것으로 경골해면은 옛날 조초(造礁)생물의 일익(一翼)을 담당했었으나, 새로이 출현한 육방(六放)산호나 석회조(石灰藻)에 비하여 성장속도가 느리기 때문에 산호초 내의 경쟁에서 패해 엷은 어둠의 장소로 밀려난 것으로 해석된다. 피크노돈테속 등의 일부 굴조개도 초성 석회암 중 풍부한 화석기록으로 볼 때 아마도 백악기에는 태양광 아래에 대량으로 서식하여 조초성의 생물이었을 것이다. 후치(厚齒)이매패 등 조초성 패류의 거의 모두 백악기 말 대량멸종기에 사라졌으나 피크노돈테속은 경골해면 등과 함께 은생(隱生)적 생활에 겨우 살아 남은 것이라고 생각된다. 그러나 해저동굴에 살고 있는 미소(微小) 패(貝)류의 대부분은 산호초에 서식한 패류의 후예라고 생각되지 않으므로 이 해석을 적용할 수 없다.

구부러진 동굴 속의 암흑세계에서는 경골해면 군집은 보이지 않으나 *Neritopis rodula*(Neritopidae 굵은언덕고리고둥과) 외에 많은 소형(小形) 동물이 벽면이나 저질(底質)의 표층에 살고 있다. 이 환경에 살고 있는 패류는 매우 다양하지만 그 구성은 동굴 밖의 군집과는 전혀 다르다. 유구열도(琉球列島)의 동굴에는 각(殼) 직경이 수 mm의 이매패류가 총 50종 정도 식별되지만 그들 거의가 신종이다(Hayami and Kase, 1993). 더구나 이들 신종 대부분은 열대, 아열대의 천해에서는 알려지지 않은 분류군이며 그 가운데는 심해(深海), 초(超)심해에서만 살고 있다고 알려진 속(屬)에 포함되는 종도 있다(그림 9-7).

해저동굴의 패류 조사를 시작한지 얼마 안 되어 알게 된 사실 하나는 필로브리데(Philobryidae)과가 매우 풍부하다는 사실이다. 이 과는 일본 근해에서는 희귀한 미정종(未定種)으로 사각(死殼)이 보고된 것뿐인데 열대 서태평양의 많은 동굴에 종수나 개체수 모두 매우 풍부하다는 사실이 새로이 밝혀진 것이다. 특히 코사(*Cosa*)속과 크라티스(*Cratis*)속에 포함되는 종은 동굴에 따라서는 순위가 바뀌지만 자주 연체동물군 중 우선종(優先種)이 되어 있다. 또한 애호두조개과의 헉슬레이아(*Huxleyia*)속, 리미데(Limidae)과의 디바릴리마(*Divarilima*)속, 프로페아무시데(Propeamussiidae)과의 클라미델라(*Chlamydella*)속, 카르디티데(Carditidae)과의 카르디텔라(*Carditella*)속 등에 속하는 신종(新種)이나 미틸리데(Mytilidae)과에 신속(新屬) 우루멜라(*Urumella*) 등 이제까지 보지 못했던 이매패류의 생패(生貝)와 유해(遺骸)가 대량으로 발견되었다. 더욱이 아르키데(Arcidae)과의 벱타르카(*Bebtharca*)속, 미틸리데(Mytilidae)

그림 9-7 유구(琉球)의 해저동굴 심부에서 산출된 미소 이매패류(전자현미경 사진). 1. 헉슬레이아 카베르니콜라(*Huxleyia cavernicola*) x 23, 下地島. 2. 벤타르카 데코라타(*Bentharca decorata*) x 19, 伊江島. 3. 코사 와이키키아(*Cosa waikikia*) x 19, 下地島. 4. 크라티스 오하시아이(*Cratis ohashii*) x 15, 伊江島. 5. 파르바무시움 크립티쿰(*Parvamussium crypticum*) x 7.5, 伊江島. 6. 클라미델라 인쿠바타(*Chlamydella incubata*) x 19, 下地島. 7. 다크리디움 제브라(*Darcydium zebra*) x 15, 下地島. 8. 크르디텔라 시모지엔시스(*Carditella shimojiensis*) x 19, 下地島. 9. 할로님파 아시아티카(*Halonympha asiatica*) x 15, 伊江島. 2, 3, 4, 6은 거대한 모자형의 원각 I을 갖고 있으며, 모패(母貝) 내부에서 유생(幼生)을 보육(保育)시켰음을 확인 또는 예측할 수 있다.

과의 다클리디움(*Dacrydium*)속, 켈리엘리데(Kelliellidae)과의 켈리엘라(*Kelliella*)속, 쿠스피다리데(Cuspidarriidae)과의 할로님파(*Halonympha*)속 등은 이제까지 심해(深海)나 초심해(超深海)의 특징적인 패류군(貝類群)인데 이들 속에 속하는 종(種)들이 계속해서 발견될 때에는 필자의 흥분은 최고조에 달했다. 물론 동굴이나 지역에 따라 구성 속에도 차이가 있으나 전체적인 경향은 변하지 않는다. 서태평양에 멀리 떨어진 섬들의 동굴 사이에 비슷한 종구성이 자주 발견되는 것은 불가사의한 일이다.

동굴성(洞窟性) 이매패류군 구성이 매우 특이하고 편중되어 있다는 사실은 패류에 대해서 어느 정도 지식이 없으면 이해할 수 없을지도 모르겠다. 패류 연구자라도 처음 듣는 속명이 많지 않은가 생각된다. 분류 명칭에 관심 없어도 이들 동굴 종에서 보이는 공통적인 특징을 주목할 수 있을 것이다. 제시된 전자현미경 사진에서 밝혀진 것처럼(그림 9-7) 동굴의 미소(微小) 이매패류의 대부분은 각정부(殼頂部)가 매우 큰 유기(幼期)의 각[태각(胎殼) I]이 남아 있다. 그렇게 잘 보존된 것은 용해나 마모가 거의 일어나지 않은 동굴 환경에 의한 것이겠으나, 이들 태각 I은 일반적으로 150μm 이상의 큰 직경을 보이며 자주 모자형(帽子形)을 보이는 것이 주목된다. 초기 성장의 항(項)에서 설명한 것처럼 이매패류의 태각(胎殼) I의 크기와 형상은 알의 크기와 유생(幼生)의 상태와 밀접한 관계가 있다. 그 특징에 따라 ① 유생이 장기간 부유하여 플랑크톤을 영양으로 취하는 종, ② 유생이 단기간 부유하든가 전혀 부유하지 않고 난황(卵黃)을 영향으로 하는 종, ③ 유생은 모패(母貝) 속에서 어느 정도 자라 변태를 지난 후에 치패(稚貝)로 방출되는 종, 등 세 가지 타입으로 대별(大別)된다. 해저동굴의 이매패류는 대부분 ② 또는 ③의 타입으로, 그 상대적인 비율은 ①이 많은 따뜻한 천해역 이매패군과는 크게 다르며, 심해(深海)나 극해(極海)의 이매패류군의 비율에 가깝다.

큰 태각 I과 매우 작은 성패(成貝) 크기의 조합은 알 크기가 크고 알의 수가 적었음을 의미한다. 실제로 몇몇 동굴 이매패류의 각 중에는 모자형의 치패(稚貝)를 보육하는 것이 관찰되었으나 그 수는 10마리 이내였다. 즉 일반적으로 적게 낳아 유생(幼生)을 소중히 키

BOX 8

r 선택과 K 선택

자연선택은 개체군 중 개체의 적응도의 차이 때문에 일어나며, 적응도는 자손에의 공헌도로 측정된다. 맥아더와 윌슨은 환경의 저항이 없는 (또는 적음) 경우, 多産(내적 증가율 r이 크다)의 개체일수록 많은 자손을 남겨 유리하고, 이 방향의 선택을 r 선택(r-selection)이라고 한다. 한편 환경 저항에 따라 개체수가 환경 수용 능력 K에 가까운 경우, 한정된 자원을 가장 유효하게 사용하는 전략(예를 들면 소수의 자손을 낳아 소중하게 키운다)이 유리하기 때문에 이를 K 선택이라고 한다(MacArthur and Wilson, 1967). 이들은 對極的인 모델로서 실제로는 여러 중간적인 선택이 일어날 것으로 생각된다.

우는 번식 전략이 탁월했을 것으로 생각된다. 또한 동굴의 이매패류군에는 자손이 조상의 유기(幼期) 형태로 성숙하는 유형진화(幼形進化, paedomorphosis)의 경향이 현저하다. 성체(成體)에도 프로빈큘럼(provinculum)이라는 이매패류의 유기(幼期)에 특징적인 접번(蝶番) 구조가 자주 인식된다. 유형진화에는 성적(性的) 조숙에 의한 프로게네시스(progenesis)와 성장의 지체(遲滯)에 의해 일어나는 네오테니(neoteny)의 두 가지 양식이 있으나 이 경우는 분명히 전자이다. progenesis는 일반적으로 r 선택에 결부되어 있다고 하지만 해저동굴의 이매패류군에서는 아마도 K 선택과 결부되어 있을 것이다. 이매패류 외의 소형(小形) 동물의 생활사는 각각 전문 연구자가 분석하고 있으나 이러한 경향이 있다고 해도 불가사의한 것은 아니라고 생각한다.

빛이 없는 동굴 안은 심해와 마찬가지로 광합성(光合成)에 의한 일차생산이 일어나지 않고 매우 영양이 부족한 세계이다. 화학(化學)합성이 일어난다는 징후도 없다. 이매패류처럼 여과식(濾過食) 저서동물이 의존하는 영양원은 외계에서 유입(流入)되는 식물 플랑크톤과 동굴에 출입하는 유영동물의 배설물 정도를 생각할 수밖에 없다. 여기서 자세한 것을 설명할 수는 없으나 한정된 영양을 최대한 이용하여 개체군을 유지하려면 앞에 설명한 것처럼 번식 전략을 취하는 종이 유리할 것이다.

해저동굴의 동물군에는 아직 그 기원(起源)이나 분산(分散)의 기구 등에 관해서는 알 수 없으나 국지적 동물군에 대한 흥미를 넘어 진화생물학적 의의가 있으며 진화이론을 검증하는 '자연의 실험장'으로도 주목된다. 예를 들면 세계가 매우 영양이 부족한 시기가 도래할 때에 종(種)이 살아 남기 위해 어떠한 적응 전략이 유리한가를 보여주는 것이다. 이렇게 미소한 이매패류는 화석으로는 간과하거나, 발견되어도 미기재 상태에 있는 것이 많아 지질시대에 동굴에서 살았다고 확인된 속(屬)이 언제부터 출현했는지는 별로 분명하지 않다. 그러나 동굴성 이매패류는 생태적으로도 원시적인 것으로 생각되는 종이 많고 중생대 후기 이후 출현한 새로운 대(對) 포식자 전략을 구비한 분류군에 속하는 종[예를 들면 저질에 잠입하는 종이나 암석이나 자갈에 시멘트 고착(固着)하는 종]은 거의 볼 수 없다. 분류학적으로도 중생대 후기 이후에 출현한 과(科)에 속하는 종속(種屬)이 '전혀'라고 할 수 있을 정도로 없다. 따라서 이들 미소 이매패류에도, 아마도 다른 소형(小形) 동물에도, 살아 있는 화석이라고 할 수 있는 종이 다수 포함되어 있음이 틀림없다.

최근에 이러한 연구가 시작된 오키나와 이에지마(伊江島)의 해저동굴(통칭 '대동굴')에서 채취한 2개의 주상(柱狀) 코어(길이 84cm 및 148cm)의 퇴적물과 패류군을 지구화학적으로 자세히 분석함으로써, 약 5000년간에 걸쳐 동굴 내 환경과 구성종의 추이가 밝혀졌다(Kitamura et al., 2007). 이 해석에 의해 동굴 내의 저질[底質, 석회니(石灰泥)]은 1000년에 21~26cm 속도로 퇴적되었음이 판명되었다. 또한 현재 살고 있는 미소 이매패류군의 많은 종의 유해는 코아 전체에 걸쳐 인식되지만 그 종구성의 시공적(時空的) 변화에서 빈(貧)영양의 환경이 점차로 동굴 깊숙한 곳에서부터 입구 부근으로 넓혀졌다고 추정된다. 이들 미소 이매패류의 태각 I의 크기와 형상은 성장에 따른 영향을 받지 않았기 때문에 다산(多産)하는 종에 대해 소진화의 과정이 상세히 해석된다

BOX 9

이시성(異時性)

이시성(heterochrony)에 관한 서로 다른 정의와 설명이 여럿 있으나, 일반적으로 개체발생의 성장 단계가 조상과 비교하여 촉진 또는 지체되는 것을 가리킨다. 상당히 이해하기 어려운 개념이 섞여 있으나, 최근 들어 정리되어 현생 생물과 고생물을 통해 형태 변화를 생각하는데 중요한 개념이고 현상이라고 생각하게 되었다(Gould, 1977; McKinney and KcNamara, 1991).

이시성은 체세포와 생식세포 사이에 에너지 분배의 타이밍이 변화함에 따라 생긴다고 생각된다. 현상으로서는 조상의 유기(幼期) 형태로 성장이 끝나는 유형(幼形)진화(paedomorphosis)와 조상의 개체발생의 종말에 새로운 성장 단계가 추가되는 peramorphosis로 크게 나누어진다. 더욱이 유형진화는 나이에 대하여 性的 성숙이 빨라 조상의 유기 상태에서 성장이 정지되는 progenesis와 나이에 대해서 성적 성숙이 늦어져 조상의 유기의 체형으로 성장이 끝나는 유형성숙(幼形成熟, neoteny)으로 분류된다. progenesis는 성장에 필요한 시간이 짧아 성체의 크기가 작아지는 데 대하여 neoteny는 성장에 필요한 시간이 길어져 성체의 크기가 커지는 것이 일반적이다. peramorphosis도 나이에 대하여 형태의 발달이 촉진되는 acceleration과 나이에 대하여 성적 성숙이 늦어져 새로운 성장 단계가 더해지는 hypermorphosis로 나뉘어진다(이들의 語源에 대한 번역어가 반드시 정착되어 있지 않다).

이시성은 진화의 요인을 나타내는 것은 아니지만 실제로 생기는 형태 변화의 양식을 통일적으로 표현하여 이해하는 데 의의가 있다. 예를 들면 사람의 체형이나 골격은 형태적으로 유인원(類人猿)의 성체보다도 유체에 유사하고, 성숙이 늦어져 neoteny의 예로 되어 있다. 종간 형태 변화가 유형진화(또는 peramorphosis)라고 설명되는 경우가 적지 않다. 최근 발견된 해저동굴의 이매패의 많은 종은 성장에 필요한 시간은 잘 알 수 없으나 동굴 밖의 근연종에 비하여 현저히 몸의 크기가 작고, 접번부(蝶番部)에 유기의 특징이 남아 있는 상태에서 성숙되어 있으므로 progenesis에 따른 진화라고 생각된다.

(Ubukata et al., 2008).

자연사 연구에서는 야외에서 매우 사소한 발견이 계기가 되어 새로운 지식을 많이 얻을 수 있었다. 해저동굴에 관한 일련의 연구는 눈앞에 지나가는 여러 가지 사물이나 현상 중에 연구할 가치가 있는 것을 찾아내고 그러한 기회를 잡는 것이 매우 중요한 것임을 가르쳐 준다.

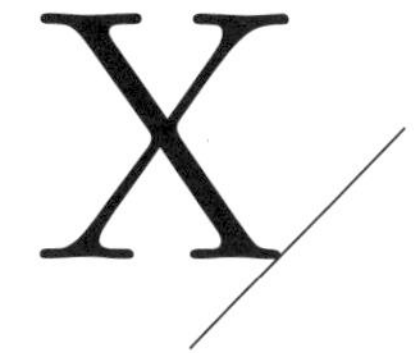

고생물지리학

과거 생물의 지리적 분포를 다루는 분야를 고생물지리학(paleobiogeography)이라고 한다. 많은 자연과학 분야에 걸치며, 그 종합으로 성립하는 학문으로서 생물과학의 모든 분야를 비롯하여 지사학, 기후학, 해양학, 자연지리학, 지구물리학 등의 지식을 근거로 특히 현재 생물의 분포가 지나온 경위를 다루는 역사(歷史) 생물지리학(historical biogeography)과는 불가분의 관계가 있다. 근년에는 판구조론이 발전함에 따라 지질시대의 지질학적 사건과 해륙 분포가 상당히 신뢰성을 갖고 추정하게 되어 과거의 생물지리구계(生物地理區系)를 복원할 뿐 아니라 고생물지리학을 다루는 방법도 변화가 생겼다.

1. 구계(區系) 생물지리학과 고생물지리학

생물지리학은 진화론 이전부터 존재했다. 유럽인이 해외에 많이 진출함에 따라 동식물의 다양성과 분포에 관한 지식이 급속하게 증가한 19세기 중엽에 본격적으로 개시되었다. 당초에는 특징적인 동식물의 종이나 분류군의 지리적 분포에 근거하여 세계를 크고 작은 생물지리구로 구분하여 각각의 구계(區系)의 특징을 기술하고 경계의 위치를 정하는 구계 생물지리학(regional biogeography)이 주류를 이루었다. 동물과 식물, 육상과 해양에서는 생물의 분포나 분산 양식이 다르기 때문에 생물지리학의 고찰도 처음부터 이들을 각각 별도로 연구하여 왔다. 육상동물의 구계에 대해서는 19세기 후반 월리스(A. R. Wallace) 등이 만든 대구분[세계를 구북구(舊北區), 에티오피아구, 동양(東洋)구, 오스트레일리아구, 신북(新北)구, 신열대(新熱帶)구 등 6구分]이 현재까지도 유효하다. 육상식물의 구계는 19세기 말에 엥글러(H. G. Engler)가 제시한 구분[세계의 육지를 전북구(全北區), 구열대구, 신열대구, 오스트레일리아구, 케이프구, 남극구 등 6구分]이 답습되고 있다. 세계적인 해양(淺海)의 구계(區系) 구분은 약간 늦게 시작되어 1935년과 1953년에 에크만(S. Ekman)이 저서동물을 사용하여 제시한 구분[세계의 천해역(淺海域)을 인도-서태평양, 대서양-동태평양, 북태평양, 북대서양, 지중해, 남반구의 온대해역과 남북의 극해 등으로 8구分]이 기본적으로 인정되고 있다. 천해에서는 저서동물과 식물(해조)의 분포양식에 큰 차이가 없으므로 생물지리학 분야로서도 구별하지 않는다. 근년 해양조사의 진전에 따라 부유성 생물의 지리적 분포가 상당히 밝혀졌다. 심해의 저서동물 구계 분포도 고찰하고 있으나 지구 규모의 구분에는 아직 자료가 충분하지 않다.

20세기 후반에는 더욱 상세한 계층적 해륙의 구계 구분이 진척되어 각각의 구계와 경계선에 고유의 명칭이 주어졌다. 일본열도를 둘러싼 생물군에 다소 차이가 있으며, 구계의 세분에는 한계가 없다. 또한 격리된 섬과 같은 경우를 제외하면 구계의 경계는 점이적인 것이 많다. 그리고 취급하는 분류군에 따라 그 위치가 달라지며, 연구자에 따라서도 견해가 나누어진다. 이처럼 구계의 세분을 둘러싼 논의는 별로 결실이 없지만 고전적 구계 생물지리학은 점차 막다른 골목에 와 있으나 큰 구계나 경계의 기원과 형성 과정은 새로운 연구 과제로 남아 있다.

생물지리구계는 패러렐 월드(parallel world)라는 오스트레일리아 대륙처럼 독자성이 오랜 기간 유지되어 있다. 해양에서는 테티스(Tethys)해가 매우 장기간에 걸쳐 존속되어 동물군의 구성이 시대와 더불어 크게 변화하고 있었으며, 특색 있는 큰 해양동물 지리구를 형성하고 있다. 지질시대의 생물지리구의 소장(消長)을 고찰하는 데는 먼저 현재의 생물 구계 분포를 과거로 소급하는 것이 순서이지만 생물 분포의 기록에는 자주 큰 공백이나 갭이 있어서 불가능한 경우가 많다. 예를 들면 일본열도 부근의 해양동물군은 백악기 중엽에 테티스(Tethys)구의 요소와 북태평양구의 요소가 완전히 치환된 것으로 보인다. 알비아(Albian) 전기 이전과 후기 이후의 이매패류군을 비교하면 이 차이가 분명하다. 그러나 백악기가 전체로서 해침의 시기였음에도 불구하고 중국대륙에서 동남아시아에 걸친 광대한 지역에 이 시대의 해성 퇴적물이 거의 분포하지 않으므로 양 지리구의 관계를 구체적으로 화석기록에 근거하여 고찰하기는 어렵다.

옛날 지질시대의 생물지리구계는 소수의 특징적인 종이나 분류군의 분포에 근거하여 고찰한 경우가 많다. 예를 들면 캄브리아기 전기의 해양에서는 삼엽충인 레들리키아(*Redlichia*)속으로 아시아 동남부-오스트레일리아 지구와 올레넬루스(*Olenellus*)속으로 특징되는 유럽-그린란드-남북미 지구가 대립되는 것으로 생각하여 이들의 중간 지구를 추가하여 고지리구를 보여주었다(小林, 1967a, 1967b). 그러나 그 후 해륙 분포의 복원에서는 고생대 전기에는 야페토스해라고 하는 원(原)대서양(Proto-Atlantic)이 현재와는 약간 다른 위치(애팔래치아 산맥-뉴펀들랜드 중앙부-스코틀랜드의 칼레도니아 지협을 잇는 선)에 열려 있었다고 생각된다. 캄브리아기 전기에는 이 경계선의 동서로 삼엽충군의 구성이 크게 달라 올레넬루스(*Olenellus*)속, 프티코파리아(*Ptychoparia*)속은 서측에, 홀미아(*Holmia*), 엘립소케팔루스(*Ellipsocephalus*)속은 동측에 산출이 한정되어 있다. 이것은 고생물지리구와 판구조론에 따른 고지리의 복원과 잘 일치하는 최초의 좋은 예다(Cowie, 1970). 한편 레들리키아(*Redlichia*)속 등 아시아-오스트레일리아 계(系)의 삼엽충은 스페인 남부, 모로코 등 지중해 지역까지 분포한다.

오르도비스기 이후가 되면 원(原)대서양 양측의 동물군 사이에 점차로 공통성이 생겨 끝내는 이 바다가 닫혀 판게아 초대륙이 형성되기까지의 과정을 보여준다. 중생대에 들어와서는 판게아가 분열하여 쥐라기 이후에는 다시 대서양이 열리게 되지만 현재에도 양안의 해양동물에는 다소라도 공통성이 있다. 대서양의 양안(兩岸)은 카리브해(海) 지역을 제외하면 해양판이 섭입(攝入)되지 않는 새로운 시대에 지각변동이 적은 수동연(收動緣, passive margin)이 된다. 수동연에서는 대륙의 퍼즐이 가능할 뿐 아니라 상당히 오랜 지질시대라도 고생물지리를 상세히 복원할 수 있다. 베게너(A. Wegener)가 대륙이동설을 제안한 것은 남반구 대륙 사이에 생물군의 공통성이 있다는 사실에 근거의 하나로 들었지만, 판구조론이 확립된 1970년대 이후에는 생물의 구계 분포를 물리적으로 복원한 해륙 분포에 비추어 설명하는 경우가 많아졌다.

이에 대하여 남북의 초대륙(超大陸) 사이에 있었던 테티스(Tethys)해 주변이나 현재의 환태평양 지역은 대부분 새로운 시대의 변동이 많은 활동연(活動緣, active margin)이기 때문에 지질시대의 해륙 분포나 고생물지리를 복원하는 것이 어려워졌다. 그렇지만 석탄기 이후 테티스해는 특징적인 동물군에 따라 그 존재와 범위를 보여줘 제3기 중엽까지 장기에 걸쳐 남북의 초대륙 사이에 테티스해가 개재했던 사실이 밝혀져 있다. 이 해역은 언제나 저위도 지대에 있어 남북의 해역과는 다른 다양성이 높은 열대성 동물군의 특징을 보여준다. 예를 들면 트라이아스기에 번성한 이매패류인 모노티스(*Monotis*)속에는 일본을 포함하는 동북아시아 지역에 특유의 모노티스 오초티카(*Monotis ochotica*)의 종군(種群), 테티스 해역에는 모노티스 살리나리아(*Monotis salinaria*) 종군, 뉴질랜드 지역에는 모노티스 리키몬디아나(*Monotis richmondiana*) 종군이 있다. 다른 연체동물의 특징적인 속(屬)의 지리적 분포와도 조화적이며, 각각의 해양동물 지리구의 특징을 보여준다(Westermann, 1973; Gran-Mackie, 1978; Ando, 1987). 중생대 테티스 동물군은 각각의 시대에 많은 특징적인 속과 종을 포함하지만 특히 쥐라기 전기의 '리티오티스(*Lithiotis*)' 동물군이라고 하는 열대성 연체동물 화석군은 스페인 남부에서 이탈리아 북부, 발칸 반도, 오만, 이란 남부, 히말라야를 거쳐 티몰 섬까지 걸쳐 지구를 거의 반 바퀴 도는 장대한 지대에 분포하며 놀라울 정도로 공통성이 높은 종구성을 보인다(Geyer, 1977). 북반구에서는 테티스 동물군에 대립적인 보레알 동물군을 특징짓는 화석군이 여러 시대에 인식되어 양 동물군의 관계나 분포의 경계가 연구되고 있다. 일본열도의 중생대(트라이아스기-백악기 전기)의 연체동물군에는 자주 동아시아의 고유종에 추가하여 테티스 동물군과 보레알 동물군의 요소가 포함되어 있다.

고생대 후반에서 중생대 초기의 고식물에서는 유라시아 중북부의 앙카라 식물군, 유럽-북미의 유라메리카 식물군, 동아시아 및 북미 서안 지역의 카타시아 식물군, 그리고 남반구의 모든 대륙[그리고 인도 반도부(半島部)]의 곤드와나 식물군이 예부터 식별되어 있다(Plumstead, 1973). 덧붙여서 쥐스(E. Suess)가 명명한 '곤드와나 대륙'의 어원은 인도의 지명에서 왔다. 베게너(Wegener)가 대륙이동설을 발표하기 이전부터 멀리 떨어진 남반구의 모든 대륙과 인도 반도에 글로솝테리스(*Glossopteris*)로 대표되는 곤드와나 식물군이 분포하여 매우 의의가 깊었던 것이다. 육상의 척추동물 화석도 대륙 사이에 유사성이 인식되고 있다. 다만 당시는 육교(陸橋)를 가상하여 대륙 간 동식물의 유사성을 설명하는 것이 많았다.

일찍부터 논의되었던 것은 월리스 선(Wallace's Line)을 둘러싼 문제이다. 1860년대에 월리스(Wallace)는 오랜 기간에 걸쳐 말레이 군도(현재 말레시아와 인도네시아)에서의 동물상을 관찰하여 론보쿠 해협(파리와 론보쿠섬 사이)에서 마카사르(Macassar) 해협(보르네오섬과 술라웨시섬 사이)에 동양구와 오스트레일리아 구를 나누는 경계가 있다고 설명하였다.

BOX 10

유사도(類似度)

서로 다른 지역 사이에 생물군의 종(種) 구성을 비교하는 목적으로 유사의 정도를 나타내는 시수(示數, similarity index)가 몇몇 고안되어 있다.

두 지역 생물군의 종수를 N_1, N_2 (단 $N_1 < N_2$)라 하고 공통의 종의 수(正의 일치되는 수)를 C라고 할 때, 생태학이나 생물지리학에서는 다음과 같은 시수가 사용된다.

자칼 계수(Jaccard coefficient) $S_J = C/N_1 + N_2 - C$

세렌손 계수(Soerenson coefficient) $SD = C/N_1 + N_2$

落合 계수(Ochiai coefficient) $S_o = C / \sqrt{N_1} \cdot N_2$

심프슨 계수(Simpson coefficient) $S_s = C/N_1$

브라운 – 블랑켓 계수(Braun–Blanquet coefficient) $SB = C/N_2$

이들 계수는, 두 지역 사이에 공통종이 없는 경우에는 0, 두 지역 생물이 완전히 일치할 경우에는 1(S_D는 1/2)이 된다.

3 이상의 지역 사이에 생물군의 종구성을 동시에 비교하는 경우에는, 부(負)의 일치 (A)를 어떻게 생각할까가 문제가 된다. 부의 일치는 위의 계수에서는 고려하지 않으나 正의 일치와 동등하게 보는 경우에는

단순 일치율(simple matching coefficient) $S_M = C + A/N_1 + N_2 - C + A$를 사용한다.

어느 계수를 사용하는 것이 좋은가는 일반적으로 말할 수 없으나 생물지리학에 보통 사용하고 있는 것은 자칼 계수와 심프슨 계수이다.

이것을 월리스 선이라 하여 생물지리학상 유명해졌다. 19세기 말부터 20세기 초에 걸쳐 보다 동쪽에 있는 도서(島嶼) 사이에 웨버 선(Webber's Line) 등 몇몇 별개의 경계선이 제안되어, 결국 월리스 선 동쪽에 월레세아(Wallacea)라는 이름의 1,000km 이상의 폭을 갖는 점이(漸移)대를 생각하게 되었다. 월레세아 섬들의 육상동물은 고유종이 많으나 아시아 측과 오스트레일리아 측의 어디엔가 기원을 갖는 요소가 섞여 있다는 인식에서 마이어(Mayr, E.), 심프슨(Simpson, G. G.) 등이 각 도서의 파충류, 조류, 포유류를 각각 동서의 요소로 분석하고 동물군의 점이성과 경계의 의미를 고찰하였다. 그 결과 월레세아의 동물군은 동쪽으로 갈수록 오스트레일리아 측에 기원을 갖는 종이 증가하는 사실을 알았다.

현재로는 월레세아 섬들의 독특하고 다양한 동물상은 이미 예상되었던 것처럼 육교가 붕괴되어 생긴 것이 아니다. 훨씬 남쪽 멀리 떨어진 오스트레일리아 대륙이 남극대륙에서 분열되어 해양판에 올라타 북상하여 그 북연(北緣)이 아시아 대륙의 연변부에 충돌 부가한 결과 양 대륙의 요소가 섞이게 되었다. 그리고 섬마다 독자적인 진화가 일어나 형성되었다고 생각된다(Whitmore, 1981).

이렇게 생물지리구를 구분하여 경계선의 위치를 논하는 구계 생물지리학의 시대는 이미 끝나가고 있으나 구계(區系)가 형성되는 배경이나 과정은 현대의 생물지리학의 중심 과제로서 남아 있다.

2. 생물군의 정량적 비교

생물의 지리적 분포 패턴은 소수종이나 분류군에 근거하기보다는 각각의 지역에 사는 생물군 전체를 비교하여 종합적으로 판단해야 한다는 생각이 옛날부터 있어왔다. 지역 사이 생물군의 유사성 정도를 정량적으로 나타내는 시수(示數)가 여러 가지 고안되어 있다. 예를 들면 자카드 계수(Jaccard coefficient)는 옛날 식물상의 유사성 정도를 나타내기 위해 고안되어 현재에도 자주 사용되는 시수(示數)이다. 어느 시수도 모든 종을 등가(等價)로 보고 각각의 지역에 살고 있는 종의 수와 공통종의 수를 조합하여 간단한 수식에 근거하여 산출한다. 이들 시수는 생물지리학 외에 다른 생태학에도 여러 가지 목적으로 사용되며, 큰 생물지리구에서 소지역 내의 소생활권(biotope)까지 여러 규모의 생물군을 비교하고 그루핑하는 데 적용되고 있다. 비교하는 종수가 어느 정도 많으면 고생물지리학의 고찰에도 유효하며 실제로 적용되는 예도 있다.

더욱이 많은 지역 간 생물군의 유사도 매트릭스를 작성하고 수량분류학으로 행하는 군(群) 형성(形成) 방법을 적용하여 순차적으로 상위의 생물지리구를 정리하려는 시도가 있다. 이것을 표형 생물지리학(phenetic biogeography)이라고 하나의 학파로 생각하는 연구자도 있으나 단순히 많은 과학 분야에 활용하는 방법이라고 볼 수도 있다.

3. 분산(分散) 생물지리학과 고생물지리학

20세기 중반이 되면서 정적(靜的)인 구계(區系) 생물지리학의 시대는 끝나고 동식물의 분포가 생긴 과정을 고찰하는 역사(歷史) 생물지리학(historical biogeography)이 생물지리학의 주류가 되었다. 현재 생물의 지리적 분포는 모두 역사의 산물이므로 그 과정이 연구 과제가 되었다는 것은 당연하다. 근년에는 같은 역사 생물지리학에서도 전혀 다른 방법을 취하는 학파가 있다. 먼저 발전한 것은 각각의 분류군에 대해 최고(最古)의 화석기록이 있는 지역을 기원지로 생각하고 거기서 이동 분산되었음을 고찰하는 분산(分散) 생물지리학(dispersal biogeography)이다. 1957년 집대성(集大成)한 다링턴(P. J. Darlington)의 교과서는 이 방법으로 연구한 결과를 종합한 것이다. 주요 분류군마다 육상동물의 지리적 분포를 기술하고 기원지로부터 이동 분산한 지역동물군의 형성 과정을 추정하고 있다.

이러한 분산 생물지리학에서 생각하는 방법은 포유류 등의 육상동물에서 상당히 성공을 거두고 있다. 예를 들면 인류의 조상은 플라이오세 후기(400~500만 년 전)에 아우스트랄로피테쿠스(*Australopithecus*) 단계의 화석기록이 있는 동아프리카에서 출현하여 원인(原人) 단계에서 구(舊)대륙 전체로 확대되었다. 새로운 것은 아시아계의 몽고로이드의 집단이 베링해협을 건너 북미와 중미를 거쳐 약 1만 년 전에 남미 최남단에 도달했다고 하는 이동, 분산의 과정을 보여주는 것이다. 대(大)진화의 좋은 예인 마(馬)류[기제목(奇蹄目)]는 에오세부터 플라이스토세까지 주로 북아메리카 대륙에서 분화하여 번성했으나 베링해협을 건너 구대륙으로 분포를 확장한 시기가 있으며, 현재 야생종은 아프리카에 살고 있는 시마우마의 2종만으로 알려졌다(Simpson, 1951). 코끼리류[장비목(長鼻目)]는 가장 오랜 화석기록이 있는 아프리카 북부가 기원지라고 되어 있으며, 몇몇 계열로 분화된 후에 일부가 베링해협을 건너 북미로, 또한 일시적으로는 자손의 일부가 남미로 다시 이동 분포하였으나 현재에는 아프리카 대륙과 남아시아에 각각 1종씩만 남아 있다. 이렇게 사람 눈에 띄는 대형 포유류의 분포에 대한 변천사에 대하여는 복원 후 반세기 이상 지난 현재에도 특히 반증과 같은 것은 알려지지 않았다. 또한 플라이오세에 파나마 지협이 형성되어 유라시아-북미계의 포유류가 남아메리카 대륙으로 침입한 결과 적응도가 낮은 남미의 많은 포유류가 멸종에 몰려 있었다는 시나리오도 일반적으로 인정되고 있다.

그러나 판구조론 이전에 추정된 육상동물의 분포과정을 복원한 것에는 분명한 오류도 있었다. 예를 들면 달링턴(Darlington)은 유대(有袋)류의 지리적 분포에 대하여 백악기 후기에서 제3기 초두의 화석기록이 있는 서유럽과 북미가 기원지이며 자손종이 각각 월레세아(Wallacea)와 파나마 지역에 존재한 육교를 지나 이주하여 현재는 오스트레일리아 대륙과 남미의 유대류군으로 진화했다고 추정하였다. 그러나 이 이주 경로는 판구조론에 의해 복원된 대륙이동과 그 후 얻어진 화석기록과 분명히 모순되며 현재로는 대체로 다음과 같이 생각을 고치게 되었다. 유대류가 옛날 세계적으로 널리 분포했으나 유태반(有胎盤)류가 우세했던 북반구의 대륙에서는 제3기에 들어와 멸종하고 이미 분열을 시작한 곤드와나 초대륙에 사는 종만이 살아 남았다. 유대(有袋)류는 더욱 분열된 각각의 대륙에 독자적으로 진화를 계속했으나 현재에는 유태반(有胎盤)류와의 경합이 적은 오스트레일리아와 남미대륙에만 남아 있다. 오스트레일리아 대륙은 곤드와나 초대륙의 분열사의 최후까지(제3기 초기까지) 남극대륙과 연결되어 있었으므로 유대류는 남극대륙을 거쳐 오스트레일리아 대륙에 들어가 적응방산했다는 설이 유력하다. 그러므로 북아메리카의 유대류 주머니쥐류는 플라이오세의 파나마 지협이 형성된 후에 남아메리카로부터 이주했다고 생각된다.

20세기 후반에는 분산 생물지리학의 방법을 해양생물지리 연구에도 적용하게 되었다. 해양 저서생물의 각각의 분류군에 대해 산출되는 화석종의 시대적 순서에 따라 기원지와 이동 분산의 경로를 추정하는 것이다. 일본에서 행한 신생대 연체동물의 고생물지리 연구는 대개 이러한 수법으로 하였다(Kotaka, 1986 등). 필자는 이미 고언(苦言)한 것처럼 산발적인 화석의 산출을 시대순으로 연결하여 기원지와 이주 경로를 복원하는 안이한 해양 고생물지리의 추론에는 몇몇 문제점이 있다고 생각하고 있다(速水, 2004). 그 하나는 많은 경우에 화석기록이나 퇴적물의 불완전성이 무시되고 있다는 것이다. 보존율이 가장 높다고 생각되는 신생대 패류에서도 화석종의 기지율(旣知率)이 겨우 2할 정도이므로, 새로운 화석산지가 발견되면 종래의 기원지나 이동 경로의 복원이 일거에 뒤집어질 가능성이 높다. 두 번째는 해양무척추동물의 이주, 분산은 부유하는 유생에 의해 일어나는 것이 많다는 사실을 생각하면 육상동물처럼 이동 루트나 분산 기구를 특정(特定)하는 것은 어렵다. 더욱이 서로 다른 종에 얹혀서 이주나 분산하는 것을 생각하면 종간의 조상-자손 관계를 가정하는 것은 가능하더라도, 서로 다른 지역의 서로 다른 종 사이에 직접적인 계통 관계를 판단하는 것은 거의 불가능하다. 즉 이러한 방법으로 복원한 해양생물의 분산과 이동은 오류가 있다고 단언할 수는 없지만 검증할 방법이 없다.

그러나 이제까지 행한 해양동물의 이동(移動), 분산(分散)의 연구 결과가 모두 의심스럽다고 할 수는 없다. 예를 들면 패류나 개형충류는 북태평양과 북대서양에 시기를 달리하여 출현한 분류군이 일부 존재하는데, 북극해를 경로로 하여 두 해역 간에 왕래가 있었다고 추정된다. 이 경우에는 다른 경로를 생각할 수 없고 종 사이에 직접적인 조상-자손 관계를 가정하는 것도 아니므로 상당히 생각하기 쉽다. 이 연구 예는 분단 생물지리학의 절(節)에서 소개한다.

마이오세 중엽(1600~1500만 년 전)에 일본열도 주변에는 일시적으로 열대성 해중(海中) 기후가 탁월했다고 해석된다. 이 짧은 시기에 '야오-가도노사와(八尾-門の澤) 동물군'은 동남아시아의 맹그로브에 사는 현생 패류와 매우 유사한 종들의 화석군집이 본주(本州) 각지에서 산출되고 있다(Chinzei, 1986a; Ogasawara, 1993 외). 이것은 남쪽에서 이주한 것이라고 하지만 지구 규모의 온난화에 따라 맹그로브 동물군이 그 분포

지역을 일시적으로 북방으로 확대된 현상이라고 생각된다. 이 동물군을 둘러싼 고환경의 추정은 산소동위원소를 사용하는 지구화학적 방법이나 퇴적물의 화분(花粉)분석에 의해서도 지지되고 있다. 후빙기 조몬(繩文) 해침기라고 하는 짧은 온난한 시기가 있었으며 아열대성 패류 군집(모두 현생종)이 현저하게 북방으로 분포를 확대했다는 사실이 독립적인 방법으로 고환경 복원과 함께 밝혀졌다(松島, 1984).

4. 분단(分斷) 생물지리학과 고생물지리학

최근 판구조론의 발전은 대륙의 분열, 수평이동, 충돌, 통합이 현실적으로 일어났다는 사실을 확신하게 되어 역사 생물지리학의 이념과 방법이 근본적으로 바뀌게 되었다. 생물의 지리적 분포 패턴은 과거에 일어난 대륙이나 해양의 분단과 통합 사건에 크게 지배되었음은 틀림없다. 지리적으로 분단된 두 지역의 생물군은 구성하는 개개의 종이 독자적으로 진화와 멸종함으로써 시간의 경과와 더불어 차이가 커진다. 역으로 육지나 해양이 통합되면 생물군이 혼합되어 생태적 경합이 격렬해지고 적응력이 열세한 종은 멸종하게 될 것이다. 맥아더(MacArthur)와 윌슨(Wilson)의 종면적(種面積) 이론에서 종수는 지역 면적의 0.3제곱 정도에 비례하지만, 통합이 일어나도 수용할 수 있는 종의 수는 증가된 면적 정도로 증가하지는 않을 것이다(MacArthur and Wilson, 1967).

1980년대가 되어 주변(周邊)과학이 발전하는 가운데 역사 생물지리학도 이론과 방법에서 연구자 사이에 많은 논의가 있었으며 국제 심포지엄이 개최되었다(Sims et al., 1983). 몇몇 학파(學派)의 대립도 있었다.

여기서 그 경위를 해설할 생각은 없으나 결과로서 분기론(分岐論)과 결부된 분단(分斷) 생물지리학(vicariance biogeography)이라고 하는 분야가 탄생되고 종래의 분산(分散) 생물지리학 대신 역사 생물지리학의 주류가 되었다고 느낀다.

분산(dispersal)과 분단(vicariance)은 생물의 지리적 분포를 형성하는 2대 요인이다. 이 가운데 분산은 개개의 종에 관계된 개별적 요인이라고 생각된다. 분산의 능력이나 이동 방향은 각각의 종에 따라 서로 다르기 때문이다. 이에 대하여 분단은 그 지역에 사는 모든 생물에 대하여 일제히 일어나기 때문에 생물의 지리적 분포를 형성하는 공통적 요인이 된다. 따라서 분산을 부정하거나 경시하는 것이 아니지만 먼저 과거에 일어난 지질학적 사건에 관련된 분단의 영향을 고려해 분단만으로 설명할 수 없는 부분을 분산 이동으로 해석하는 것이 좋다. 이 분단 생물지리학의 기본적인 생각에는 이론(異論)이 적다고 생각된다. 분단 생물지리학은 분기론(分岐論)을 수반하고 탄생된 경위가 있으나 분기 분석을 연구수단으로 할지 어떤지는 상기 기본적 이념과는 별개의 문제라고 생각하고 싶다.

같은 분단 생물지리학을 연구하는 사람 중에도 서로 다른 견해가 있다. 이 분야에서는 분기분류학의 방법을 적용하여 지역 분기도(areal cladogram)를 작성하고 지역 생물군이나 구계(區系)의 분기 패턴을 논하는 경우가 많다. 분기 분석을 위해 전개하는 이론과 방법은 매우 복잡하게 얽혀있어 방대한 수의 논문과 다양한 의견이 있으며(三中, 1997), 필자와 같은 초심자가 단기간에 전체를 이해하기 어렵게 되어 있다. 그러나 특히 어렵다고 생각하지 않는다면 지역 분기도를 작성하는 방법은 비교적 간단하고 대개 다음과 같이 설명할 수 있다.

예를 들면 ①, ②, ③의 3개 지역에 같은 분류군(속 등)에 속하는 고유종 A, B, C가 각각 살고 있다고 한다. 흔히 하는 분기 분석에 의해

A, B, C 종의 분기 순서를 나타내는 분기도를 작성한다. ①, ②, ③ 지역에 사는 그 외의 분류군에 속하는 고유종 X, Y, Z의 분기도를 같은 모양으로 작성한다. 이렇게 하여 얻어진 여러 개의 분기도를 중합(重合)시켜 최절약(最節略) 원리(principle of parsimony)를 적용하여 가장 공통성이 높은 분기 패턴을 택해 지역 분기도로 한다. 여기서 얻은 최우적(最尤的) 종(種)의 분기 패턴이 지역 분기 패턴으로도 생각된다. 이 방법에 따라 여러 가지 규모의 생물지리구가 형성된 과정을 추찰(推察)하는 연구가 이루어진다.

필자는 분단을 분산에 우선시켜 생물의 지리적 분포를 설명하는 기본적 자세에는 전면적으로 찬성하지만, 분기론을 생물지리학에 적용하는 것에는 약간의 의문을 느낀다. 그 이유의 하나는 종분화와 큰 지역의 분단을 그렇게 단순하게 대응시킬 수 없기 때문이다. 동일 지역에서도 자주 생태적 종분화가 일어나고 있으며, 동일 종군에 별도의 근사종이 발견되어 복원된 분기 패턴을 바꿀 가능성도 있다. 생물의 계통은 일방적으로 분화하고 확립된 복수의 계통이 다시 융합하는 것은 고려하지 않으나 지역은 분단될 뿐만 아니고 다른 지역과 통합하는 경우가 있다. 오랜 지구사(地球史) 기간에 생물의 분포지역이 분단과 통합이 비슷한 정도의 빈도로 일어났다고 생각해야 할 것이다. 또한 고생물지리학에서는 화석기록의 불완전성의 문제가 있어 화석종을 대상으로 하는 분기 분석에는 많은 어려움과 불확실성이 따라올 것이다. 현생종만을 근거로 하여 해석하는 것은 분자계통학적 방법으로도 같은 모양의 분기의 순서가 결정되지만 다른 문제는 해결할 수 없다.

해서동물군의 분포가 해역(海域)의 분단으로 설명되는 예는 상당히 많다. 테티스해는 고생대 후기 이후 오랫동안 남북의 초대륙 사이에 있었으나 마이오세 전반에 인도가 유라시아 대륙에 통합되고 아프리카 대륙도 접근한 결과 동쪽의 인도-서태평양구와 서쪽의 지중해구가 분단되었다. 이 시기를 경계로 약간의 자매(姉妹)종(vicariant species)을 제외하면 지중해-동아프리카 지역과 동남아시아 지역 사이에 해양동물의 공통적 요소가 급속히 사라졌다. 테티스해의 서쪽 연장은 중앙아메리카 지역에 달하지만, 이 열대-아열대성 해역도 플라이오세의 파나마 지협이 생김으로써 동쪽 카리브아구(亞區)와 서쪽의 파나마 아구로 분단되었다. 현재의 파나마 지협 양측에 사는 저서 생물군 사이에 강한 유사성을 보이는 것은 해협의 분단 역사가 오래되지 않았고 대집단의 형태가 천천히 분화되었기 때문일 것이다. 이 동서(東西) 양쪽의 아구(亞區)에 패류군에는 짝을 이루는 자매종이 많이 알려져 있다(Keen, 1971). 이에 관련해서 자매종이라는 것은 '분포지역이 떨어져 있으나 공통의 조상에서 유래한 근록(近緣)의 지역(地域)집단'이며, 분류학적으로 취급(예를 들면 별종, 아종, 지리적 변이 가운데 어디에 해당하던가)은 임의지만 생물지리학에서는 분단의 실증(實證)이나 구계(區系)를 고찰하는 데 중요한 근거가 된다(또한 편리한 용어이기도 하다). 이들 자매종의 쌍은 물론 해역(海域)이 분단되기 전에 널리 분포되었던 단일 종에서 유래했기 때문에 이 지역에서는 그들의 공통 조상으로 생각되는 화석종이 상당히 많이 알려져 있다(Walker, 1969; Woodring, 1982).

보다 가까운 곳으로는, 아직 이제부터의 연구 과제라고도 할 수 있으나 츠시마(對馬) 해류의 소장(消長)과 관련하여 격리와 소통이 반복되어 일어났다고 생각되는 동해의 저서동물군이 있다. 동해는 외해(外海)로 연결되는 3개의 해협이 모두 얕기 때문에 그 무기적(無機的) 환경과 생물상은 해수면 변동에 따라 강한 영향을 받았다고 생각된다. 특히 빙하기 후기 이후의 환경 변화에 대해서는 채취된 저질(底質) 코어를 여러 가지 관점에서 분석함으로써 상세한 복원이 이루어지고 있다(Oba et al., 1991). 규슈(九州)에서 홋카이도(北海道) 서쪽까지 연안의 천해성 패류군은 현재로는 거의 모든 종이 태평양안과 공통이지만 플라이오세-플라이스토세에는 몇몇 고유종이 포함되어 '옴마-망간지(大桑-万願寺) 동물군'이 보여주는 것처럼 태평양으로부터 분단된 영향이 강하게 나타난다. 또한 같은 동해의 현생 패류에서도 반심해 이하에서는 갇혀 있었던 고유종이 적지 않다. 파나마 지협 사건에 비교하면 상당히 복잡한 분단 과정이 예상되지만 이것도 자연이 만든 장대(壯大)한 실험이라고 볼 수 있다.

해서동물군의 분단은 지형적으로 육지의 벽이 형성되지 않아도 일어날지도 모른다. 북태평양의 천해지역에 널리 분포하는 종이, 한냉화를 수반한 극해(極海) 전선(前線)이 남하함에 따라 베링해 부근에 지역적으로 멸종이 일어나고 아시아 쪽과 북아메리카 쪽 지역집단이 분단되어 자매종이 생겼다고 생각되는 경우가 있다(Vermeij, 1989). 큰가리비(*Patinopecten*)과 돌조개과의 일종, 트레수스 누탈리아이(*Tresus nuttalli*)와 켈레티아(*Kelletia*)와 미국 매끈이고둥은 이러한 서식지역의 분단에 따라 분화한 것이 아닌가 생각된다. 물론 클리노카르디움(*Clinocardium*), 트리돈타 알라스켄시스[*Tridonta (T.) alaskensis*], 후지트로톤(*Fusitroton*), 누켈라(*Nucella*)처럼 북태평양 양쪽에 분포하는 종도 알려져 있다. 클라미스(*Chlamys*)와 그의 근연종은 북아메리카 쪽에 플라이오세 후기까지 화석기록이 풍부하지만 현재는 전혀 살지 않는다. 아마도 분단 후 북아메리카 측에서 멸종한 것이라고 생각된다. 지역 멸종은 분단된 지역 생물군의 구성에 차이를 확대하는 하나의 요인이다.

분단과는 반대로 장벽이 사라지면 달랐던 지역 생물군이 이주함에 따라 혼합하는 과정도 추정할 수 있다. 육상동물에서는 대륙의 통합이나 지협의 형성 직후에 혼합이 일어났다고 생각되는 좋은 예가 있으나, 해양에서도 분산, 이동에 따라 분류군의 지리적 분포에 변천이 일어난 사실을 훌륭하게 설명할 수 있다. 특히 어느 해역에 그때까지 멀리 떨어진 해역에서 번성했던 분류군이 갑자기 출현하는 경우에는 이처럼 분산, 이동이 생각된다. 플라이오세 중기부터 후기에 북태평양구에 돌연 나타난 이매패류인 아스타르테(*Astarte*)속과 클라미스(*Chlamys* s. s.)속의 종군(種群)은 베링 육교의 붕괴에 따른 북태평양으로부터의 이주종이 분화한 것으로 생각된다. 북태평양구에 화석기록이 많고 다양성이 높은 복족류인 넵투네아(*Neptunea*)속과 부키눔(*Buccinum*)속은 일부의 종이 역(逆)으로 북극해를 지나 북대서양으로 이주한 것으로 추정된다. 베링해협의 개통으로 양쪽 해역 사이에 동물군의 교류가 일어난 사실은 개형충류의 상세한 연구로 훨씬 명백해졌다(池谷, 山口, 1993).

마이오세보다도 고기(古期)가 되면 생물의 지리적 분포를 현재로부터 소급해서 고찰하는 것이 급속히 어려워진다. 화석의 산출을 표시해야 하는 지도도 현재의 해륙 분포도에서 지판(plate)의 움직임과 안정대륙의 고지자기를 고려하여 복원된 고지리도(예를 들면 Smith et al., 1980)로 바꿔야 하기 때문이다. 그러나 지질시대에 안정대륙의 위치와 상호 관계 그리고 대규모 해륙의 분단과 통합의 시기는 상당히 명확하게 되어 있기 때문에 이전과 비교하면 지구 규모에서 고생물지리는 훨씬 생각하기 쉽게 되었다. 그렇지만 일본열도와 같은 환(環)태평양 변동대에서는 고생물지리의 복원에 많은 어려움이 있다. 최근의 연구로 강하게 추정되는 것처럼 일본열도의 표층은 대부분 해양 지판의 섭입(攝入)에 따라 여러 차례에 걸쳐 대륙 측에 부가된 고태평양(Panthalassa)의 해양저 퇴적물과 이것을 덮고 있는 대륙붕성 퇴적물로 이루어져 있다. 이들 해양저 퇴적물과 거기에 포함된 화석의 본래 지리적 위치를 추정하는 것은 상당히 어렵다. 포함된 해저화산 분출물의 고지자기 극성(極性)으로 고위도(古緯度)를 추정한다고 해도 고경도(古經度)는 불명이고, 형성 후 압밀(壓密)이나 습곡에 의한 변형에 대한 배려도 필요하다. 또한 덮여있는 대륙붕 퇴적물도 포함하며 지층이 자주 대규모의 횡단층에 따라 측방으로 수백 km 이상 이동되었을 가능성이 있다.

이처럼 일본과 같은 변동대는 고생물지리 연구에 불리한 조건에 있으나 몇몇 흥미로운 사상(事象)도 있다. 예를 들면 일본열도 트라이아스기 후기의 지층에는 현저하게 분포지역이 서로 다른 2개의 해서 동물군의 화석이 포함되어 있다. 자세히 살펴보면 남부 기타카미산지(北上山地), 서남(西南) 일본의 내대(內帶)와 외대[外帶, 지치부누대(秩父累帶)]의 북반부(北半部)에는 시베리아 동부와 공통성이 강한 북동아시아계의 동물군[고치가다니(川內ケ谷) 동물군이라고 함]이 분포하는 데 대하여, 같은 지치부누대(秩父累帶)이지만 남반부(南半部)의 같은 시기(時期) 지층에는 히말라야-알프스 방면과 공통성이 강한 테티스해의 이매패군[산포잔(三寶山) 동물군이라고 함]이 산출된다. 더욱이 이들과는 전혀 다른 동물(動物)지리구의 요소를 포함하는 지층이 규슈(九州)에서 시코쿠(四國), 긴키(近畿), 간토(關東)을 거쳐 아마도 기타카미산지(北上山地)에 달하는 하나의 구조선을 사이에 두고 접하고 있다. 현재로는 많은 증거에 의해 산포산(三寶山) 동물군을 포함하는 지층은 고태평양에서 부가(附加)된 해양저 퇴적물이고, 고치가타니(川內ケ谷) 동물군을 포함하는 지층은 고기(古期)의 부가대(附加帶)를 덮는 대륙붕 퇴적물이라고 생각되고 있다.

최근에는 세계에 많은 해역에서 실시하고 있는 해양저 시추조사에 의해 고해양학(paleoceanography)의 관점에서, 지체되어 있던 심해역의 고생물지리가 계속 밝혀지고 있다(松岡, 2004). 저질 속에 방산충이나 규조 등 부유성 생물화석은 해양의 표층[투광층(透光層)]에서 유해(遺骸)가 침전하여 퇴적된 것이지만 시추시료 속에 들어 있는 화석은 지질연대와 방사성연대를 자세하게 추정할 수 있으므로 전 세계 해양에서 같은 연대의 저질(底質) 샘플을 모아 미화석군(微化石群)을 비교할 수가 있다. 쥐라기 후기 이전의 퇴적물은 현재 해양저에는 존재하지 않으나, 주변 대륙성 지각에 부가된 퇴적물에서 페름기 이후의 일부 고해양의 해류계(海流系)나 환경 변천이 고찰되고 있다.

생물지리학은 원래 야외(野外)과학이었으므로 우선 관찰로부터 시작하여 일차자료를 수집하여 적절히 분류하지 않으면 아무것도 시작할 수 없다. 그러나 그러한 축적(蓄積)만으로는 고전적인 생물지리학처럼 학문은 정체되고 만다. 종래의 구계(區系) 생물지리학, 분산(分散) 생물지리학에 강한 느낌을 받는 귀납적 접근에 추가하여 일반 과학처럼 가설을 세우고 검증하는 자세도 필요하다. 자연의 사상(事象)에는 많은 요인이 복잡하게 걸쳐 있다. 생물지리학을 포함하는 자연사과학에서도 몇몇 전제(前提)를 근거로 유일(唯一)한 해법이나 최우해(最尤解)를 추구하는 이론적 연구가 많아졌다. 그런데 전제가 바르지 않으면 이론은 현실인 자연을 떠나 홀로 걷기를 시작한다. 적어도 이러한 학문에서는 이론과 현실 사이에 끊임없는 왕래가 없어서는 안 된다. 또한 귀납(歸納)과 연역(演繹)이 거의 조화(調和)된 연구가 아니면 생물지리학의 발전은 어려울 것으로 생각한다.

마치면서

고생물학에서 다루는 과제는 현저히 넓어졌다. 화석만이 아니고 과거의 생물을 이해하는 데 도움이 되는 모든 사물이나 사상이 여러 가지 방법으로 연구되고 있다. 또한 근년에는 다른 학문 분야 사이의 장벽이나 여러 가지 제약이 사라져 자유로운 연구가 확대되었다. 기술의 발전에 따라 새로운 과제가 생기는 것도 적지 않다. 이 책에서 다룬 테마는 이들 가운데 일부에 불과하다. 고생물학은 어떻게 더욱 발전할 것인가. 예측하는 것은 어렵지만 과거 생물의 생활과 다양성 그리고 그 진화 과정의 해명이 앞으로의 중심 과제가 된다는 것은 변하지 않을 것이다.

한편에서는 최근의 성급해진 세상과 시장원리에 따라 목전의 효용을 목적으로 하는 것과 거리가 먼 고생물학과 같은 기초과학에 새로운 장애가 될 것으로 생각한다. 이러한 중소 규모의 과학 분야에는 연구를 받쳐 주는 인프라스트럭처(infrastructure)의 정비도 별로 진척되지 않은 느낌이다. 많은 연구자는 당면의 연구비와 지위를 얻기 위해 싫든 좋든 논문의 편수를 늘리기 위한 일에 쫓기고 있다. 많은 연구자가 시간과 노력을 기울여야 하는 야외에서의 일차 연구를 경원하여 효율적인 연구를 지향하는 경향이 있다는 사실이 걱정된다. 회고(懷古) 취미가 될지 모르겠으나 이전처럼 자신이 좋아하는 연구에 차분히 즐기면서 전념하기 어렵게 된 것 같다. 그러나 어느 시대나 자연사 연구는 여러 가지 곤란을 극복하면서 계속되어 왔다. 이것은 최근에 느끼는 것처럼 연구가 사회의 수요(需要)가 아니라 인간의 본능(本能)이라고 할 수 있는 지적 욕구에 뿌리가 있기 때문일 것이다. 자연사는 가장 근원적인 과학이므로 불멸할 것이다.

이 책은 자신의 사소한 경험에 근거하여 최근 반세기의 변혁을 겪어 온 고생물학에 얼마간의 기본적인 생각과 방법에 대해서 "이것만은 변하지 않아"라고 생각하는 것을 말하고 싶었다. 고생물학은 낭만이 가득한 학문이지만 장애가 많고 연구 분위기는 자주 막다른 골목을 느끼게 된다. 이런 때는 기본으로 돌아가 생각하는 것이 필요하다. 이 책이 얼마라도 도움이 되었다면 매우 다행스러운 일이다.

이 책을 마치면서 이제까지 많은 교시(教示)와 유익한 자극을 준 선생, 동료, 그리고 젊은 연구자에게 감사한다. 최근 수년 사이 과거에 연구의 기초를 가르쳐 주신 내외(內外)의 은사(恩師)가 차례로 세상을 떠나 외로움을 감출 수 없으나, 필자의 경우에는 학생 제군으로부터 배운 것도 매우 컸다. 동경대학(東京大學)의 오지(大路樹生) 박사는 초고를 읽어 주었고 잘못이나 불충분한 점에 대해서 적절한 코멘트를 해주었다. 동경대학출판회(東京大學出版會) 편집부의 고묘(光明義文) 씨로부터 시종 격려를 받아, 간행하기까지 모든 단계에서 신세를 졌다. 마음으로 감사의 뜻을 전한다.

더 배우려는 사람을 위하여

- **『新版古生物學**(신판 고생물학)』(全4巻) 1973～1975, 朝倉書店, 東京
  화석생물의 분류각설을 주로 다룬 교과서. 출판 후에 여러 해가 지났으나 분류체계는 당시와 크게 변한 것이 없으므로 현재도 이용된다. 처음 두 권은 무척추동물, 계속해서 척추동물, 식물의 분류를 해설하고 있다. 淺野淸 (編), 1973,『新版古生物學 I』; 松本達郎 (編), 1973,『同 II』; 鹿間時夫 (編), 1974,『同 III』; 藤岡一男 (編), 1975,『同 IV』.

- **『古生物の科學**(고생물의 과학)』(全5巻) 1998～2004, 朝倉書店, 東京
  관련 과학을 포함하여 고생물학의 전 분야에 걸쳐 30개 이상의 테마에 대하여 원리, 방법, 사례를 전문 연구자가 분담하여 해설한 고생물학서. 큰 분량의 서적이지만 각각의 논설은 독립되어 있으므로, 어디서 처음 읽어도 관계없다. 第1巻 速水格 · 森啓 (編), 1998,『古生物の總說 · 分類』; 第2巻 棚部一成 · 森啓 (編), 1999,『古生物の形態と解析』; 第3巻 池谷仙之 · 棚部一成 (編), 2001,『古生物の生活史』; 第4巻 瀨戸口烈司 · 小澤智生 · 速水格 (編), 2004,『古生物の進化』; 第5巻 鎭西淸高 · 植村和彦 (編), 2004,『地球環境と生命史』.

- **『微化石の科學**(미화석의 과학)』 2007, 朝倉書店, 東京
  조류, 화분, 유공충, 방산충, 규조, 개형충 코노돈트 등 화석으로 많이 산출되는 미소 생물의 형태, 분류, 생활사, 분포, 이용 등에 대하여 유럽의 연구에 근거하여 최신의 지식을 제공한다. アームストロング, H. A. & ブレイジャー, M. D. 著, 池谷仙之, 鎭西淸高 譯.

- **『化石と生物進化**(화석과 생물진화)』(新版地學教育講座 第6巻), 1996, 東海大學出版會, 東京
  10명의 고생물학자가 교육을 목적으로 만든 교과서, 정착한 고생물학의 원리와 방법을 해설하고 내외 저명한 연구를 소개하고 있다. 地學團體研究會 編.

- **『カンブリア紀の怪物たち － 進化はなぜ大爆發したか**(캄브리아기의 괴물들 － 진화는 왜 폭발했을까)』 1997, 講談社, 東京
  원저와는 다른 흥미 본위의 제목을 붙인 번역서로서 지구생명의 역사상가장 특필되는 다세포동물의 적응방산에 관하여 연구 성과를 쉽게 소개하고 있다. サイモン · コンウェイ · モリス 著, 松井孝典 監譯.

• 『**進化古生物學**(진화 고생물학)』(原書 第2版) 1991, 蒼樹書房, 東京
일본에서는 오랫동안 진화생물학 교과서나 계몽서가 출간되지 않았으나 번역서 중에는 이것이 가장 충실한 내용을 갖는 교과서이다. 정통적인 진화학설과 분자생물학부터 고생물학까지 광범위한 지식을 정리하여 편집한 것이다. タグラス, J. フツイマ 著, 岸由二 外 譯.

• 『**個體發生と系統發生**(개체발생과 계통발생)』 1987, 工作社, 東京
개체발생과 계통발생의 관계는 고생물학이 깊이 관여하는 문제이지만 과학사의 관점에서 古今의 개념과 학설의 타당성을 새롭게 다시 묻기, 생물진화에 있어서 이시성과 유형진화의 의의를 밝힌 유니크 한 과학서. スティーヴン J. グールド 著, 仁木帝都 · 渡邊政雄 譯.

• 『**ワンダフル ライプ – バージェス頁岩と生物進化の物語**(원더풀 라이프 – 바제스셰일과 생물진화의 이야기)』 1993, 早川書房, 東京
발견 이래 80년에 걸친 캄브리아기 바제스 동물군의 연구사와 지구생명사에 관련된 문제를 논평한 귀재 굴드의 저작. 콘웨이, 모리스의 비판(전기)과 함께 읽고 싶은 책. スティーヴン · ジェイ · グールド 著, 渡邊政雄 譯.

• 『**地球生物學, 地球と生命の進化**(지구생물학–지구와 생명의 진화)』 2004, 東京大學出版會 東京
지구사와 생명사를 종합적으로 이해하려는 입장에서 집필한 저서. 본서에서 부족한 것을 보충하는 것이 많다. 같이 일기를 바란다. 池谷仙之 · 北里洋 著.

• 『**進化古生物學入門 – 甲殼類の進化を追う**(진화 고생물학 입문 – 갑각류의 진화를 추구)』 1993, 東京大學出版會, 東京
저자들이 전문 연구를 통해 진화 고생물학의 구체적인 방법과 성과를 보여주는 것으로 갑각류 이외의 분류학을 연구하는 사람도 참고가 될 것이다. 池谷仙之 · 山口壽之 著.

• 『**古生物學入門**(고생물학 입문)』 1996, 朝倉書店, 東京
고생물 연구를 시작하는 데 기초가 되는 생각하는 방식, 상투적인 수단과 기술을 이해하기 쉽게 해설한다. 間嶋隆一 · 池谷仙之 著.

• 『**現代進化學入門**(현대진화학 입문)』 2001, 岩波書店, 東京
저명한 영국의 고생물학자가 집필한 진화생물학으로 정평 있는 교과서. 일반인 상대의 것이면서 급속히 발전하는 분자생물학 등의 성과가 크게 다루어졌다. パターソン, C. 著 馬渡峻輔 · 上原眞澄 · 磯野直秀 譯.

• 『**古生物學の基礎**(고생물학의 기초)』 1985, どうぶつ社, 東京
근대화된 고생물학의 원리와 방법을 명쾌하게 해설한 교과서. 광범위한 연구와 교육에 이용되고 있다. 원저가 출간된 후 30년이 지난 오늘날에도 이에 대신할 교과서가 없다. ラウプ, D. M. & スタンレー, S. M. 著, 花井哲郎 · 小西健二 · 速水格 · 鎮西淸高 譯.
※ 라프와 스탠리의 저서(『Principles of Paleontology』)는 1980년 한국에서 『고생물학원리』(양승영 옮

김)라는 제목으로 번역 출간되었음.

- 『**化石の記憶 – 古生物學の歷史をさかのぼる**(화석의 기억 – 고생물학의 역사를 소급해 간다)』
  2008, 東京大學出版會, 東京
  화석의 역사를 새롭게 발굴한 사료나 토픽에 근거하여 해석하고 근대에서 고대의 학사를 소급해서 집필한 유니크한 저서. 矢島道子 著.

참고문헌

Abel, O. 1935. Vorzeitliche Lebensspuren. Jena, Gustav Fisher.

Ager, D. V. 1963. Principles of Paleoecology. McGraw-Hill, New York.

Alvarez, L. W., Alvarez, W., Asaro, F. and Michel, H. V. 1980. Extraterrestrial cause for the Cretaceous-Tertiary extinction: experimental results and theoretical interpretation. *Science*, 208; 1095-1108.

Ando, H. 1987. Paleobiological study of the Late Triassic bivalve *Monotis* from Japan. *Bull. Univ. Mus. Univ. Tokyo*, no. 30; 1-102.

Arkell, W. J. 1933. The Jurassic System in Great Britain. Clarendon Press, Oxford.

Arkell, W. J. 1956. Jurassic Geology of the World. Oliver and Boyd, Edingburgh.

Ausich, W. I. and Bottjer, D. J. 1985. Phanerozoic tiering in suspension-feeding communities on soft substrata: implication for diversity. p. 255-274. *In* Valentine, J. W. ed. Phanerozoic Diversity Patterns. Profiles in Macroevolution. Princeton University Press, Princeton.

Bambach, R. K. 1977. Species richness in marine benthic habitats through the Phanerozoic. *Paleobiology*, 3; 152-167.

Beerbower, J. R. 1968. Search for the Past. An Introduction to Paleontology. 2nd edition. Prentice-Hall Inc., Englewood Cliffs.

Benton, M. J. 1993 ed. The Fossil Record 2. Chapman and Hall, London.

Bøggild, O. B. 1930. The shell structure of the molluscs. *D. Kgl. Danske Vidensk. Selsk. skr., Naturv.*, ser. 9, 2: 232-325.

Briggs, D. E. G. and Crowther, P. R. 1990 eds. Palaeobiology. Blackwell Sci. Publ., Oxford.

Briggs, D. E. G. and Crowther, P. R. 2001 eds. Palaeobiology II. Blackwell Sci. Publ.,

Oxford.

Briggs, D. E. G., Erwin, D. H. and Collier, F. J. 1994. The Fossils of the Burgess Shale. Smithsonian Inst. Press, Washington D. C.

Callomon, J. H. 1963. Sexual dimorphism in Jurassic ammonites. *Leicester Lit. Phil. Trans.*, 57: 21-56.

Carter, J. G. 1990. Skeletal Biomineralization: Patterns, Processes and Evolutionary Trends. 2 vols. Van Nostrand Reinhold, New York.

Carter, R. M. 1972. Adaptations of British Chalk Bivalvia. *Jour. Paleont.*, 46: 325-340.

千葉聰. 1994. なぜ形態が變わらないか. 日經サイエンス. 24(8): 44-49.

Chiba, S. 1999. Accerelated evolution of land snail *Mandarina* in the oceanic Bonin islands: evidence from mitochondrial DNA sequences. *Evolution*, 53: 460-471.

Chinzei, K. 1986a. Faunal succession and geographic distribution of Neogene molluscan faunas in Japan. p. 17-32. *In* Kotaka, T. ed. Japanese Cenozoic Molluscs: their Origin and Migration. Paleont. Soc. Japan, Spec. Pap., no. 29.

Chinzei, K. 1986b. Shell structure, growth and functional morphology of an elongate Cretaceous oyster. *Palaeontology*, 29: 139-154.

鎭西淸高. 2004. カンブリアの爆發とカンブリア紀動物群. p. 154-158. 鎭西淸高・植村和彦 (編) 古生物の科學 5 地球環境と生命史. 朝倉書店, 東京.

Conway Morris, S. 2000. The Cambrian "explosion": slow-fuse or megatonnage? *Proc. Natl. Acad. Sci.*, 97: 4426-4429.

Conway Morris, S. 2006. Darwin's dilemma: the realities of the Cambrian 'explosion'. *Phil. Trans. Roy. Soc.*, B361: 1069-1083.

Cooper, G. A. and Grant, R. E. 1972-77. Permian brachiopods from West Texas Parts 1-6. *Smithsonian Contribution to Paleobiology*, nos. 14, 15, 19, 24, 32.

Cowie, J. W. 1970. Lower Cambrian faunal provinces. p. 31-46. *In* Middlemiss, F. A. *et al.* eds. Faunal Provinces in Space and Time. Seel House Press, Liverpool.

Cuvier, G. 1812. Recherches sur els ossemens fossiles de quadrupèdes, où 1'on rètablit les charactères de plusieurs espèces d'animaux que les rèvolutions du globe paroissent avoir dètruites. 4 vols. Paris.

Cuvier, G. 1826. Discours sur les rèvolutions de la surface du globe, et sur les changemens qu'elles ont produit dans le règne animal. Paris.

Darwin, C. 1859. On the Origin of Species by Means of Natural Selection, or the Preservation of Favored Races in the Struggle for Life. John Murray, London.

Davis, R. A., Landman, N. H., Dommergues, J. L., Marchand, D. and Bucher, H. 1996. Mature modifications and dimorphism in ammonoid cephalopods. p. 464-539. *In* Landman, N. H., Tanabe, K. and Davis, R. A. eds. Ammonoid Paleobiology,

Plenum Press, New York.

Dobzhansky, T. 1937. Genetics and the Origin of Species. (3rd edition, revised 1951) Columbia University Press, New York. [ドブジャンスキ — (駒井卓 · 高橋隆平 譯 1953) 遺傳學と種の起源. 培風館, 東京]

Eldredge, N. and Gould, S. J. 1972. Punctuated equilibria: an alternative to phyletic gradualism. p. 82-115. *In* Schopf, T. J. M. ed. Models in Paleobiology, Freeman and Co., San Francisco.

Eldredge, N. and Stanley, S. M. 1984 eds. Living Fossils. Springer Verlag, Berlin.

Erwin, D. H. and Anstey, R. L. 1995 eds. New Approaches to Speciation in the Fossil Record. Columbia University Press, New York.

Ford, E. B. 1964. Ecological Genetics. Chapman and Hall, London.

Futuyma, D. L. 1986. Evolutionary Biology, 2nd edition. Sinauer Associates, Sunderland. [ダグラス, J. フツイマ (岸由二 譯 1991) 進化生物學 (原書第2版) 蒼樹書房, 東京]

Gekker, R. F. 1957. Instruction to Paleoecology. Moscow. (in Russian) [ヘッケル(市川輝雄 · 桑野幸夫 譯, 1959) 古生態學入門. 築地書館, 東京]

Geyer, O. F. 1977. Die "Lithiotis-kalke" im Bereich der unterjurassischen Tethys. *N. Jb. Geol. Palaeont. Abh.*, 153: 304-340.

Gingerich, P. D. 1974. Stratigraphic record of early Eocene *Hyopsodus* and the geometry of mammalian phylogeny. *Nature*, 248; 107-109.

Giribet, G. and Wheeler, W. 2002. On bivalve phylogeny: a high-level ananlysis of the Bivalve (Mollusca) based on combined morphology and DNA sequence data. *Invertebrate Biology*, 121: 271-324.

Gould, S. J. 1966. Allometry and size in ontogeny and phylogeny. *Biol. Rev.*, 41: 587-640.

Gould, S. J. 1969. An evolutionary microcosm: Pleistocene and Recent history of the land snail *P. (Poecilozonites)* in Bermuda. *Bull. Mus. Comp. Zool.*, 138: 407-531.

Gould, S. J. 1970. Evolutionary paleontology and the science of form. *Earth-Sci. Rev.*, 6: 77-119.

Gould, S. J. 1971. Muscular mechanics and the ontogeny of swimming in scallops. *Palaeontology*, 14: 61-94.

Gould, S. J. 1974. The evolutionary significance of "bizarre" structures: antler size and skull size in the "Irish elk", *Megaloceras giganteus. Evolution*, 28: 191-220.

Gould, S. J. 1977. Ontogeny and phylogeny. Belknap Press of Harvard University, Cambridge, Mass. [スティーヴン · J · グールド (仁木帝都 · 渡辺政隆譯 1987) 個體發生と系統發生. 工作舍, 東京.

Gould, S. J. 1989. Wonderful Life: The Burgess Shale and the Nature of the History. Norton and Co., New York. [スティーヴン・ジェイ・グールド (渡辺政隆譯, 1993) ワンダフル・ライフ — バージェス頁岩と生物進化の物語. 早川書房, 東京]

Gould, S. J., Raup, D. M., Sepkoski, J. J. Jr., Schopf, T. J. M. and Simberloff, D. S. 1977. The shape of evolution: a comparison of real and random clades. *Paleobiology*, 3: 23-40.

Grant, R. E. 1966. Spine arrangement and life habits of the productid brachiopod *Waagenoconcha*. *Jour. Paleont.*, 40: 1063-1069.

Grant-Mackie, J. A. 1978. Subgenera of the Upper Triassic bivalve. *Monotis*. *N. Z. Jour. Geol. Geophy.*, 21:97-111.

波部忠重. 1977. 日本産軟體動物分類學 — 二枚貝綱/掘足綱. 圖鑑の北隆館, 東京.

Haeckel, E. 1866. Generelle Morphologie der Organismen. II. Georg Reiner, Berlin.

Haldane, J. B. S. 1949. Suggestions as to quantitative measurement of rates of evolution. *Evolution*, 3: 51-56.

Hallam, A. 1968. Morphology, palaeoecology and evolution of the genus *Gryphaea* in the British Lias. *Phil. Trans. Roy. Soc. London*, B254: 91-128.

Hallam, A. 1973 ed. Atlas of Palaeobiogeography. Elsevier, Amsterdam.

Hallam, A. 1975. Evolutionary size increase and longevity in Jurassic bivalves and ammonites. *Nature*, 258: 493-496.

Hallam, A. 1977 ed. Pattern of Evolution as Illustrated by the Fossil Record. Elsevier, Amsterdam.

Hallam, A. and Wignall, P. B. 1997. Mass Extinction and their Aftermath. Oxford University Press, Oxford.

Hamilton, T. H. 1967. Process and Pattern in Evolution. Macmillan Co., New York.

Hanai, T. 1970. Studies on the Ostracoda subfamily Schizocytherinae Mandelstam. *Jour. Paleont.*, 44: 693-729.

Hauff, B. and Hauff, R. B. 1981. Das Holzmadenbuch. Holzmaden.

速水格. 1979. 本邦海成白亞系大型化石についての國際對比上の評價. 化石, no. 29: 59-63.

速水格. 1982. 進化の過程 — 古生物研究の現狀と問題點. 科學, 52: 274-280.

Hayami, I. 1984. Natural history and evolution of *Cryptopecten* (a Cenozoic-Recent pectinid genus). *Bull. Univ. Mus. Univ. Tokyo*, no. 24: 1-149.

Hayami, I. 1991. Living and fossil scallop shells as airfoils: an experimental study. *Paleobiology*, 17: 1-18.

速水格. 1998. 古生物學の略史. p. 7-37. 速水格・森啓 (編) 古生物の科學 1. 古生物の總說, 分類. 朝倉書店, 東京.

速水格. 2004. 海洋生物地理學の理念と方法 — 分散と分斷. p. 80-102. 鎭西清高・植村和彦 (編) 古生物の科學 5. 地球環境と生命史. 朝倉書店, 東京.

速水格・千葉聰. 2004. 進化の規模と樣式 — 大進化と小進化. p. 1-41. 瀨戶口烈司・小澤智生・速水格 (編) 古生物の科學 4. 古生物の進化. 朝倉書店, 東京.

Hayami, I. and Hosoda, I. 1988. *Fortipecten takahashii*, a reclining pectinid from the Pliocene of north Japan. *Paleontology*, 31: 419-444.

Hayami, I. and Kase, T. 1992. A New cryptic species of *Pycnodonte* from Ryukyu Islands: a living fossil oyster. *Trans. Proc. Palaeont. Soc. Japan*, n. s., no. 165: 1070-1089.

Hayami, I. and Kase, T. 1993. Submarine cave Bivalvia from the Ryukyu Islands: systematics and evolutionary significance. *Bull. Univ. Mus. Univ. Tokyo*, no. 35: 1-133.

Hayami, I., Maeda, S. and Fuller, C. R. 1977. Some Late Triassic Bivalvia and Gastropoda from the Domeyko Range of north Chile. *Trans. Proc. Palaeont. Soc. Japan*, n. s., no. 108: 202-221.

速水格・松本政哲. 1998. イタヤガイ類の系統分類と分類形質の評價. 化石, no. 64: 23-35.

Hertlein, L. G. 1969. Family Pectinidae Rafinesque, 1815. p. N348-N373. *In* Cox, L. R. *et al.* Treatise on Invertebrate Paleontology, Part N (volume 1) Mollusca 6 Bivalvia. Geological Society of America and University of Kansas, Lawrence.

Hirano, H. 1975. Ontogenetic study of late Cretaceous *Gaudryceras tenuiliratum*. *Mem. Fac. Sci. Kyushu Univ.*, ser. D, 22: 165-192.

平野弘道. 1993. 絶滅. p. 295-337. 小畠郁生 (編) 恐龍學. 東京大學出版會, 東京.

平野弘道. 2006. 絶滅古生物學. 岩波書店, 東京.

Hunt, A. S. 1967. Growth, variation and instar development of an agnostid trilobite. *Jour. Paleont.*, 41: 203-208.

Huxley, J. S. 1932. Problems of Relative Growth. Dial Presas, New York.

Huxley, J. S. 1940 ed. The New Systematics. Oxford University Press, Oxford.

Huxley, J. S. 1942. Evolution, the Modern Synthesis. Allen and Unwin, London.

池谷仙之. 1998. 介形虫類. p. 171-177. 速水格, 森啓 (編) 古生物の科學 1. 古生物の總說・分類, 朝倉書店, 東京.

池谷仙之・北里洋. 2004. 地球生物學 — 地球と生命の進化. 東京大學出版會, 東京.

池谷仙之・山口壽之. 1993. 進化古生物學入門 — 甲殼類の進化を追う. 東京大學出版會, 東京.

Imbrie, J. 1956. Biometrical methods in the study of invertebrate fossils. *Bull. Amer. Mus. Nat. Hist.*, 108: 211-252.

Imbrie, J. and Newell, N. D. 1964 eds. Approaches to Paleoecology. John Wiley and Sons, New York.

Iwasaki, Y. 1975. On two fossil molluscan species from the Eocene of the Bonin Islands. *Trans. Proc. Paleont. Soc. Japan*, n. s., no. 99: 143-155.

Jablonski, D. 1996. Body size and macroevolution. p. 256-289. *In* Jablonski, D., Erwin, D. H. and Lipps, J. H. eds. Evolutionary Paleobiology. The University of Chicago Press, Chicago.

Jablonski, D. and Bottjer, D. 1983. Soft-bottom epifaunal suspension-feeding assemblages in the Cretaceous. p. 747-812. *In* Tevesz, M. J. S. and McCall, P. L., eds. Biotic Interactions in Recent and Fossil Benthic Communities. Plenum Press, New York.

Jablonski, D., Erwin, D. H. and Lipps, J. H. 1996 eds., Evolutionary Paleobiology. The University of Chicago Press, Chicago.

Jablonski, D. and Lutz, R. A. 1980. Molluscan larval shell morphology: ecological and paleontological applications. p. 323-377. *In* Rhoads, D. C. and Lutz, R. A. eds. Skeletal Growth of Aquatic Organisms. Plenum Press, New York.

Jablonski, D. and Lutz, R. A. 1983. Larval ecology of marine benthic invertebrates: paleobiologic implications. *Biol. Rev.*, 58: 21-89.

Jerison, H. J. 1973. Evolution of the Brain and Intelligence. Academic Press, New York.

Kanazawa, K. 1992. Adaptation of test shape for burrowing and locomotion in spatangoid echinoids. *Palaeontology*, 35: 733-750.

加瀬友喜. 1994. 古生物の謎を解くカギ. 日經サイエンス, 24(8): 22-31.

Keen, A. Myra. 1971. Sea Shells of Tropical West America. 2nd edition. Stanford University Press, Stanford.

Kellogg, D. E. 1975. The role of phyletic change in the evolution of *Pseudocubus vema* (Radiolaria). *Paleobiology*, 1: 359-370.

Kimura, M. 1969. The rate of molecular evolution considered from the standpoint of population genetics. *Proc. Nat. Acad. Sci. USA*, 63: 1181-1188.

Kitamura, A., Hiramoto, M., Kase, T., Yamamoto, N., Amemiya, M. and Ohashi, S. 2007. Changes in cavernicolous bivalve assemblages and environments within a submarine cave in the Okinawa Islands during the last 5000 years. *Paleont. Research.*, 11: 163-182.

小林巖雄. 2004. 二枚貝類の貝殼內部構造と進化. p. 139-174. 瀨戶口烈司, 小澤智生・速水格 (編) 古生物の科學 4. 古生物の進化, 朝倉書店, 東京.

小林貞一. 1967a. 東アジアのカンブリア紀古地理, その1. 地學雜誌. 76: 217-228.

小林貞一. 1967b. 東アジアのカンブリア紀古地理, その2. 地學雜誌. 77: 61-77.

駒井卓. 1963. 遺傳學に基づく生物の進化. 培風館, 東京.

近藤康生・前田晴良. 2004. 化石層の形成, タフォノミー, p. 1-29. 鎭西淸高・植村和彦 (編) 古生物の科學 5. 地球環境と生命史, 朝倉書店, 東京.

Korobkov, I. A. 1960. Family Pectinidae Lamarck, 1801. p. 82-85. *In* Orlov, U. A. ed. Osnovy Paleontogii. Mollusca-Koricata, Bivalvia and Scaphopoda. Academy Nauk USSR, Moscow. (in Russian)

Kotaka, T. 1986 ed. Japanese Cenozoic Molluscs: their Origin and Migration. Paleont. Soc. Japan, Spec. Pap., no. 29.

Kotake, N. 1989. Paleoecology of the *Zoophycos* producers. *Lethaia*, 22: 327-341.

小竹信宏. 2001. 生痕化石として記録された底生動物の生活, 行動様式. p. 168-187. 池谷仙之, 棚部一成 (編) 古生物の科學 3. 古生物の生活史, 朝倉書店, 東京.

倉谷滋. 1999. 相同性とは何か — 發生と進化とを結びつけゐ形態學的認識. p. 1-33. 棚部一成・森啓 (編) 古生物の科學 2. 古生物の形態の解析, 朝倉書店, 東京.

Kuroda, T. and Habe, T. 1951. Check List and Bibliography of the Recent Marine Mollusca of Japan. Edited and published by Leo W. Stach. Hosokawa Printing Co., Tokyo.

Kurtèn, B. 1972. The 'half-life' concept in evolution illustrated from various mammalian groups. p. 187-194. *In* Bishop, W. and Miller, J. A. eds. Calibration of Hominoid Evolution. Scottish Academic Press, Edinburgh.

Ladd, H. S. 1957 ed. Treatise on Marine Ecology and Paleoecology. vol. 2. Paleoecology. Geol. Soc. America, Memoir 67.

Lamarck, J. B. de. 1809. Phylosophic zoologique. 2 vols. Paris.

Lamarck, J. B. de. 1815-22. Histoire naturelle des animaux sans vertèbres. 7 vols. Paris.

Landman, N. H., Tanabe, K. and Davis, R. A. 1996a eds. Ammonoid Paleobiology. Topics in Geobiology Vol. 13. Plenum Press, New York.

Landman, N. H., Tanabe, K. and Shigeta, Y. 1996b. Ammonoid embryonic development. p. 344-405. *In* Landman, N. H., Tanabe, K. and Davis, R. A. eds. Ammonoid Paleobiology. Topics in Geobiology Vol. 13. Plenum Press, New York.

Larwood, G. P. 1988 ed. Extinction and Survival in the Fossil Record. The Systematic Association, Spec. Vol. no. 34. Clarendon Press, Oxford.

MacArthur, R. H. and Wilson, E. O. 1967. The Theory of Island Biogeography. Princeton University Press, Princeton.

Maeda, H. 1993. Dimorphism of Late Cretaceous false-puzosiine ammonites,

Yokoyamaceras Wright and Matsumoto, 1954 and *Neopuzosia* Matsumoto, 1954. *Trans. Proc. Palaeont. Soc. Japan*, n. s., no. 169: 97-128.

Malmgren, B. A., Berggren, W. A. and Lohmann, G. P. 1983. Evidence for punctuated gradualism in the Late Neogene *Globorotaria tumida* lineage of planktonic Foraminifera. *Paleobiology*, 9: 377-399.

Makowski, H. 1962. Problem of sexual dimorphism in ammonites. *Paleont. Polonica*, 12: 1-92.

Malz, H. 1977. Solnhofener Plattenkalk: eine welt in Stein. Museum beim Solenhofer Aktien-Verein, Maxberg.

Matsumoto, M. and Hayami, I. 2000. Phylogenetic analysis of the family Pectinidae (Bivalvia) based on mitochondrial cytochrome C oxidase subunit I. *Jour. Moll. Stud.*, 66: 477-488.

Matsumoto, T. 1977. Some heteromorph ammonites from the Cretaceous of Hokkaido. *Mem. Fac. Sci. Kyushu Univ.*, ser. D, 23: 303-366.

松岡篤. 2004. 放散蟲と古海洋學. p. 69-79. 鎮西清高・植村和彦 (編) 古生物の科學 5. 地球環境と生命史, 朝倉書店, 東京.

松島義章. 1984. 日本列島における後氷期の淺海性貝類群集 — 特に環境變遷に伴うその時間・空間的變遷. 神奈川縣立博物館研究報告. no. 15: 37-109.

馬渡峻輔. 1994. 動物分類學の論理 — 多様性を認識する方法. 東京大學出版會, 東京.

Mayr, E. 1942. Systematics and the Origin of Species. Columbia University Press, New York.

Mayr, E. 1963. Animal Species and Evolution. Belknap Press of Harvard University, Cambridge.

Mayr, E. and Ashlock, P. D. 1991. Principles of Systematic Zoology. 2nd edition. McGraw-Hill, New York.

McKinney, M. L. and McNamara, K. J. 1991. Heterochrony: The Evolution of Ontogeny. Plenum Pres, New York.

Middlemiss, F, A., Rawson, P. F. and Newall, G. 1971 eds. Faunal Provinces in Space and Time. Seel House Press, Liverpool.

三中信宏. 1997. 生物系統學. 東京大學出版會, 東京.

宮田隆. 1998 編. 分子進化 — 解析の技法とその應用. 共立出版, 東京.

Muir-wood, H. and Cooper, G. A. 1960. Morphology, Classification and Life Habits of the Productoidea (Brachiopoda). Geol. Soc. America, Memoir 81.

Nakashima, R., Suzuki, A. and Watanabe, T. 2004. Life history of the Pliocene scallop *Fortipecten*, based on oxygen and carbon isotope profiles. *Palaeogeogr., Palaeoclimatol,, Palaeoecol.*, 211: 299-307.

Newell, N. D. 1937-38. Late Paleozoic pelecypods: Pectinacea. *Univ. Kansas, State Geol. Surev. Kansas*, publ., 10(1): 1-123[1937], pls. 1-20[1938].

Newell, N. D. 1956. Fossil populations. p. 63-82. *In* Sylvester-Bradley, P. C. ed. The Species Concept in Palaeontology. The Systematic Association, London. Publ. no. 2.

Newell, N. D. 1967. Revolutions in the history of life. *Geol. Soc. America, Special Paper*, 89: 63-91.

Nichols, D. 1959. Change in the Chalk heart-urchin *Micraster* interpreted in relation to living forms. *Phil. Trans. Roy. Soc. London*, B242: 347-437.

Oba, T., Kato, M., Kitazato, H., Koizumi, I., Omura, A., Sakai, T. and Tanimura, T. 1991. Paleoenvironmental changes in the Japan Sea during the last 85000 years. *Paleooceanography*, 6: 499-518.

Obata, I. 1959. Croissance relative sur quelques espèces des Desmoceratidae. *Mem. Fac. Sci.. Kyushu Univ.*, ser. D, 9: 33-45.

Obata, I. 1965. Allometry of *Reesidites minimus*, a Cretaceous ammonite species. *Trans. Proc. Palaeont.* Soc. Japan, n. s., no. 58: 39-63.

Ockelmann, W. K. 1965. Developmental types in marine bivalves and their distribution along the Atlantic coast of Europe. p. 25-35. *In* Cox, L. R. and Peake, J. F. eds. Proceedings of the 1st European Malacological Congress, London, 1962. Conchological Society of Great Britain and Ireland, and the Malacological Society of London, London.

Ogasawara, K. 1994. Neogene paleogeography and marine climate of the Japanese Islands based on shallow-marine molluscs. *Palaeogeogr, Palaeoclimatol, Palaeoecol.*, 108: 335-351.

Oji, T., Ogaya, C. and Sato, T. 2003. Increase of shell-crushing predation recorded in fossil shell fragmentation. *Paleobiology*, 29: 520-526.

岡本隆. 1984. 異常巻きアンモナイト *Nipponites* の理論形態. 化石, no. 36: 37-51.

Okamoto, T. 1988a. Analysis of heteromorph ammonoids by differential geometry. *Palaeontology*, 31: 35-52.

Okamoto, T. 1988b. Changes in life orientation during the ontogeny of some heteromorph ammonoids. *Palaeontology*, 31: 281-294.

Okamoto, T. 1988c. Developmental regulation and morphological saltation in the heteromorph ammonite *Nipponites*. *Paleobiology*, 14: 272-286.

Okamoto, T. 1989. Comparative morphology of *Nipponites* and *Eubostrychoceras*. *Trans. Proc. Paleont. Soc. Japan*, n. s., no. 154: 117-139.

Okamoto, T. 1996. Theoretical modeling of ammonoid morphology. p. 225-251.

In Landman, N. H., Tanabe, K. and Davis, R. A. eds. Ammonoid Paleobiology, Plenum Press, New York.

岡本隆. 1999. 理論形態學の方法. p. 140-174. 棚部一成・森啓 (編) 古生物の科學 2. 古生物の形態と解析, 朝倉書店, 東京.

Ozawa, T. 1975. Evolution of *Lepidolina multiseptata* (Permian foraminifer) in East Asia. *Mem. Fac. Sci. Kyushu Univ.*, ser. D. 23: 117-164.

小澤智生. 2004. 分子進化と古生物學. p. 85-110. 瀬戸口烈司・小澤智生・速水格 (編) 古生物の科學 4. 古生物の進化. 朝倉書店, 東京.

Plumstead, E. P. 1973. The Late Palaeozoic *Glossopteris* Flora. p. 187-212. *In* Hallam, A. ed. Atlas of Palaeobiogeography. Elsevier, Amsterdam.

Raup, D. M. 1966a. Geometric analysis of shell coiling; general problems. *Jour. Paleont.*, 40: 1178-1190.

Raup, D. M. 1996b. Extinction models. p. 419-433. *In* Jablonski, D., Erwin, D. H. and Lipps, J. H. eds. Evolutionary Paleobiology. The University of Chicago Press, Chicago.

Raup, D. M., Gould S. J., Schopf, T. J. M. and Simberloff, D. S. 1973. Stochastic models of phylogeny and the evolution of diversity. *Jour. Geol.*, 81: 525-542.

Raup, D. M. and Jablonski, D. 1986 eds. Patterns and Processes in the History of Life. Springer-Verlag, Berlin.

Raup, D. M. and Michelson, A. 1965. Theoretical morphology of the coiled shell. *Science*, 147: 1294-1295.

Raup, D. M. and Sepkoski, J. J. Jr. 1984. Periodicity of extinctions in the geologic past. *Proc. Nat. Acad. Sci. USA*, 81: 801-805.

Raup, D. M. and Stanley, S. M. 1978. Principles of Paleontology. 2nd edition. Freeman and Co., San Francisco. [D. M. ラウプ & S. M. スタンレー (花井哲郎・小西健二・速水格・鎭西淸高譯 1985) 古生物學の基礎. どうぶつ社, 東京]

Richter, R. 1928. Aktuopaläontologie und Paläobiologie: Eine Abgrenzung. *Senckenbergiana*, 10: 285-292.

Romer, A. S. 1966. Vertebrate Paleontology. The University of Chicago Press, Chicago.

Rudwick, M. J. S. 1964. The inference of function from structure in fossils. *Brit. Jour. Philos. Sci.*, 15: 27-40.

Rudwick, M. J. S. 1972. The Meaning of Fossils. Macdonald, London. [ラドウイツク (大森昌衛・高安勝己譯 1981) 化石の意味. 海鳴社, 東京]

Rudwick, M. J. S. 1997. Georges Cuvier, Fossil Bones and Geological Catastrophes. The University of Chicago Press, Chicago.

佐藤慎一. 2001. 絶對成長. p. 46-72. 池谷仙之・棚部一成 (編) 古生物の科學 3. 古生物の生活史. 朝倉書店, 東京.

佐佐木猛智. 2001. 海産無脊椎動物の發生型と幼生生態 — 特に軟體動物. p. 9-30. 池谷仙之・棚部一成 (編) 古生物の科學 3. 古生物の生活史. 朝倉書店, 東京.

Savazzi, E. 1999 ed. Functional Morphology of the Invertebrate Skeleton. John Wiley and Sons, Chichester.

Schäfer, W. 1962. Aktuo-Paläntologia nach Studien in der Nordsee. Waldemar Kramer, Frankfurt-am-Main.

Schopf, T. J. M. 1972 ed. Models in Paleobiology. Freeman and Co., San Fracisco.

Schopf, T. J. M. 1974 Permo-Triassic extinctions: relation to sea-floor spreading. *Jour. Geo*l., 82: 129-143.

Schopf, T. J. M., Raup, D. M., Gould, S. J. and Simberloff, D. S. 1975. Genomic versus morphologic rates of evolution: inference of morphologic complexity. *Paleobiology*, 1: 63-70.

Seilacher, A. 1955. Spuren und Fazies im Unterkambrium. p. 11-143. *In* Schindewolf, O. H. and Seilacher, A. Beiträge zur Kenntnis des Kambriums in der Salt Range (Pakistan). *Akad. Wiss. Lit. Mainz, math.-nat. Kl., Abhandl.*, no. 10.

Seilacher, A. 1970a. Arbeitkonzept zur Konstruktions-Morphologie. *Lethaia*, 3: 393-396.

Seilacher, A. 1970b. Begriff und Bedeutung der Fossil-Lagerstätten. *N. Jb. Geol. Paläont., Mh.*, 1970: 34-39.

Seilacher, A. 1972. Divericate patterns in pelecypod shells. *Lethaia*, 5: 325-343.

Seilacher, A. 1984. Constructional morphology of bivalves: evolutionary pathway in primary versus secondary soft-bottom dwellers. *Palaeontology*, 27: 207-237.

Seilacher, A. 1985. Bivalve morphology and function. p. 88-101. *In* Broadhead, T. W. ed. Mollusks. Notes for a short course organized by D. J. Bottjer, C. S. Hickman and P. D. Ward. University of Tennessee, Department of Geological Sciences, Studies in Geology 13.

Seilacher, A. 1989. Vendozoa: organismic construction in the Proterozoic biosphere, *Lethaia*, 22: 229-239.

Seilacher, A. 1990. Taphonomy of Fossil-Lagerstätten. p. 266-270. *In* Briggs, D. E. G. and Crowther, P. R. eds. Palaeobiology. Blackwell Sci. Publ., Oxford.

Seilacher, A., Reif, W-E. and Westphal, F. 1985. Sedimentological, ecological and temporal patterns of fossil Lagerstätten. *Phil. Trans. Roy. Soc. London*, B311: 5-23.

關勝仁・棚部一成. 1999. バイオメカニクス. p. 175-190. 棚部一成・森啓 (編) 古生物

の科學 2. 古生物の形態と解析. 朝倉書店, 東京.

Sepkoski, J. J. Jr. 1992. A compendium of fossil marine animal families. 2nd edition. *Milwaukee Public Museum Contributions in Biology and Geology*, 83: 1-156.

Sepkoski, J. J. Jr., Bambach, R. K., Raup, D. M. and Valentine, J. W. 1981. Phanerozoic marine diversity and fossil record. *Nature*, 293: 435-437.

Sepkoski, J. J. Jr. and Hulver, M. L. 1985. An atlas of Phanerozoic clade diversity diagrams. p. 11-39. *In* Valentine, J. W. ed. Phanerozoic Diversity Patterns. Profiles in Macroevolution. Princeton University Press, Princeton.

Shikama, T. 1949. The Kuzuü ossuaries. Geological and palaeontological studies of the limestone fissure deposits, in Kuzuü, Totigi Prefecture. *Sci. Rept. Tohoku Univ., Sendai, Japan,* 2nd series. (Geology), 23: 1-201, pls. 1-32.

Shuto, T. 1974. Larval ecology of prosobranch gastropods and its bearing on biogeography and paleontology. *Lethaia*, 7: 239-256.

Signor, P. W. III. 1985. Real and apparent trends in species richness through time. p. 129-150. *In* Valentine, J. W. ed. Phanerozoic Diversity Patterns. Princeton University Press, New Jersey.

Simberloff, D. S. 1974. Permo-Triassic extinctions: effects of area on biotic equilibrium. *Jour. Geol.*, 82: 267-274.

Simpson, G. G. 1944. Tempo and Mode of Evolution. Columbia University Press, New York.

Simpson, G. G. 1951. Horses. Oxford University Press, New York. [G. G. シンプソン (長谷川善和監修, 原田俊治譯 1979) 馬と進化. どうぶつ社, 東京]

Simpson, G. G. 1952. How many species? *Evolution*, 6: 342

Simpson, G. G. 1953. Major Features of Evolution. Columbia University Press, New York.

Simpson, G. G. 1961. Principles of Animal Taxonomy. Columbia University Press, New York. [G. G. シンプソン (白上謙一譯 1974) 動物分類學の基礎. 岩波書店, 東京]

Sims, R. W., Price, J. H. and Whalley, P. E. S. 1983. Evolution, Time and Space: The Emergence of the Biosphere. The Systematic Association, special volume no. 23. Academic Press, London.

Smith, A. G., Hurley, A. M. and Briden, J. C. 1980. Phanerozoic Paleocontinental Maps. Cambridge University Press, Cambridge.

Smith, W. 1815. Strata Identified by Organized Fossils, Containing Prints on Coloured Paper of the most Characteristic Specimens in each Stratum. W. Arding, London.

Stanley, S. M. 1970. Relation of Shell Form to Life Habit in the Bivalvia. Geol. Soc.

America, Memoir 125.

Stanley, S. M. 1973. An explanation for Cope's rule. *Evolution*, 27: 1-26

Stanley, S. M. 1975. A theory of evolution above the species level. *Proc. Natl. Acad. Sci.*, 72: 646-650.

Stanley, S. M. 1979. Macroevolution: Pattern and Process. Freeman and Co., San Francisco.

Stanley, S. M. 1981. The New Evolutionary Timetable. Basic Books, New York. [S. M. スタンレー (養老孟司譯 1983) 進化の新しいタイムテーブル. 岩波現代選書 534. 岩波書店, 東京]

Stanley, S. M. 1984. Marine mass extinctions: a dominant role for temperature. p. 69-117. *In* Nitecki, M. H. ed. Extinctions. The University of Chicago Press, Chicago.

Surlyk, F. 1972. Morphological adaptations and population structures of the Danish Chalk brachiopods (Maastrichtian, Upper Cretaceous). *Kongelige Danske Vidensk. Selsk. Biol. Skrifter.*, 19: 1-57.

Sylvester-Bradley, P. C. 1956 ed. The Species Concept in Palaeontology. Systematic Association, London. Publ. no. 2.

棚部一成 2001. 軟體動物頭足類の繁殖生態と發生. p. 31-45. 池谷仙之・棚部一成 (編) 古生物の科學 3. 古生物の生活史. 朝倉書店, 東京.

棚部一成ほか. 1982. 下部ジュラ系豊浦層群西中山層の岩相・生相と化學組成. 愛媛大學紀要, 自然科學, [D] 9: 47-62.

Tevesz, M. J. S. and McCall, P. L. 1983 eds. Biotic Interaction in Recent and Fossil Communities. Plenum Publ., New York.

Thayer, C. W. 1972. Adaptive features of swimming monomyarian bivalve (Mollusca). *Forma et Functio*, 5: 1-32.

Thiele, J. 1935. Handbuch der systematischen Weichtierkunde. Zweiter Band. p. 779-1154. Gustav Fisher, Jena.

Thompson, D'A. W. 1917. On Growth and Form. Cambridge University Press, Cambridge. [abridged edition by Bonner, J. T. 1966. ダーシー・トムソン (柳田友道・遠藤勳譯 1973) 生命のかたち. 東京大學出版會, 東京]

Thorson, G. 1950. Reproductive and larval ecology of marine bottom invertebrates. *Biol. Rev.*, 25: 1-45.

東海化石研究會. 1993. 師崎層群の化石 — 愛知縣の化石 (第2集). 東海化石師崎層群刊行會, 名古屋.

Tsukagoshi, A. 1990. Ontogenetic change of distributional patterns of pore systems in *Cythere* species and its phylogenetic significance. *Lethaia*, 23: 225-241.

塚越哲. 2001. 個體發生がもたらす進化古生物學的情報 — 貝形虫類を例として. p. 78-88. 池谷仙之・棚部一成 (編) 古生物の科學 3. 古生物の生活史. 朝倉書店, 東京.

Tucker, M. E. 1990. Skeletal carbonates. p. 247-250. *In* Briggs, D. E. G. and Crowther, P. R. eds. Palaeobiology. Blackwell Sci. Publ., Oxford.

生形貴男. 1999a. 成長の規則とかたちの形成. p. 100-126. 棚部一成, 森啓 (編) 古生物の科學 2. 古生物の形態と解析. 朝倉書店, 東京.

生形貴男. 1999b. 構成形態學. p. 127-139. 棚部一成・森啓 (編) 古生物の科學 2. 古生物の形態と解析. 朝倉書店, 東京.

Ubukata, T. 2005. Theoretical morphology of bivalve shell sculptures. *Paleobiology*. 31: 643-655.

Ubukata, T., Kitamura, A., Hiramoto, M. and Kase, T. 2008. A 5000-year fossil record of larval shell morphology of submarine cave microshells. *Evolution*, 63: 295-300.

Valentine, J. W. 1970. How many marine invertebrate fossil species? A new approximation. *Jour. Paleont.*, 44: 410-415.

Valentine, J. W. 1985 ed. Phanerozoic Diversity Patterns. Profiles in Macroevolution. Princeton University Press, Princeton.

Van Valen, L. 1973. A New evolutionary law. *Evol. Theory*, 1:1-30.

Vermeij, G. J. 1977. The Mesozoic marine revolution: evidence from snails, predators and grazers. *Paleobiology*, 3: 245-258.

Vermeij, G. J. 1983. Shell-breaking predation through time. p. 649-669. *In* Tevesz, M. J. S. and McCall, P. L. eds. Biotic Interactions in Recent and Fossil Benthic Communities. Plenum Press, New York.

Vermeij, G. J. 1987. Evolution and Escalation. Princeton University Press, Princeton.

Vermeij, G. J. 1989. Invasion and extinction: the last three million years of North Sea pelecypod history. *Conservation Biology*, 3: 274-281.

Vokes, H. E. 1980. Genera of the Bivalvia: A Systematic and Bibliographic Catalogue (revised and updated). Paleontological Research Institution, Itheca.

Waller, T. R. 1969. The Evolution of *Argopecten gibbus* stock (Mollusca: Bivalvia) with Emphasis on the Tertiary and Quaternary Species of Eastern North America. Paleontological Society, Memoir 3.

Waller, T. R. 1991. Evolutionary relationship among commercial scallops (Mollusca: Bivalvia: Pectinidae). p. 1-73. *In* Shumway, S. E. ed. Scallops: Biology, Ecology and Aquaculture. Developments in Aquaculture and Fisheries Science 21. Elsevier, Amsterdam.

Ward, L. W. and Blackwelder, B. W. 1975. *Chesapecten*, a new genus of Pectinidae

(Mollusca: Bivalvia) from the Miocene and Pliocene of Eastern North America. *U. S. Geol. Surv. Prof. Pap.*, no. 861: 1-24.

Westermann, G. E. G. 1969 ed. Sexual Dimorphism in Fossil Metazoa and Taxonomic Implications. Intern. Union Geol. Sci., ser. A, no. 1. Schweizerbart'sche Verlags, Stuttgart.

Westermann, G. E. G. 1973. Species distribution of the world-wide Triassic pelecypod *Monotis* Bronn. *Proc. 22nd Intern. Geol. Congr., New Delhi*, no. 8: 374-389.

Whitmore, T. C. 1981 ed. Wallace's Line and Plate Tectonics. Clarendon Press, Oxford.

Woodring, W. P. 1982. Geology and paleontology of Canal Zone and adjoining parts of Panama. Description of Tertiary mollusks. *U. S. Geol. Surv. Prof. Pap.*, no. 306-F: 541-759.

Wright, S. 1932. The roles of mutation, inbreeding, crossbreeding, and selection in evolution. *Proc. XI Intern. Congr. Genetics*, 1: 356-366.

Yabe, H. 1904. Cretaceous Cephalopoda from the Hokkaido. Part 2, *Jour. Coll. Sci. Imp. Univ. Tokyo*, 20: 1-45.

찾아보기

〈ㅇ〉

〈ㅈ〉

〈ㅌ〉

〈ㅍ〉

〈ㅎ〉